全面推行河长制湖长制典型案例汇编

（2021）

水利部河长制湖长制工作领导小组办公室
水利部发展研究中心 编

中国水利水电出版社
www.waterpub.com.cn
·北京·

图书在版编目（CIP）数据

全面推行河长制湖长制典型案例汇编. 2021 / 水利部河长制湖长制工作领导小组办公室，水利部发展研究中心编. -- 北京 : 中国水利水电出版社，2022.1
ISBN 978-7-5226-0396-4

Ⅰ. ①全… Ⅱ. ①水… ②水… Ⅲ. ①河道整治－案例－中国 Ⅳ. ①TV882

中国版本图书馆CIP数据核字(2021)第280987号

书　　名	**全面推行河长制湖长制典型案例汇编（2021）** QUANMIAN TUIXING HEZHANGZHI HUZHANGZHI DIANXING ANLI HUIBIAN (2021)
作　　者	水利部河长制湖长制工作领导小组办公室 水　利　部　发　展　研　究　中　心　编
出版发行	中国水利水电出版社 （北京市海淀区玉渊潭南路1号D座　100038） 网址：www.waterpub.com.cn E-mail：sales@waterpub.com.cn 电话：(010) 68367658（营销中心）
经　　售	北京科水图书销售中心（零售） 电话：(010) 88383994、63202643、68545874 全国各地新华书店和相关出版物销售网点
排　　版	中国水利水电出版社微机排版中心
印　　刷	天津嘉恒印务有限公司
规　　格	170mm×240mm　16开本　25印张　372千字
版　　次	2022年1月第1版　2022年1月第1次印刷
印　　数	0001—2000册
定　　价	**85.00**元

编　委　会

前言

全面推行河湖长制，是以习近平同志为核心的党中央从生态文明建设和经济社会发展全局出发作出的重大决策，是促进河湖治理保护的重大制度创新，是维护河湖健康生命、保障国家水安全的重要制度保障。2016年11月、2017年12月，中共中央办公厅、国务院办公厅印发《关于全面推行河长制的意见》《关于在湖泊实施湖长制的指导意见》，在全国江河湖泊全面推行河湖长制。5年来，在党中央、国务院的坚强领导下，各地各部门多措并举、协同推进、狠抓落实，河湖面貌明显改善，人民群众的获得感、幸福感、安全感显著增强。

党的十九届五中全会强调，强化河湖长制，加强大江大河和重要湖泊生态保护治理。《国民经济和社会发展第十四个五年规划和2035年远景目标纲要》明确要求，完善河湖管理保护机制，强化河湖长制。党的十九届六中全会把河湖长制写入《中共中央关于党的百年奋斗重大成就和历史经验的决议》。为贯彻落实好中央关于河湖长制最新部署要求，总结推广基层典型经验，推动河湖长制从“有名有责”向“有能有效”转变，水利部河长制湖长制工作领导小组办公室（以下简称“水利部河长办”）第二次在全国范围内组织开展全面推行河湖长制典型案例征集工作。

受水利部河长办委托，水利部发展研究中心负责案例征集和遴选编撰工作，组织专家对各省（自治区、直辖市）和流域管理机构报送的案例进行了甄别、遴选，精选了56篇有代表性的典型案例，编辑成册出版发行。

本书设置七个主题板块，反映推行河湖长制工作的探索实践，展示各地在压实河湖长责任、提升履职能力、强化考核与激励问责、建立流域统筹、实现区域联防联治、建设幸福河湖、加强基层河湖管护等方面的典型做法与经验。本书对各地强化河湖长制，扎实做好河湖长制各项工作具有重要的参考借鉴价值。

案例编选过程中，孙继昌、段红东、王乃岳、王丽、李丹颖、谢新民、胡玮、柳长顺、马兆龙、尹正平、宣伟丽、潘颖、陈柬、吴大伦、邓卿、张树德等专家对案例进行审核把关，各省（自治区、直辖市）河（湖）长制办公室、流域管理机构等相关单位给予大力支持，在此一并致以深切谢意！

编委会

2021年11月

目录

三、河湖长制考核与激励问责

四、流域统筹协调

五、区域联防联治

六、建设幸福河湖

七、基层河湖管护队伍建设

一

河湖长履职与责任落实

“一念入微”打通基层河长治水最后一米

——浙江省台州市天台县基层河长履职的探索与实践*

【摘　要】 天台县作为浙江省26个欠发达县（市、区）之一，风光独特、山水神秀，自然资源禀赋。2013年启动“五水共治”工作以来，县内112条河流的断面水质获得显著提升。2016年开始，天台—临海出境断面提升至Ⅱ类以上。为了提升群众对治水工作的感观满意度，真正实现从治水惠民到治水富民的转变，2017年以来，天台县先后在全县范围内开展了万名党员争当“十米河长”活动；发布浙江省首个总河长令进行全域治水工作统筹；建立“五水共治”联席会议制度，让河长个人履职考评结果成为干部选拔任用的参考依据。经过几年的探索实践，天台县红色治水、协同治水、铁腕治水让天台县的山水更加美丽，美丽河湖成为城市发展的核心区、乡村旅游的爆发点，实现了由治水带动的“水经济”迅猛发展。

【关键词】 基层河长履职　十米河长　总河长令　奖优罚劣

【引　言】 从2013年全省开展“五水共治”以来，各地以河长制为抓手，推出了以河道断面指标为考核依据的各类方法，水环境质量大幅度提高。为解决群众最关心的水体“感观”问题，天台县探索出了一条以“水质改善”为核心，“十米河长”为载体，“考核问责”为辅助的小微水体全位化管理布局，结合总河长令、“五水共治”联席会议制度等，有效解决了“大河有人管、小沟无人问”的基层治水盲区问题。案例具有可复制性、可操作性。

一、背景资料

天台县是立县1800多年的浙东名邑，素以“佛宗道源、山水神秀”著称，是和合文化的发源地。境内河流主要分隶于椒江、曹娥江两个水

---

* 浙江省台州市天台县“五水共治”（河湖长制）工作办公室供稿。

系，均为山区性溪流。椒江水系中的始丰溪（又名大溪）为境内最长的溪流，贯穿天台盆地。森林覆盖率达70%，为国家级重点风景名胜区、国家休闲农业与乡村旅游示范县。

近年来，天台县将规范河湖长履职、提升河湖长工作积极性、实效性作为落实河长制常态化的主要内容，将“五水共治”与民生经济相融合，实现水环境与经济社会同步发展、共荣共赢。截至2020年年底，县域水环境功能区水质达标率100%，县控以上地表水断面水质全面达到Ⅲ类及以上，国控出境断面平均水质达到Ⅱ类。天台县五次获得浙江省治水最高荣誉大禹鼎，成为全省首批获得“大禹鼎银鼎”的三个县之一；始丰溪（始丰湖段）成功创建省级美丽河湖和长江经济带美丽河流。

长江经济带美丽河湖——始丰湖

二、主要做法

近年来，天台县从顶层设计出发，通过政令直达、节点细化、线路疏通、闭环控制、考核问责等一系列措施，保证了“五水共治”工作与群众需求、满意、幸福紧密相结合，群众“一念”，治水即“入微”，不得实效决不收兵。

（一）“一令一专报”推进河长履职

一是上通下达，聚焦问题。自2018年起，每月将日常工作和重点工作以《总河长专报》形式呈送总河长和分管县领导，至2021年8月已编制30期。内容包括河道水质、河长履职、督查信息及污水零直排等重点项目推进。县总河长根据《总河长专报》所反映的问题，以《总河长令》进行全面部署，明确整治时限、整治目标、责任主体，确保全县各部门、各级河湖长齐心协力做好河湖管护工作。

天台县2021年度县级河（湖）长述职会

二是问题导向，发号出令。该县总河长根据县治水办定期呈送的《总河长专报》所反映的问题，针对面上迫切需要解决的、影响大的问题，以《总河长令》进行全面部署，明确整治时限、整治目标、责任主体，确保全县各部门、各级河湖长齐心协力做好河湖管护工作。截至2021年共发布了8期《总河长令》，对症下药有力推进河道清乱以及污水零直排等具体工作。

三是督查督办，令不虚行。县委督查室、县纪委监委、县治水办（河长办）督查科实时跟进各单位《总河长令》贯彻落实情况，对落实不力、不及时的部门负责人、责任人进行约谈警示，对造成严重后果的进行追责。截至2020年年底，共约谈各级河长38人次，对2名部门责任人、2名村级河长进行了党纪追责，2人进行全县通报。

（二）“十米河长”打通治水“最后一米”

一是十米一河长，包干“打巷战”。按照就近就便、利于管理的原则，由村干部带头，确定1名有精力、有毅力、热心治水工作的党员带头认领十米长的小微水体，将治水责任化整为零，分解到人到米，实现全县4600个小微水体全部达到Ⅳ类。目前，全县确定了万名村党员干部担任“十米河长”。如，该县石梁镇聘请党员农家乐业主带头担任“十米河长”，承诺不向沟渠、池塘和河道违规排污、倾倒泔水，并负责治理农家乐周边的小微水体。建立“周巡查”机制，要求“十米河长”围绕有无明显污泥、颜色是否异常、是否有新增入河排污口等八方面内容，每周对责任水体巡查不少于一次，并准确记录巡查日志。对巡查中发现垃圾、污染等问题，能处理的当场处理，不能处理的及时报告上级治水办。

天台县万名党员争当“十米河长”活动启动仪式

二是一水一战术，签订“军令状”。坚持“一水体一策”，组成“问诊小组”，对摸排出的问题小微水体，逐一分析原因，列出整改“药方”，明确整改时间。要求新一届村（社区）两委在竞选时将剿劣任务列入届期履职内容，在治污水的赛场上“赛马选马”。如洪畴镇大一村将“完成镇前溪整治”等五项治水工程作为新一届村两委的届期目标，让候选人围绕整治目标开展竞职演说，并将其履诺践诺情况作为每位“党员先锋指数”考评和“党性体检”的重要指标。

三是一村一治水办，画大“同心圆”。在全县374个行政村和21个社区成立“十米河长制”办公室，村党组织书记担任主任，负责抓好治水责任的落实，并对“十米河长”的工作进行督查和考评。建立“一月一擂台”机制，对本村各小微水体治理结果开展评比，每月排名，发动群众开展“随手拍、随手捡、随手护”等活动，当好“河大嫂”“河小二”“护水义工”，共同做好水体保护、文明劝导等工作，画大治污剿劣的“同心圆”。

（三）“一套制度”推进重点治水工程

一是强势整合来抓总。2021年5月，天台县将原先分散的治水督查制度、组织人事推荐制度、纪委追责制度等进行整合，建立了“五水共治”联席会议制度。每年召开一次由县四套班子参加的河长述职会暨“五水共治”联席会议，对全局治水工作进行布置。每月召开一次由组织、纪委、生态环境、水利、行政执法、农业、水务等部门参加的月度联席会议进行阶段性工作部署。每周召开一次各个乡镇分管领导以及涉及部门参加的“一事一商”会，累计已召开6次，解决的杂难问题达31个。

二是科学布局有方法。创新“零直排资金拼盘”模式，整合环保、美丽乡村建设等各项专项资金，申请零直排专项债券资金3.76亿元，压缩一般性支出，统筹各线资金增治水底气。截至2020年年底，已完成污水零直排工程投资10亿元，提前两年实现了10个乡镇街道速成区污水零直排区的创建工作。部署网格化治水团队，以“一镇（街）一网格一团队”的模式，组建治水管家团。建立“三天一巡查、半月一考核、一月一小结、两月一检测、一季一回访、半年一清淤、一年一完善”的运维管护机制，实现全流程长效监管。截至2020年年底，完成污水零直排工程投资10亿元，提前两年实现10个乡镇街道建成区污水零直排区创建工作。

三是全程督办有说法。全面实施“河长警示单”“红黄蓝督办单”，加强对河湖长的绩效考核和责任追究。对发现巡河（湖）不力、履职不到位的镇、村两级河长，发放“警示单”，实行“一次警示、二次约谈、三次抄送组织部”举措。截至2021年8月共发出警示单48份，其中乡镇级河长11份，村级河长37份。对工作落后的乡镇（街道），联合县环境革命办发放“三色预警单”，累计已发出蓝色预警单11份，橙色预警单5份，红色预警单2份。

（四）“红色基因”拓展基层河长出实效

一是“美丽红盟”引领生态治水新模式。成立“美丽河湖”机关党建联盟和“红水滴”志愿服务队，创新实施以党建联盟推动河湖长制。发动成员单位党员干部深入治水一线，发挥专业特长，形成治水合力和效力，协助各级河湖长解决身边水环境存在的各类问题，参与一河（湖）一策编制，共同打造一河（溪、塘、水体）一特色。共开展美丽红盟活动15场，2700多名党员干部参与。

二是“红水滴”志愿者开启“人人当河长”时代。通过“全员化、制度化、多样化”三化融合的机制，依托党组织、群团组织、社会组织等群体，在每个乡镇（街道）成立了以“红水滴”志愿者服务队为代表的“水眼金睛志愿服务监督团”等各类治水队伍500多支，认领治水任务、义务巡查、护水节水、排污监管等志愿服务岗，参与各种治水活动5万多人次。

三是红色投诉矩阵打造“永不消失的电波”。将邮箱、电话、微信公众号、微信小程序、浙里办等投诉渠道有机整合，打造“多合一”红色投诉矩阵，邀请县委书记县级总河长担任绿水币推广大使宣传“水眼金睛”小程序以提高群众参与护水积极性，畅通三级河湖长交办反馈通道。投诉信息经核实后第一时间通过“智慧河湖”App和微信群转交相关县级河长，由县级河长直接签发电子督办单，落实整改责任单位、下级河长，验收评价后期整改，真正实现“零距离”受访。平台上线以来共接到投诉90余件，处置率100%。

三、经验启示

（一）以“八方同心”的决心推进基层河长管护力量

基层治水最大的堵点在于多头监管、多头治理：监管上有政府各行业主管部门、有民间各类团体；治理上有水里的方案、有岸上的措施，有问题一拥而上、没问题无人问津，造成治反复、反复治。为此，天台县以群众需求为依托，建立一套贯穿发现、治理、监管的联合联动机制，打造统一的投诉、反馈平台，实现八方同心靶向治水的良好局面。

（二）以“上下贯通”的劲头打通基层治水死角盲区

基层治水最大的痛点在于下情难上达、上令难下行。往往小微水体分布广而散，只有水体问题发生后才逐级上报，信息不及时、不准确、不全面，造成决策欠科学难落实。天台县吸取工作中的经验教训，以群众满意为标尺，依托“十米河长”和“美丽红盟”建立一套上能决策抓总、中能协调筹办、下能节点落实的治水机制，借助全市统一的智慧治水大脑平台，解决了河长解决问题的能力不足、手段措施单一等问题，通过人机结合和科技创新，推进履职工作更加“耳聪目明”。

（三）以“奖优罚劣”的力度推动基层河长履职成效

必须要完善河湖长履职评价与考核制度、河湖状况评估机制、奖惩机制、约谈问责机制等工作机制，以动态化、差异化与个性化考评相结合，充分利用河长令、提醒单、督办单等形式，把工作抓细抓实抓出成效。按要求将河湖长履职情况的考核结果向各级总河长、各级组织人事部门报送，作为干部任用、奖惩的参考依据；对于任务推进不力、履职不到位的要约谈问责，形成鲜明的干事导向。

（四）以“着眼未来”的格局推动治水绿色经济效益

基层治水最大的难点在于治水投入大、回报少。天台县以群众幸福为目标，在“美丽红盟”引领下，依托美丽河湖建设，组建美丽乡村片区联盟，以示范村为龙头，一村带几村，资源共享、项目共建，联村互助、产村融合，推动先富带后富，让传统乡村“破茧化蝶”，实现了从水美到民富的提升。如后岸村依托治水改善乡村生态与自然风貌，大力发展乡村旅游，现有民宿（农家乐）82 户，2020 年接待游客 117 万人次，村集体经济收入 580 万元，同时推动 7 个村的寒山田园综合体建设，将沿线的旅游资源串点成线。

街头镇后岸村

（执笔人：陈正华）

行政执法与司法监督合力破解河湖生态治理难题

——广东省湛江市以“河湖长＋检察长”机制为抓手开启河湖生态治理的新实践*

【摘　要】湛江市推行“河湖长＋检察长”机制以来，借助司法力量，夯实河湖管理基础工作，全面推进国考断面水质达标、城市黑臭水体治理攻坚，人民群众的获得感、幸福感、安全感明显增强。

【关键词】河湖长制　河湖长＋检察长　水生态治理

【引　言】为建设美丽河湖，解决河湖治理与管护难题，湛江在驰而不息谋求经济高速发展的同时，牢记守护碧水蓝天的历史使命，通过建立“河湖长＋检察长”机制，推动河长制湖长制工作走深走实。

一、背景情况

2018 年，习近平总书记视察广东时指示湛江要把握机遇、积极与海南相向而行，加快打造现代化沿海经济带重要发展极。2021 年，广东省委、省政府印发《关于支持湛江加快建设省域副中心城市打造现代化沿海经济带重要发展极的意见》，赋予湛江“服务重大战略高质量发展区、陆海联动发展重要节点城市、现代化区域性海洋城市、全省区域协调发展重要引擎”四个战略定位。丰富的河湖水资源为湛江经济社会发展提供了重要保障，但河湖水域被侵占、超标排污、生态退化等河湖生态环境问题也较突出。为尽快解决这些问题，湛江市在全面推行河湖长制工作中积极探索和实践，以建立“河湖长＋检察长”机制为抓手，推动河湖长制工作走深走实，有效地推动

---

* 广东省湛江市水务局供稿。

了一大批涉河湖生态治理难题的解决，河湖面貌焕然一新。2021 年 5 月，湛江市河长办被水利部授予“全面推行河长制湖长制工作先进集体”称号。

二、主要做法

湛江市深入贯彻落实习近平生态文明思想，在全面推行河湖长制工作中积极探索和实践，以建立“河湖长＋检察长”机制为抓手，推动河长制工作既“有名”又“有实”。2020 年以来，市、县两级河湖长和检察长开展联合巡河 199 次，发现涉河湖生态环境和资源保护公益诉讼案件线索 442 条，立案 396 件，发出诉前检察建议书 355 份，有效地推动了一大批涉河湖生态治理难题的解决。湛江主要河湖水质明显好转，7 个国考断面水质优良率 100％，稳定达标。湛江中心城区 28 段黑臭水体经集中治理，截至 2021 年 2 月底已通过省级验收，基本达到“长制久清”。

（一）建立一套机制，强化合力治水的制度保障

一是建立行政执法与司法监督协作机制。为充分发挥河湖长在水资源保护、水岸线管理、水污染防治、水环境治理等工作中的统筹协调作用和检察长在法律监督职能中的第一责任人作用，经湛江市委书记、市长签批同意，湛江市河长办与市检察院联合印发《湛江市全面推行河长制工作领导小组办公室湛江市人民检察院关于建立“河湖长＋检察长”协作机制的指导意见》（湛河长办〔2020〕11 号），明确以“开放共赢、优势互补、共同发展”为原则，以促进水生态环境保护、推进水生态文明建设为共同目标，建立协调领导、信息共享、办案协作、督查督办、日常联络等五项工作机制。根据指导意见，湛江市河长办将“河湖长＋检察长”机制建立落实情况纳入全面推行河长制年度考核的重要内容，市检察院将其作为党史学习教育“我为群众办实事”实践活动的重要举措，市县两级均召开了“河湖长＋检察长”联席会议，全面细化各级河长办、检察机关及相关部门的责任分工和工作要求。建立检察长与河湖长、河湖警长的联动机制，共同做好河湖监督保护工作，持续推动行政执法和检察监督无缝衔接，形成河湖保护合力。

二是建立跨区域统筹协作机制。针对水环境治理关联性特点，湛江市政府与广西玉林市、广东茂名市政府建立了跨界河湖治理协作机制，

签订了《跨界流域水环境治理合作框架协议》。廉江市检察院与广西陆川县检察院签订了《关于建立九洲江流域生态环境保护司法协作的框架协议》，吴川市检察院与茂名化州市检察院签订了《关于保护鉴江生态环境和自然资源公益诉讼协作机制》，四市在水污染治理、河湖岸线保护、打击非法采砂等领域全方位加强协作，建立联席会议、信息共享、联合巡查、执法协作、交流学习等多项机制，深入开展跨界河流河段交叉巡河行动和打击跨流域水事违法联合执法行动，共同推进跨界河段水环境治理取得实效。如吴川市河长办、检察院在联合巡察中发现吴川和化州交界处的曲江水库库区有一家大型生猪养殖场涉嫌无证经营和无证排污，吴川市河长办、检察院将问题线索分别向茂名化州市通报，两地河长办、检察院各自会同生态环境部门、属地镇政府组成联合调查组到涉案曲江水库进行实地调查取证，查实涉案生猪养殖场产生的猪粪、污水仅简单处理后直接排入或渗透到水库内或者附近的农田里，对饮用水安全和土壤土质结构造成严重威胁。两地检察院就案件情况进行了深入的沟通和协调，决定由化州市检察院通过公益诉讼诉前程序，监督和督促环保部门对问题进行依法处置，及时有效地解决了问题。

（二）抓好办案监督，紧扣合力治水的关键环节

一是双向主动通报和移送案件线索。按照协作机制要求，湛江市市、县两级河长办定期将河湖长制工作情况特别是涉河湖违法问题线索通报检察机关。对情节严重、影响恶劣且符合提起公益诉讼条件的，直接依法移交市县检察机关提起公益诉讼。检察机关主动参与问题排查，对属于职能部门处理的，及时移交行政机关依法处理并实施检察监督。

二是以检察监督倒逼问题整改。对行政机关履职不到位等问题，检察机关及时向相关职能部门发出检察建议，督促整改。如针对被媒体曝光的吴川市海滨街道一洗砂场非法占用土地洗砂，污水未经处理直排鉴江饮用水水源保护区造成河水污染的情况，吴川市检察院依法向吴川市自然资源局、湛江市生态环境局吴川分局、海滨街道办等部门发出检察建议，督促有关部门依法履职，使问题得到了及时解决。各级检察院的参与有力推动了沿河周边水环境的综合整治。

三是充分发挥公益诉讼刚性监督作用。对行政机关收到检察建议后仍怠于履职或整改不到位的，检察机关依法以公益诉讼起诉人的身份向法院提起行政公益诉讼。2019 年 4 月，针对廉江市青建岭水库水体被严重污染，廉江市有关责任部门收到检察建议后，怠于履职，未能有效督促整改的情况，廉江市检察院依法向湛江经济技术开发区法院提起行政公益诉讼。该案是湛江市检察机关提起的首例行政公益诉讼案件，被评为“广东省检察机关公益诉讼典型案例”，取得良好的政治效果、法律效果和社会效果。

（三）强化“三个到位”，确保合力治水长治长效

一是联动协作到位。湛江市河长办与市检察院不定期召开专题联席会议，就案件信息共享、案件线索移送、调查取证协作、联合开展专项行动等方面进行协商，推动河湖保护协作机制落地见效。

二是联合巡查到位。市县两级河湖长定期分别会同市县检察院检察长联合对相关河湖水域和岸线进行现场巡查，主动排查问题。2020 年 8 月中旬，湛江市检察院检察长会同属地县级河湖长联合巡查了九洲江、鹤地水库、鉴江，针对巡查过程中发现红湖农场养殖场排污污染鹤地水库的线索，向湛江农垦局以公开宣告的方式送达检察建议书，立案民事公益诉讼案件 12 件，先后 6 次牵头召开由属地党委政府、湛江农垦局、红湖农场、生态环境等多部门参加的鹤地水库水源地污染整治联席会议，与相关部门共同会商研究鹤地水库生态环境损害修复问题，制定整改措施，确定完成养殖场清拆的任务目标，并不定期赴鹤地水库现场，持续跟踪整改落实情况。在各级各部门的高度重视和通力协作下，已完成了鹤地水库红湖农场辖区禁养区内 118 家违规养殖场的拆除工作，有力地促进鹤地水库水污染这一老大难问题的解决，保障了群众的饮用水安全。

三是经费保障到位。市河长办每年安排专门工作经费用于“河湖长＋检察长”机制及支持检察机关开展涉河湖治理公益诉讼工作，全力保障协作机制的有效运行。

（四）细化协作工作要求，提升合力治水成效

一是定期排查，摸清底数。市河长办与市检察院联合成立“河湖污染治理专项监督工作小组”，原则上每季度联合对各县（市、区）的河流、湖泊、水库水污染防治情况开展排查摸底调研活动，同时发动群众积极举报提供问题线索。湛江市检察机关率先在广东省地级市推行检察公益诉讼观察员制度，聘请公益诉讼观察员655名，聚合社会力量拓宽公益诉讼案件线索来源。对排查出的破坏河湖（库）生态环境问题逐一登记造册，分类建立联合攻坚台账。

二是联手发力，推动整改。针对发现的问题，一般先由市河长办或市有关职能向责任单位发出整改通知书，要求立行立改。对无正当理由不按时整改或整改不到位的，由检察院发送检察建议书督促其按时整改。无正当理由，不主动履行整改的责任的，由检察院依法提起公益诉讼。监督工作小组筛选一批案情重大复杂、社会关注度高、社会影响力大的突出问题线索，由检察机关与同级河长办进行联合挂牌督办，督促地方及有关部门落实责任，整改措施和整改时限，推动问题整改。检察机关与河长办针对本地区河湖管理保护工作中的突出问题，每年共同研究选取一个或几个领域问题开展专项整治，以点带面，共同研究解决措施，共同推进问题整改，形成司法、执法合力。

三是暗访督查，巩固成果。针对河湖污染问题动态性、反复性和随机性的特点，每季度组织一次全面暗访检查和巡查监督，防止问题反弹和出现新的问题。此外，组织单项督查，进一步压实县、镇、村级河湖长职责，切实做到河湖治理常态化规范化。

三、经验启示

湛江市通过践行“河湖长＋检察长”机制，借助司法力量，有效破解了河湖生态治理中的部分顽疾，对推动河湖长制工作进一步走深走实具有重要意义。

一是把法律监督作为拓宽河湖治理的重要手段。生态治理是一项系统工程，河湖生态治理问题往往涉及部门较多、投入较大、治理难度大，特别是对一些复杂水生态环境治理问题仅靠党政领导的推动和行政手段是不够的，需要借助司法手段加以强化，通过生态公益诉讼的手段来解决相关责任主体损害生态环境保护问题。

二是把推动相关责任主体履职尽责作为关键环节。“河湖长＋检察长”机制的主要功效在于引入法律监督手段来倒逼相关责任主体履行生态保护责任。因此在建立和推行“河湖长＋检察长”机制中，湛江市市、县两级河长办和检察机关注重发挥检察机关行使生态保护法律监督的职能，对重点河湖污染问题通过联合督办、发诉前检察建议书或直接提起生态公益诉讼等形式促使相关责任人主动履行保护生态的职责。

三是把整合各方力量形成合力作为工作要求。河湖生态治理涉及上下游、左右岸、水岸同治，牵涉的部门和单位比较多，如何发挥“河湖长＋检察长”机制的统合作用非常重要。湛江市在探索和实践中，注重发挥市、县两级河湖长统筹协调和牵头抓总作用，依托联合巡查、联合督办、联合办案等手段，充分整合行政机关和检察机关的职能作用，做到围绕一个目标，各方发力，协同共治。全市各级河长办和各有关部门全力支持检察部门开展生态环境公益诉讼工作，建立完善督促、支持起诉及纠正违法等常态化监督机制，主动为检察部门提供生态环境行政执法的信息和专业支持，共同促进河湖治理保护突出问题有效解决。

（执笔人：莫慧）

抓稳治水接力棒　消除管护空白期

——重庆市南川区推行“河长交接制度”的探索与实践*

【摘　要】 随着各级河长因事、因公离任离岗，离任河长因事因公不能履行管护职责，新任河长到位不及时、情况不了解、职责不明确，导致该段河流的管护监督存在一定的空白期。为此，南川区通过积极探索，创新建立河长职责交接制度，有效解决了因职责交接不清楚、不及时引起的河长制相关责任缺失、影响工作进度和成效等问题，消除了河流管护空白期，确保河长职责交接无缝对接、工作延续有序。

【关键词】 河长制　河长交接　强化履职

【引　言】 2017 年 5 月 26 日，习近平总书记在中共中央政治局第四十一次集体学习时强调：“推动绿色发展，建设生态文明，重在建章立制”。南川区认真落实习近平总书记视察重庆重要讲话精神和党中央、国务院关于全面推行河长制的有关决策部署，集全区有生力量，推动河长制落地落实，各级河长积极履职，群众积极参与，形成了全民爱河护河的良好氛围，提升了群众对水生态的“幸福感”和“获得感”。

一、背景情况

南川区位于重庆市南部，属于重庆现代化都市圈，幅员 2602km²，辖 34 个乡镇（街道），总人口 70 万人，具有区位条件优越、生态环境优良、旅游资源优厚“三优禀赋”，是一座宜居宜游宜业的“三宜之城”。南川境内有大小溪河 176 条，总流域面积 2682km²。城区三山聚首、三江汇流，建有半溪河、凤嘴江、龙岩江“三江六岸”生态走廊及花山、永隆山、九鼎山三大城市公园，是一座真正的绿色生态之城。

---

* 重庆市南川区河长办公室供稿。

南川山清水秀的美景

南川区在落实河长制工作中，持续推进污水偷排直排乱排专项整治行动，遏制增量、化解存量、补齐短板，城市生活污水集中处理率达95%，乡镇生活污水处理率达85%；持续推进金佛山、鱼枧等水库建设和中小河流整治，有效防范洪涝灾害；持续推进生态基流改造，加强生态流量泄放规范管理，确保河流生态流量；加强山水林田湖草沙系统治理，持续推进生态敏感区域的水土流失综合治理，严控水土流失增量。区内凤嘴江、大溪河、石钟溪等分别获评重庆市2018年度、2019年度、2020年度最美河流，2020年3月，南川区河长办公室被评为市河长制工作劳动和技能竞赛标兵单位；2020年4月，区河长办获"重庆五一劳动奖状"；2020年12月，区河长办获评水利部"长江经济带全面推行河（湖）长制先进单位"；河长制村规民约入选2020年全国《全面推行河长制湖长制典型案例汇编》。2021年4月，区水利局因河长制工作成效显著获全国"五一劳动奖状"。2021年5月，区水利局获评水利部"全面推行河长制湖长制工作先进集体"。全区山清水秀的美丽景象已初步显现，群众满意度、获得感和幸福感明显提升。

随着河长制工作的推进，河长换届、离任离岗情况较多，作为河长制工作的"第一责任人"，旧河长离任，但新河长难以及时上任导致的责任缺失屡见不鲜。责任缺失主要表现在：一是基础情况不明，新任河长对河流情况不清楚，不知道河流起止点、主要污染源等基本信息，想要履职却难以履职；二是河长职责不明，新任河长不清楚河长需要做什么、怎么做，对河长制的制度、专项行动等重要规章不熟悉，不知道如何履职；三是巡河重点不明，新任河长对河流常态监督巡查重点河段、当前正在推进的治理保护工作情况不明，导致履职效率低。

为进一步强化新任河长履职能力，消灭河长履职空白期，南川区探索建立《南川区河（库）长职责交接制度》，明确交接主体、交接内容、交接方式、交接备案、责任追究、交接时限、代理交接、交接后续工作等，着力激发河长履职积极性，提升河长履职效率，推动河长从“要我做”向“我要做”转变，主动担起河长制第一责任人的责任，推动河长制向纵深推进。

二、主要做法

河长作为河长制工作的顶梁柱，如何交接好离任河长与新任河长生态保护的“治水”接力棒，提升河长履职能力，让新任河长迅速从“新手”变为“老手”显得尤为重要。南川区坚持问题导向，明确交接内容，规定交接方式确保河长职责交接无缝对接、工作延续有序。

（一）抓实“三迅速”，责任“戴帽子”

河长交接制度建立的初衷就是为了解决新老河长交替中导致的履职“空白期”，避免河流出现问题无人管的情况。为了缩短甚至消灭履职“空白期”，南川区采用“三迅速”的工作要求确保河长交接迅速完成。

一是人员到位迅速。为了确保河流保护不断档，首先要确保新任河长人选尽快确定，南川区规定，当有河长离任离职的，由接任离任河长职务的人员担任新河长。若接任离任河长职务的人员不能担任河长的，由同级河长办确定新任河长人选。制度实施以来，100 余名新任河长均按照要求及时到位履职。

二是体系更新迅速。根据人事变化和工作需要及时调整河长制体系，适时更新河长公示牌，确保群众监督找对人。南川区按需更新公示牌 413 次，调整河长名单 158 人次，让群众监督找得到人、解决得了问题。

三是职责交接迅速。《南川区河（库）长职责交接制度》规定，各级河长正常离任、离职或因故长时间离岗都必须按照交接制度相关规定在正式离任、离职前7日内进行交接，避免离任河长离开当地导致交接不能正常进行。同时规定，河长的离任、离职在组织正式批准前，河长必须坚守岗位。若因私离岗或消极履职，给河长制工作造成直接或间接损失的，由相关单位按有关规定予以处理。

2020年7月，时任南川区生态环境局生态环境执法支队长的赵雷同志，按照区委组织人事调整，将调任南川区水江镇任职，按照新任河长任命原则，赵雷同志将担任鱼泉河水江段的河长。赵雷同志还未上任，鱼泉河水江段离任河长郑小军就已经与赵雷联系，双方约定时间进行了交接仪式，得益于河长职责交接制度，赵雷同志很快熟悉了河长制相关情况，对上任后从实推行河长制显得更有信心和底气。多数河长反映，《南川区河（库）长职责交接制度》制定后，河流管护才真正做到了100％不断档。

（二）谋划“三准则”，管护“装准星”

河长交接的最终目的，是提升新任河长的履职能力。如何让新任河长明确河长职责，尽快进入河长角色，南川区摸索提出“三准则”，确保河长交接工作质量。

准则一：现场巡河明实况。为了保障交接内容完善有效，河长交替时，离任河长需带新任河长开展现场巡河，巡河距离不少于1000m，特别是河流重点位置，务必到现场介绍情况，提醒关注重点，通报管护进展，让新任河长尽快进入角色并掌握情况。

准则二：交接代理责任清。考虑到部分离任河长确实不能亲自办理交接工作，规定如离任河长因特别原因不能亲自办理工作交接，须提前联系并经同级河长办确认后，可由指定负责人代为办理交接，但所有一切责任仍由原移交人负责。目前，南川区已有20余名河长采用代理交接，离任河长指定熟悉河流及工作情况的代理交接人进行交接，对新任河长履职起到了良好的作用。

准则三：交接不清不结束。部分河长在离任时将重点工作交接给新任河长，但一些突发情况或者遗漏的情况可能会让新任河长措手不及，难以及时查明情况并解决。为此，规定交接仪式结束后，新任河长对交接的工作尚有不清楚的，应及时联系离任河长，离任河长必须积极配合新任河长，直到交接清楚。据统计，已有 80 余位离任河长在离任后仍为新任河长出谋划策，为河流保护贡献力量。

2020 年 6 月 16 日，时任南川区政协副主席、龙岩江区级河长广巨雄带着龙岩江现任区级河长郭江涛到龙岩江巡河。龙川江旁有个总体积约 250 万 m^3 的磷石膏“小山”已覆上了厚厚的防渗膜，这座“石膏山”是龙岩江最“棘手”的难题，为了切实保护龙岩江水环境，广巨雄亲自协调督促，采取了堆场铺膜覆盖、河道截弯取直、渗漏液收集池修建、四周截洪沟修建完善和污水处理站设施设备的更新完善等工程，使龙岩河水质实现了从劣Ⅴ类到常年稳定在Ⅲ类的转变。广巨雄在现场将巡河要点、治河窍门一一传授给郭江涛，并嘱咐重点关注磷石膏消纳及渗漏问题，一定要保护好这段河。

新老河长现场巡河并开展交接仪式

（三）保障“三全面”，传递“交接棒”

交接仪式让新任河长对河长制工作基本情况有了了解，但交接仪式中，离任河长难以将河长全部职责、河长制重点工作全部向新任河长阐述清楚。南川区提出离任河长和新任河长共同签署《河长职责交接清单》，将各类纸质资料交予新任河长，以便新任河长随时查阅，做到责任明确，心中有数。

河长交接资料

一是基本情况全。《河长职责交接清单》包括责任河流河长体系、通讯录，河流起止点、长度，流经属地，河长具体职责等10余项基本情况。

二是制度文件全。《河长职责交接清单》包括南川区河长制的13项工作制度、河长制开展的专项行动、河长制当前重点工作要求等内容。

三是整治资料全。《河长职责交接清单》包括河（库）的重大情况、“一河（库）一策”编制实施、河长制专项整治、问题督办处理流程、河（库）检查监督、常态监督巡查重点、目前正在推进的治理保护工程等七大治理内容。

南川区自推行河长职责交接机制以来，已有2名区级河长、12名乡镇（街道）级总河长、100余名村（社区）级河长严格按照规定顺利完成了河长职责交接工作。全区因河长交替导致问题无人解决的情况基本杜绝，各级河长、人民群众对这一做法的满意度达到100%。南川区创新推行的河长职责交接制度，进一步加强了河长制的体系和机制建设，进一步加强了过程和结果管控，进一步加强了责任和资源保障，让全面推行河长制工作得以持续高效落实。

三、工作启示

（一）抓住关键，划好“责任田”

河长制就是河长负责制，抓好河长履职，特别是河长交替时期的履职，做到河长积极履职，主动担当，河流问题整改进度才能快，效果才能好。明确各级河长职责，做到各级河长“一盘棋”，纵深推动河长履职，层层传导压力，落实责任，才能做到履河长之责、行河长之实、管河长之用。

（二）制度先行，竖好“刻度尺”

河长是河长制的落实人，河长制工作涵盖了水资源保护、水域岸线管理、水污染防治、水环境治理、水生态修复、执法监管等多个方面，涉及不同群体和多个部门，所以建章立制是规范化做好河长制各项工作的探路灯，完善各类制度，各级河长明确要做什么、怎么做，才能丰富河长制内涵，将河长制工作向纵深推进。

（三）追责问责，念好“紧箍咒”

河长履职“上热下冷”是河长制推行过程中不可避免的情况，少数河长不按相关规定进行职责交接甚至对河长制工作不以为然，对履职敷衍了事，对问题视而不见。尽管河长办多次催促，部分责任人仍以不清楚职责，不了解工作为由久拖不决。南川区把河长职责交接制度落实情况作为督查重点，并纳入河长制工作考核，并在《河长交接制度》中明确了若因私离岗或消极履职，给河长制工作造成直接或间接损失的，由相关单位按有关规定予以处理，让基层河长对自己的岗位有敬畏之心，加强履职。

（执笔人：黄超）

“锌硒茶乡”的护水之路

——贵州省遵义市凤冈县“五巡法”保护水生态环境*

【摘　要】 随着社会经济的不断发展，水生态环境，问题日益突出；侵占河道岸线、污水直排、河道脏乱差等现象层出不穷。近年来，随着生态文明建设理念不断深入人心，河湖利用与保护引起社会广泛关注。2017 年全面推行河长制以来，凤冈县各级河长承担起河库保护第一责任人，以强化巡河履职、强抓巡河问题整改、创新推进巡河方法、找准巡河目标导向为工作抓手，着力推进巡看水体、巡察河岸、巡访民意、巡查设施、巡问实效“五巡法”工作措施，压实巡河责任，提升河流治理水平，建设人民群众幸福河流！

【关键词】 创新巡河　河长制

【引　言】 2017 年 5 月 26 日，习近平总书记在十八届中央政治局第四十一次集体学习时强调，要全面促进资源节约集约利用。生态环境问题，归根到底是资源过度开发、粗放利用、奢侈消费造成的。资源开发利用既要支撑当代人过上幸福生活，也要为子孙后代留下生存根基。

一、背景情况

凤冈县有大小支流 315 条，汇集成洪渡河、六池河、卜水河、蜂王河和辉塘河五大河流，分布在全县各地，形成网状体系，河网密度为 0.59km/km^2，总体水域面积 2.56 万亩，河道总长 1229.58km，其中干流 5 条，长 349.48km。凤冈县水资源丰富，河流水系发达。随着经济社会的发展，河库保护工作任务被提上日程。作为山区农业大县，凤冈县农村面源污染治理、农村河库管理保护工作难度较大。

---

* 凤冈县河长制办公室供稿。

凤冈县委县政府坚持贯彻落实习近平总书记生态文明思想，始终坚持走“绿水青山就是金山银山”的新路子，始终坚持走符合凤冈县情实际的生态发展之路。2017 年全面推行河长制以来，凤冈县坚持以双有机发展为引领，以全域有机、全产业链有机为抓手，不断推进水生态建设，不断巩固提升河流管理水平，得到了人民群众的高度认可。

二、主要做法

凤冈县在全面推行河长制工作中，不断提高政治站位，高度重视河长制工作。做足理论功课后，就如何提高河长思想认识、明确河长职责、创新履职形式等方面以及河长制工作干什么、谁来干、怎么干和干不好怎么办等工作进行了深入研究，提出了凤冈县河长“五巡法”巡河模式，不断丰富巡河内容，注重巡河数量、质量，不断提高各级河长履职尽责能力。

2019 年，凤冈县创新提出“五巡法”巡河工作模式，以“巡看水体”“巡察河岸”“巡访民意”“巡查设施”“巡问实效”五种模式为抓手推动河长制工作，解决了以往各级河长巡河重形式、走过场、工作实效不明显的问题。通过总河长牵头调研，深入河流岸上岸下，总结提炼巡河具体内容，使县、镇、村三级河长开展巡河活动有了直接抓手。

（一）以“巡看水体”，找准问题表现

通过巡看水体，具体察看河流区域是否有成片漂浮物、是否有动物尸体、水体颜色是否正常、有无明显异味等，并及时将巡察情况登记在表册中。如有异常情况，即由河流对应的河长向本级河长制办公室进行问题反馈，由同级河长制办公室通过交办、督办等方式组织人员迅速处置。目前，凤冈县、镇、村三级河长均以巡看水体为抓手，及时找准问题表象。自巡河模式推行以来，共计发现河库漂浮垃圾物 100 余次，均已及时进行打捞清理，清理垃圾共计 2.8 余吨，巡河发现问题整改成效显著。

（二）以“巡察河岸”，找准问题来源

河道管护问题，问题在水里，根子在岸上。凤冈县各级河长及巡河保洁员巡河时主要通过察看河岸是否有非法排污现象，是否存在非法侵

占河滩、河岸及非法采砂等违法行为，河流岸线保洁是否到位等方法，及时找准问题来源，针对性研究制定问题整改措施。通过巡察河岸，不仅使涉水违法行为得到及时整治纠正，河流保洁效率进一步提升，而且将岸上与水里问题整治有机结合，通过交办、督办、回头看等方式督促整改。凤冈县现已全部完成整改，通过巡察河岸协同守护了一河清水。

（三）以“巡访民意”，找准工作差距

各级河长巡河过程中对标对表，通过重点听取河流沿岸群众的意见建议，紧紧围绕电、毒、炸鱼及倾倒垃圾、渣土、废弃物等行为开展工作。凤冈县河流均处于山区，人员居住点相对分散，这对巡河工作提出了挑战。村组是否召开群众会、是否宣传河湖管理内容、护河员有没有正常开展管护工作等内容都是县、镇、村三级河长巡河时必须关注的内容。凤冈县通过“世界水日”“中国水周”开展河长制相关宣传，结合村规民约、河长巡河，充分利用新闻报道、自媒体等方式加大宣传力度；广泛听取群众意见建议，吸纳群众的智慧，切实加强水域生态保护。各级河长在工作过程中，通过巡访民意，进一步找准工作差距，为持续开展好爱河护河工作提供重要支持。推行“五巡法”以来，共计收到群众意见建议 200 余条，通过对建议梳理归类，100 余条建议被采纳或参考，群策群力作用在工作中得以发挥和体现。

（四）以“巡查设施”，做好设施保护监督员

水资源的持续保护离不开合理开发利用。绿水青山就是金山银山，凤冈县从总河长到镇村级河长均以实现水资源可持续利用为保护底线，通过重点查看河流水库已建设施维护和使用情况，水质、水文监测设施是否完好，水位高低是否正常，河长责任公示牌、安全警示标识、护河宣传资料等是否完好等内容，进一步做实做细水资源保护工作，实现水资源永续利用与生态保护常态化。截至目前，已对全县 35 座水库进行了建档管理并建立了日常管护机制，正确设立了安全警示标识，全县河道管理水利基础设施设备维修率进一步提升，使用率显著提高。各乡镇、大村大寨污水处理设施运行正常与否，也成了县、镇、村三级河长巡河的必看内容，自推行河长制以来，各级河长反馈相关问题 30 余个，均严格按照要求完成整改，真正做到了污水处理达标排放。

（五）以“巡问实效”，强抓问题整改销号

凤冈县各级河长主动担当履职，切实履行河长职责，针对每次巡河发现的问题及时上报、交办、督办，建立台账登记，细化整改措施。巡河发现问题的整改落实情况在下次巡河时作为巡河“回头看”的重要工作内容，重点巡查问题是否按要求整改、是否整改落实到位、共性问题是否存在、有无长效管理机制等。以前河长“一巡了之”“一看了之”问题整改落实不到位、巡河“走过场”的现象少之又少。自推行河长制以来，各级河长共计发现问题580余个，目前已全部完成整改。

为持续巩固“五巡法”工作成效，凤冈县不断完善考核、述职等工作机制，制定印发了《凤冈县全面推行河长制工作考核办法》和《凤冈县河长述职制度》。一方面严格落实河长述职制度，细化述职评议内容，由县级责任单位负责组织对应乡级河长向县级河长进行述职，人大代表、政协委员、水利专家、环保专家等参加评议工作，述职内容包括习近平总书记生态文明系列讲话精神贯彻落实情况、上级安排部署的工作落实情况、六大河长制工作任务落实情况及取得的成效等，对河长履职进行了系统化、全方位、多角度述职评议，进一步压实河长责任；另一方面，把“五巡法”落实情况、河长述职评议情况作为重点内容纳入河长制工作考核，细化考核内容，对辖区各乡镇和各县级责任单位河流管护各项工作落实情况进行全面考核，并将考核结果按管理权限交由组织部门作为对河长、责任单位考核评价的重要依据。

通过压实河长责任，严格落实巡河内容，全县各级河长以问题为导向，始终坚持发现问题要有整改，问题整改要有成效，主动巡河履职，全县河库“四乱”问题发生率逐年降低，各类涉水问题整改完成率不断提高。全县以双有机为引领的生态发展理念逐渐深入，农村面源污染治理、农村垃圾收运处理建设等取得显著成效，确保了河库岸上问题得到实质性解决。县域内水域岸线实现了规范化管理，河库水生态逐渐恢复，全民参与爱河护河的氛围逐步形成。全县纳入监测的河流断面水质长年保持在Ⅲ类以上，其中洪渡河、龙台河2021年一季度河流断面达到了Ⅰ类水质标准。

龙潭河与西山河交汇处整治前

龙潭河与西山河交汇处整治后

三、经验启示

（一）工作创新有方向，才能把脉问诊

2017年全面推行河长制以来，为切实统筹好河流上下游、左右岸、干支流治理保护，形成工作合力，凤冈县实现各级党政领导担任河长全覆盖，积极压实责任，不断抓部署、强落实、重整改，以县级总河长牵头抓总，通过深入实际调研，创新提出并形成了河长巡河“五巡法”巡河模式，进一步找准了工作方向，解决了巡河工作中部分河长巡河华而不实的问题，真正做到了把脉问诊。

（二）巡河目标有导向，才能甄别问题

河流保护工作问题在水里，根子在岸上。河长巡河不仅要管好盆，也要管好水。以问题为导向开展巡河，针对问题做到刨根问底、跟踪落实。凤冈县以“五巡法”为巡河目标导向，做到了问题无巨细，管好了“盆”和“水”，从水里到岸上实现了全覆盖，河长履职不主动、走过场现象正渐渐消失，河长巡河工作逐步走上正轨并落到实处。

（三）问题整改有追踪，才能解决问题

全面推行河长制既是践行绿色新发展理念，大力推进生态文明建设的重要要求，也是“绿水青山就是金山银山”的重要实践。只有解决了问题，巡河才有实践意义。凤冈县以“巡问实效”强抓问题整改，通过转办、交办、督办等形式促进问题整改落实，确保了问题整改有回音、

问题整改追踪见实效，涉水生态环境问题正一个个解决，生态河湖、幸福河湖正逐步呈现。

（四）服务主体有对象，才能干出成效

绿水青山就是金山银山，全面推行河长制是守护绿水青山的重要抓手。定好河长制工作总基调，才能真正踏上河流管护新征程。凤冈县创新推动河长巡河“五巡法”巡河工作模式，强化履职尽责，加快河库保护步伐，这既是工作所需，也是百姓所想，把人民群众所享有的“水清、岸绿、景美、人和”的生产生活环境保护好，坚决做到巡河履职不打折扣，涉水保护力度不减，工作目标不动摇，切实把人民群众的满意感、幸福感、安全感、获得感作为工作的出发点和落脚点，我们的工作才大有可为，才能真正干出成效。

（执笔人：付旭江）

强化检察监督　探索黄河流域生态保护治理新路径

——河南省推行“河长＋检察长”制改革*

【摘　要】保护黄河是事关中华民族伟大复兴的千秋大计。2018 年年底以来，在最高人民检察院、水利部的共同领导下，河南省人民检察院与黄河水利委员会、河南省河长制办公室倡议发起沿黄九省（自治区）“携手清四乱、保护母亲河”专项行动。行动中，河南省河长制办公室与河南省人民检察院通力协作，同向发力，一批难度较大、社会关注度较高的黄河流域“乱占、乱采、乱堆、乱建”等突出问题得到有效解决。同时，在黄河流域九省（自治区）首倡并推动建立了以行政机关与检察机关河湖治理协作联动为主要内容的“河长＋检察长”制，借助公益诉讼为破解黄河生态治理难题贡献“河南智慧”。

【关键词】“清四乱”　“河长＋检察长”　公益诉讼

【引　言】“河长＋检察长”制是河南省河长制办公室和河南省人民检察院落实习近平总书记重要讲话精神、服务保障黄河流域生态保护和高质量发展重大国家战略探索形成的一项制度创新。在河南全省全面推行“河长＋检察长”制，对推动全省生态环境综合治理、服务经济社会发展大局，起到了积极作用。一方面，河长办作为议事协调机构，在河湖突出问题整治过程中为各级河长提供意见建议，确保“携手清四乱、保护母亲河”专项行动的顺利开展，充分发挥了河长的参谋助手作用；另一方面，检察长立足“当好党委政府法治助手”的工作定位，以建立检察机关与河长办及相关行政机关系列协作联动机制、实现行政执法与检察监督有效衔接为主要内容，探索构建协调有序、监管严格、保护有力的河湖管理新机制，发挥检察职能，协助总河长及河长破解河湖治理难题，为检察机关助推河湖生态保护、服务经济社会高质量发展提供了一个新的路径。

---

* 河南省河长制办公室供稿。

一、背景情况

河南境内黄河河段处于黄河流域中下游，自陕西潼关进入河南，西起灵宝，东至台前，流经三门峡、济源、洛阳、郑州、焦作、新乡、开封、濮阳等8个省辖市，河道总长711km。河南境内黄河两岸堤距一般为5～9km，河道宽、浅、散、乱，河势游荡多变，河床平均高出两岸地面3～5m，最大悬差达24m，防洪保安任务非常繁重。河南黄河滩区总面积2116km^2，滩内1312个自然村庄，常住人口约125.4万人，耕地228余万亩约占滩区总面积的75%，5处国家级、省级湿地自然保护区与黄河河道重合度超过60%，10多处饮用水水源保护区，还有1处黄河郑州段黄河鲤国家级水产种质资源保护区。河南境内黄河河道不仅是黄河行洪、淤沙、滞蓄洪水的通道，也是滩区群众生产生活的重要场所，是我国中部地区湿地生物多样性保护的重要区域，其具有的防洪保安、生产发展、生态环境保护等多种功能既相互依存，又相互制约。新中国成立以来，在党的领导下，河南省治黄工作取得了举世瞩目的成就，确保了岁岁安澜。但由于自然禀赋、历史原因和长期累积性开发，黄河流域生态保护仍面临不小的压力和挑战。特别是近年来，河道内违规建设、非法侵占河道、非法采砂、倾倒垃圾渣土、违法种植阻水片林等行为屡禁不止，人河争地的矛盾日趋尖锐，黄河河道管理面临着前所未有的压力和挑战。

在此背景下，最高人民检察院、水利部以全国“清四乱”专项行动为契机，在黄河流域开展了“携手清四乱、保护母亲河”专项行动，在黄河水利委员会、河南省人民检察院统筹协调下，流域九省区于2018年12月在河南共同发表了“郑州宣言”，一场以保护黄河为主题的攻坚战拉开了序幕。

二、主要做法

河南省作为“郑州宣言”的发起省份，大胆创新、率先作为，积极探索了以公益诉讼为抓手的河湖治理保护新机制，通过加强行政执法与检察监督有效衔接，创新“河长＋检察长”机制，实现双赢多赢共赢的目标，为幸福河湖建设打牢制度基础。

（一）围绕共同保护母亲河，率先倡议推行治河新模式

2018年7月20日，水利部在全国部署开展河湖“清四乱”问题专项整治行动。河南省人民检察院、河南省河长制办公室会同黄河水利委员会积极担当、主动作为，共同倡议沿黄九省区检察机关、河长办联合开展“携手清四乱、保护母亲河”专项行动，得到最高人民检察院、水利部的大力支持。2018年12月，最高人民检察院、水利部决定共同开展“携手清四乱、保护母亲河”专项行动，成立专项行动领导小组，将办公室设在河南省检察院和黄河水利委员会，具体承担专项行动日常协调任务。邀请9省（自治区）检察院、河长办在郑州举行专项行动启动仪式，通过专项行动实施方案；牵头召开9省（自治区）推进会，通报工作，交流经验。在最高人民检察院、水利部专项行动新闻发布会上，河南省人民检察院作为唯一受邀单位介绍情况。

在专项行动中，河南省河长制办公室、河南省人民检察院通力协作、同向发力，“河长”“检察长”充分发挥各自职能，探索形成了“河长+检察长”依法治河新模式。首批选取7个典型历史积案共同治理，通过啃“硬骨头”收到了“查处典型案例、破解一方难题”的良好效果。之后分3批排查“四乱”问题417个，截至2019年年底全部整改到位。2019年9月，省人大常委会将“河长+检察长”依法治河新模式写入《关于加强检察公益诉讼工作的决定》。为进一步巩固黄河保护治理成效，2020年4月，时任省委书记、省第一总河长，省长、省总河长共同签发第2号总河长令，开展黄河“清四乱”歼灭战，截至2020年年底，累计新发现594个问题，已全部整改销号，黄河流域“四乱”突出问题得到有效解决。

（二）聚焦制度创新，探索协同治理新机制

“河长+检察长”治河新模式的核心是贯彻总书记“共同抓好大保护、协同推进大治理”重要指示，推动行政执法与检察监督有效衔接，实现各部门协同发力。具体内容包括：

一是建立常态联络机制，促进信息共享。省检察院、省河长办联合印发《关于设立河南省人民检察院驻省河长制办公室检察联络室的暂行办法》，在沿黄各省（自治区）率先设立检察院驻省河长办联络室，派驻检察联络员，每周联合办公，开展业务交流，共享执法信息。

二是建立办案协作机制，促进案件共办。省检察院、省河长办建立“共建清单、迅速交办、督促整改、共同验收”办案协作机制，及时研究解决突出问题和困难，逐件“回头看”，有力推动问题整改到位。比如，郑州法莉兰童话王国项目先后受到9次行政处罚仍未停止施工作业，省检察院下达检察建议书后，市、区政府高度重视，加大清理整治力度，迅速彻底整改到位。该案例于2019年被最高人民检察院、水利部列入生态公益诉讼十大典型案例，在全国推广。

三是强化公益诉讼职能，推进依法行政。对负有河湖监督管理职责的行政机关违法行使职权或者不作为，致使黄河流域生态环境受到侵害的，由检察机关依法发出检察建议，督促行政机关履职尽责。截至2020年底，河南省检察机关共受理黄河流域公益诉讼问题线索938件、立案565件，其中检察机关自行摸排问题线索469件、立案417件。新乡市一企业勾结有关人员向黄河主河道倾倒危险废液，性质恶劣，危害极大，群众反映强烈。检察机关在依法严厉打击刑事犯罪的同时，同步依法开展行政公益诉讼，向相关职能部门发送检察建议，督促加强全方位、全流程监督，严防违规倾倒行为再次发生；依法开展民事公益诉讼，对造成的黄河生态损害，依程序追究生态损害赔偿责任。

四是建立联合专项整治机制，增强执法司法合力。省检察院与住建部门协同开展城市黑臭水体监督活动，与生态环境部门协同开展饮用水水源地环境保护监督活动，与自然资源部门协同开展露天矿山、绿色矿山、废弃矿山“三山”整治攻坚行动，多方联动，协同作战。

五是推进跨区域集中管辖，促进司法公正。建立黄河流域环境资源跨区划案件集中管辖机制，将黄河流域河南段环境资源类刑事案件、公益诉讼起诉案件，集中移送铁路运输法院、检察院管辖，合理配置司法资源、统一司法尺度，确保环境资源保护法律统一正确实施。

（三）注重固化提升，全面推行“河长＋检察长”制

为进一步巩固“河长＋检察长”依法治河新模式成果，河南省在总结经验的基础上，出台《河南省全面推行“河长＋检察长”制改革方案》，将改革实践成果上升为制度规范。

一是拓展制度内涵。在实施范围上铺开，由省内黄河流域向全省所有河湖全面推行；在协作机制上拓展，由过去主要是检察机关与河长办两家协作，转变为在总河长统一领导下，检察机关加强与河长制全体成员单位全面协作；在跨区划办案上深化，进一步完善省内黄河流域环境资源刑事案件、公益诉讼起诉案件集中管辖相关配套制度。

二是健全组织体系。成立"河长＋检察长"制领导小组及联络办公室，组长由总河长或河长担任，检察长担任副组长，成员由检察院、发展改革、公安、自然资源、生态环境、黄河河务局等16个部门和单位负责人组成。

三是厘清各方职责。相关行政机关担负河湖治理主体责任，检察机关履行法律监督责任，各司其职、同向发力，共同维护国家利益和社会公共利益。检察机关对负有河湖监督管理职责的行政机关违法行使职权或者不作为，致使国家利益或者社会公共利益受到侵害的，依法向行政机关提出检察建议，督促行政机关依法履职。

四是完善运行机制。推进相关涉河湖治理行政机关和检察机关建立办案信息共享、问题线索移送、调查协作、检测鉴定技术支持等机制。

三、启示经验

通过在黄河流域探索实践"河长＋检察长"治河新模式，短时间内集中解决了一批历史陈年积案，为黄河流域生态环境保护探索了河南方案。实践证明，检察机关参与流域生态保护与治理，既是检察机关发挥职能特别是公益诉讼职能优势服务大局新的着力点，更是河长制工作实现从"有名有实"向"有力有为"转变的重要途径，有效助力提升了黄河流域生态环境治理保护法治化水平。

（一）"河长＋检察长"制为探索生态环境保护公益诉讼新路径提供了有益借鉴

我国公益诉讼制度自2012年立法以来，由于缺少激励因素、原告主体太少、被告实力强大等诸多原因制约，进展不够顺利，出现了"舆论热、司法冷"现象。河南省在黄河流域率先探索"河长＋检察长"制，检察机关在河长的统一领导下，充分发挥检察机关法律监督职能作用，一方面对损害生态环境公共利益的行为提前介入、主动介入，防止公共利益受到进一步的侵害；另一方面监督政府相关职能部门积极履职、依法履职，防止职能部门慢作为、不作为、乱作为。实践证明，在习近平生态文明思想日益深入人心的大背景下，“河长＋检察长”制是开辟生态环境保护公益诉讼的一条有益的新路径，必将有力助推黄河流域生态保护和高质量发展。2021 年 6 月，省委书记、省长共同签发河南省第 3 号总河长令《关于全面推行“河长＋”工作机制的决定》，进一步深化河湖长制工作，全面推行“河长＋”工作机制，其中，全面推行“河长＋检察长”制作为首推机制，明确要求以检察公益诉讼制度助力河长制，加强河湖管理保护。

（二）“河长＋检察长”制为破解重大疑难涉河问题提供了有力有效新途径

受历史遗留问题、主管部门职能交叉、执法合力不够、背后利益错综复杂等因素制约，一些侵占水域岸线、围垦河湖、临河违建、私挖乱采等涉河问题久拖不决，由小问题逐渐发展为“老大难”问题。河南省在黄河流域推行“河长＋检察长”制，检察机关通过发出检察建议书督促相关行政机关依法行政，彻底清除了黄河滩区占地 370 亩的郑州法莉兰童话王国违建，破解了存续多年的 30 余座砖窑厂等一大批重大涉河违建问题。实践证明，检察机关与河长办及河长制相关成员单位加强沟通协作，探索建立的协作联动机制，实现行政执法与检察监督有效衔接为主要内容的“河长＋检察长”制，可以有效破解重大疑难涉河问题。

（三）“河长＋检察长”制为探索建立流域环境资源跨行政区划司法保护机制积累了有益经验

河南省检察机关在积极参与黄河流域生态环境公益保护，探索实践“河长＋检察长”制过程中，以跨区划检察改革之路，破解黄河生态保护治理难题，推进铁路检察机关转型升级，立足流域治理、服务国家重大战略的跨区划检察改革也取得了初步成效，铁路检察机关集中管辖黄河流域环境资源案件作为一项重要内容写入“河长＋检察长”制改革方案在全省全面推行。实践证明，检察机关充分发挥自身定位优势，通过铁路检察机关跨区划改革，集中办理跨黄河流域环境资源案件，推动解决了一批历时已久、难度较大、社会关注的“老大难”问题，以实实在在的办案成效助力黄河流域生态保护和高质量发展，共有8起公益诉讼案件入选最高人民检察院典型案例。河南省跨区划检察改革工作得到最高人民检察院充分肯定，并在全国跨区划检察改革试点工作会议上做经验介绍。

（执笔人：韩振标　王会军　李智喻　王洪涛）

二 河长办履职能力提升

科学配置资源　强化中枢作用

——河北省承德市在提升河湖长制办公室履职能力上求实、求能、求效*

【摘　要】 承德市13个县（市、区）、217个乡镇（街道）及2487个村（社区）分级分段设立市、县、乡、村四级河（湖）长4866人，实现了5座湖泊、96座水库、1500条河流1.28万km河湖长全覆盖，构建了责任明确、协调有序、监管严格、保护有力的河湖管理保护机制。但在2017年实行河长制初期，承德市的市县两级未设立河湖长办专职机构，均由水行政主管部门兼职，导致下级河湖长及同级责任部门（单位）重视程度不高、协作配合不力，存在推诿、敷衍、应付等问题。承德市委、市政府审时度势，先后两次对河湖长办的机构设置、人员配备及职能定位进行改革创新，紧紧扭住“职责”这个“牛鼻子”，不断提升其履职能力，充分发挥牵头抓总作用，起到了事半功倍的成效。

【关键词】 党政负责　履行职责　统筹协调

【引　言】 承德市坚持以守河有责、守河有成的责任担当，将创新机制作为全面落实河湖长制的重要抓手，列入市委重点改革事项来抓，充分发挥河湖长办牵头抓总作用，立足实际，改革创新，赋予河湖长办新的功能定位、新的职责要求。市委、市政府先后出台《承德市河湖生态管护机制建设工作方案》《承德市创新河湖长制体制机制试点工作实施方案》，将提升河湖长办能力建设放在重要位置，注重长远、夯实责任、狠抓落实，强化各级党委、政府集中统一领导，下大力解决好河湖长办组织协调难、推动工作落实力度不够等问题，有力地推动了河湖长制深入发展。

一、背景情况

承德既是京津冀水源涵养功能区，又是京津冀西北部生态环境支撑区，

* 承德市河湖长制办公室供稿。

肩负着“生态支撑、水源涵养”的重大政治责任。区域面积 39512.98km²，拥有滦河、北三河、辽河、大凌河四大水系，是滦河、潮河、辽河、大凌河等四河之源，是京津冀重要水源地和华北地区重要生态屏障。自 2017 年全面实行河长制以来，市委、市政府抢抓机遇、果断决策，把建立完善河长制作为改善和提升承德水环境质量的重要抓手，为尽快实现河湖长从“有名”到“有责”再到“有能有效”的转变，市委、市政府勇于探索，创新机制，狠抓落实，及时解决困难和问题，多措并举压实各级河湖长主体责任，充分发挥各级河湖长“主力军”作用，全面提升河湖生态环境质量。为从根本上解决水行政主管部门履行河湖长办职能弱化、统筹协调困难大、监督检查阻力大等问题，在广泛开展调研的基础上，2019 年由市委、市政府领导带队赴福建省南平市考察学习先进经验，紧密结合实际，全面推动河湖长办一系列改革，落实党政领导担任主任、健全机构设置、拓展职责内容、强化督导考核功能，进一步提升了河湖长办职能作用，为有力推动河湖长制落实发挥了重要作用。承德市机制体制创新经验入选全国推行河长制湖长制工作典型案例，市河湖长办获评全国“全面推行河长制湖长制工作先进集体”；承德市先后三次在省委、省政府河湖长制考核中被评定为优秀等次；承德市委、市政府，滦平县委、县政府先后在全省省级总河湖长会议上做典型发言；承德市小滦河围场县段、伊逊河滦平县段荣获省十大“秀美河湖”称号；《中国水利报》《河北日报》《河北水利》《河北改革动态》等多家媒体对承德市的经验做法予以专题报道。

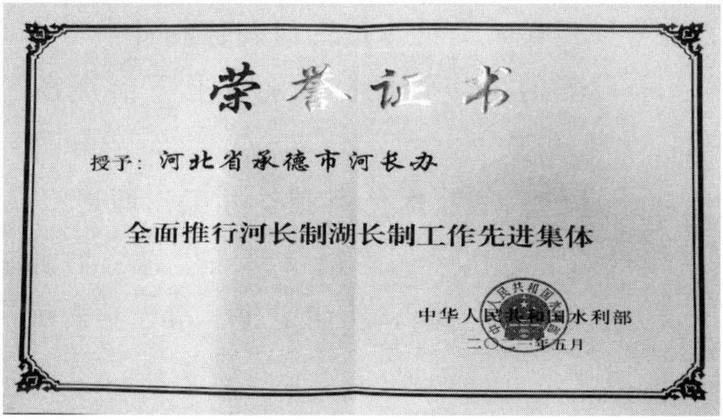

2020 年度承德市河长办荣获全国
“全面推行河长制湖长制工作先进集体”

二、主要做法及成效

为强化党委、政府河湖管理保护主体责任，促进部门协作，承德市委、市政府在改革优化河湖长组织体系、工作体系、责任体系上下功夫、求实效，在优先落实党委常委领导担任河（湖）长的基础上，狠抓河湖长办能力提升，完善机构、充实力量、强化职能，建立健全河湖长主抓、河湖长办协作，责任部门联动、社会力量参与的组织责任体系。

（一）强化牵头抓总，积极构建市、县、乡三级组织机构

为强化各级党委、政府对河湖长制集中统一领导，解决好河湖长办组织协调难、推动工作落实难等问题，严格落实党委政府领导担任河湖长办主任，进一步加大统筹协调力度，强化部门协作，形成了河湖管理保护强大合力。

河湖长办设常务副主任，分别由市县两级水行政主管部门主要负责同志担任。同时，市县两级水行政主管部门明确一名副职领导负责河湖长办的日常工作。

市级率先批复成立正处级河湖长办，内设“两科一站”，2 个行政科、1 个全额事业编工作站，落实人员编制，明确工作职责。各县（市、区）按照市河湖长制工作机制，分别在县级水行政主管部门设置相应股（站），确保上下机构统一、职能一致。

各乡（镇、街道）实行河湖长制“专职协调员”制度，保障每个乡（镇、街道）都有专职工作人员具体负责河湖长制日常工作，形成纵向贯通、横向连接、全覆盖的工作责任链，确保上下衔接畅通、左右协调有力。

（二）找准功能定位，不断优化河湖长办工作职责

承德市委、市政府制定出台《承德市河湖生态管护机制建设工作方案》，赋予河湖长办新的职责内涵和功能定位。市、县两级河湖长办分别加挂“河湖生态监管中心”“河湖生态巡查管护中心”牌子，独立履行职责。

在市、县两级河湖长办组建司法联络室，明确司法联络工作职责，

政法委设立专职联络员，牵头组织检察院、法院、公安局司法联络员建立定期会商和重点事项即时协调联动机制，强化行政执法与刑事司法衔接，负责调查处理重大破坏生态环境刑事案件。截至 2021 年 6 月，市、县两级河湖长办累计处理违法违规案件 149 起，受理起诉案件 109 件。

从生态环境、农业农村、林业草原、城管、住建、自然资源和规划等部门抽调专职“督查专员”在市、县河湖长办集中办公，开展常态化联合督查、明察暗访和整改督办工作，并协调联络本部门解决有关问题。同时，在生态环境部门组建生态环境综合执法队伍，乡（镇、街道）环保所设立联络员，河湖长制办公室制定河湖生态综合行政执法联络协作运行机制，实施河湖生态环境“一元化”执法，构建督查-交办-联络-执法“一条线穿到底，一张网全覆盖”的监管执法体系，强化了监管执法效能。

市、县两级河湖长办分别建立 14 个河湖生态监管平台，构建点位监控、平台预警、推送反馈、即时处理的“技防＋人防”监管体系，落实 24 小时值班值守，做到发现问题、立行立改。截至 2021 年 6 月，市、县两级河湖长办累计下达督办单 866 件，发布河长令 78 次。

市河湖长办联合公安部门制定《河湖生态管护“河务警队长制”实施意见》，编制《河务警队长及管辖河湖名录》，明确管辖范围和工作职责，配合各级河湖长实时对辖区内的河湖及周边开展执法巡查，及时处理违法违规案件。自 2019 年底起河务警（队）长共巡查大小河流 5685 条、湖泊（水库、塘坝）213 处、涉污企业 209 家、排污口 27 余处，处理问题 29 起，为全市河流水系及生态环境安全提供了有力保障。

（三）创新工作机制，全面提升河湖长办工作效能

市河湖长办按照市委、市政府部署要求，围绕建设“京津冀水源涵养功能区”，紧盯水环境质量提升这个核心任务，紧抓河湖长“责任”这个治水“关键”，在创新机制、压实责任上下功夫，护航河湖管理保护行稳致远。一是以“责任”为抓手，强基固本。先后制定《承德市建立河湖长责任机制办法》《承德市严格落实河长制责任追究办法》，编制

《承德市河湖分级名录》，明责立规，失职追责，从制度机制上将各级河湖长责任压实压到位。二是以“任务”为牵引，谋篇布局。制定《关于严格落实河长责任制　全面提升水环境质量的实施意见》“1＋10”三年专项行动方案，全面推进河湖清理整治、水污染防治、城乡污水和生活垃圾治理、水域岸线管护、水资源保护等工作，河湖面貌和水环境质量得到明显改善和提升。三是以“改革”为动力，创新发展。制定《承德市河湖生态管护机制建设工作方案》和《承德市创新河湖长制体制机制试点工作实施方案》，全面推进“一办一室一队伍、一平台一主体四机制”改革创新，优化完善河湖长组织体系、河湖长制机构设置、发现整改问题机制和追责问责机制。四是以“联防”为保障，强化监管。牵头组织构建上下游县（市、区）之间、责任部门之间联合监管执法联动机制，推进行政执法与刑事司法有效衔接，强化联合执法效能；制定《承德市乡村河湖管理员管理办法》，聘请基层群众担任河湖管理员，解决河湖巡查管护“最后一公里”问题。五是以“效率”为统领，加强统筹。建立向总河湖长、河湖长请示报告“直通车”、对下级和同级部门交办督办“一揽子”工作机制，简化流程，提高时效，形成全流程闭环管理，有力推动了工作落实和问题整改。同时，结合河湖长办的工作职责，研究制定了河湖长办《管理工作制度》，进一步提升河湖长办规范化建设水平，为统筹协调全市河湖长制工作奠定了坚实基础。

承德市伊逊河围场县段生态治理工程

承德市潮河滦平县段生态治理工程

三、经验启示

全面推行河湖长制是一项系统工程，河湖长制办公室能力建设是河湖长制深入发展的关键，对全面落实河湖长制、加强河湖管理保护起到至关重要的作用，必须紧跟形势需要，注重强基固本、务求实效，建立健全机构完备、职责明晰、规范有序、保障有力的统筹协调机构，保证河湖长制工作效能提升和长远发展。

（一）立足常态化、规范化，成立专职机构、独立履行职责是保障河湖长制有效运行的前提和基础

承德市委、市政府高度重视河湖长制办公室能力建设，批复成立专职机构独立履行职责，既确保了岗位人员的相对稳定，又极大地保障了工作连续性和实效性，有效推动了河湖长办人员能力素质提升，强化统筹协调和监督指导，充分发挥组织指挥“堡垒”作用。

（二）紧盯集约化、专业化，突出党政统一领导、细化职责分工是保障河湖长制有效运行的关键和重点

承德市委、市政府把严格落实河湖长责任制作为加强河湖管理保护、复苏河湖生态环境的重要抓手，不断强化河湖长办牵头抓总作用，严格落实党政分管领导担任河湖长办主任，按照政事分开、职能明晰、各负其责的原则，批复成立 2 个行政科履行行政职责、1 个河湖长制工作站提供专业技术支撑，强化协作配合和分工负责，充分发挥横向联动、纵向贯通“枢纽”作用。

（三）突出精细化、便捷化，建立适应河湖长制特点的运行体系是保障河湖长制有效落实的支撑和保障

河湖长制是由党政领导担任“河湖长”，构建党委、政府分管领导分级分段担任河湖长的组织体系。为确保河湖长制办公室在工作运行上做到及时、准确、高效，承德市委、市政府严格遵循河湖长制规律和特点，及时调整工作思路和方式方法，打破传统工作流程，建立了请示报告“直通车”、交办督办“一揽子”工作机制，为河湖长办各项工作的有序推进和有效落实提供了强有力的支撑和保障，充分发挥了服务保障“参谋部”作用。

（执笔人：张宝生　刘志远　王仲国）

党政破题　机制求解

——山西省吕梁市柳林县深化河长制改革推动整治河流环境突出问题的实践*

【摘　要】柳林县煤炭开发推动经济快速发展，同时造成河流生态失衡，水脏、水少、水域乱问题突出，2019 年 1—4 月，三川河国考断面水质均为劣Ⅴ类。

2019 年 5 月以来，柳林县以深化河长制改革为推动力，以落实“河前三包”“三长治河”“河长制＋”“河长＋”机制为手段，全面开展河流环境突出问题整治。党政共念“清、治、调”三字经，清四乱、治污水、调养生态，推进河流环境明显、持续好转，促进四水共治，创造了最普惠的民生福祉。

解决复杂水问题，实现河流环境根本改善，必须强化河长制党政主导，加强改革创新，注重系统治理，做到水岸结合、点面结合、远近结合、集中攻坚与久久为功结合。

【关键词】党政主导　深化河长制改革　水生态治理修复

【引　言】河湖水系是水问题体现最为集中的区域。习近平总书记深刻指出，河川之危、水源之危是生存环境之危、民族存续之危，揭示了抓好河湖管理保护的重要性。在整治河流环境水脏、水少、水域乱突出问题的实践中，要坚持以习近平生态文明思想为指导，不断深化河长制改革，加强党政主导，注重系统治理，创优治水机制，激发治水活力，推进实现水量丰起来、水质好起来、风光美起来。

一、背景情况

柳林县地处山西吕梁市西部、黄河东岸，境内有黄河、三川河等县管以上重点河流 10 条，其中三川河为黄河最大一级支流和国家重要江河

---

* 吕梁市水利局、柳林县水利局供稿。

湖泊一级水功能区，山西十大泉域之一的柳林泉出流于三川河县城区段，泉域覆盖吕梁六县（区），是补给三川河和支撑吕梁市工农业发展的动力源泉。

20世纪90年代以来，柳林县探明储量54.3亿吨的煤炭资源成为经济引擎，推动该县跻身中国中小城市综合实力百强县，但与经济发展同步出现的还有不合理用水导致的河流生态失衡：柳林泉流量由多年平均2.6m^3/s降至0.20m^3/s，三川河水流面积萎缩；2019年排查出河道“四乱”问题498个；2019年1—4月三川河两河口国考断面水质均为劣Ⅴ类，吕梁市因水污染严重被生态环境部公开点名。

“水脏”“水少”“水域乱”，互为影响，久成顽疾，是“煤长水短”的典型反映，是高质量发展的瓶颈制约。历届县委县政府进行了诸多治理，但由于粗放式经济和生态保护体制机制不够完善，均未能真正解决问题。三川河水质亮起红灯，成为柳林刀刃向内、向困而兴的新起点。河长制实施以来，柳林县加强治水理河，建立了党建统领、党政主导、水利牵头、部门联治的工作机制。2019年5月吕梁市召开全市环境突出问题整治会议后，柳林县广泛动员，以推进三川河水质2020年消劣达标为突破口，吹响了全面宣战河流环境突出问题的集结号。

二、主要做法

县委县政府站位全局，强化河长制党政主导，组织四套班子和各乡镇、各部门、各重点企业全面部署河流环境突出问题整治。县委书记和县长双总河长总抓抓总，带头巡河，两年多来带动县、乡、村三百多名河长运用手机App巡河8987次，其中11名县河长巡河196次、达标率118%，下达河长令51份，奠定了有力的组织保障基础。具体实施中，党政共念“三字经”，统筹治四水。即围绕“清、治、调”三字做文章，清四乱、治污水、调养生态，促进防洪水、治污水、抓节水、保供水，破题水困推进逆势破局。

（一）清以“解表”，河长制＋城乡人居环境整治，激活机制清河，让水路畅起来、水域净起来

柳林县打破各自为政的管理壁垒，将清四乱列入城乡环境整治计划

统筹实施，同时改革创新工作机制，推进了河道“四乱”动态清零。

（1）“河前三包”推动全民共治。为整治河道“脏乱差”，维护防洪安全，助力改善城乡人居环境，本着“谁设障谁清除”和“谁属地谁负责”原则，2019 年县两办出台《关于实行河前三包责任制的通知》，要求沿河村庄、企业、单位“包清障、包治污、包监管”。两年多来，县河长办统筹、属地乡镇和相关部门督促，推动100多个村庄、煤矿等企业、单位开门治水，2019 年、2020 年、2021 年分别清理十大河流垃圾底泥102.8 万 m^3、51 万 m^3、15.3 万 m^3，扎实清除了存量隐患。

三川河支流罗候沟出口段清理前后

三川河城区段清理前后

（2）“三长治河”强力拆违治乱。拆除“乱占”“乱建”是防汛清障和清河行动的重难点工作。为强化拆违提质增效，柳林县在清理垃圾“乱堆”的同时和2018年彻底整治黄河“乱采”的基础上，2019年加强水法与司法衔接，建立了县公安局、县检察院驻县河长办警务联络室和检察联络室，推行“河长＋警长＋检察长”“三长治河”，落实“县河长交办、乡河长领办、警长协办、检察长督办”的治河责任链条；2021年县委办公室、政府办公室进一步出台《柳林县全面加强三长治河工作机制实施方案》，“三长”合力高效奠定清四乱攻坚胜势。两年多来，柳林县强势拆违 36 处 11.3 万 m^2，其间公安机关配合拆违 27 处、办案 16 件，检察院下达检察建议书办案 23 件。尤为典型的是，2020 年经县总河长部署，属地乡镇会同公检、水利、交通、自然资源、生态环境等部门，出动执法力量 40 余人，彻底取缔了列入黄委交办清单的山西蓝焰煤层气集团涉黄河三处重大违规钻探活动，并处水事罚款 30 万元，形成震慑效应。

联合取缔山西蓝焰煤层气集团涉黄河违规钻探活动

联合取缔县管锄沟河违规建筑

（3）专职队伍守卫河晏水清。着眼于管“盆”护“水”，强化城乡环境整治成果，柳林县加强巡河员队伍建设改革，2019年经分管城乡环境整治的副县长协调，乡级巡河员由28名增至64名，落实十大河流网格化监管。同年县水利局招聘组建了15人的巡河队伍，每人月工资2300元，配备车辆、服装、记录仪，巡重点顾全局，辅以执法。县乡队伍登录手机App系统联动巡河，两年多来配合水利部门查案13起、收处罚款41万元，2020年新增河道“四乱”发生率较2019年减少87%。

（二）治以“正本”，河长制＋五城联创，纵横联动治污，让水质好起来、水流清起来

柳林是五城联创县，确定于2021年城市水域功能区水质达标。基于工业企业已达标排放，柳林县统筹五城联创水质达标要求，以河长＋乡镇＋部门为抓手治理生活污水和禽畜污染，县长交办，各分管县长督办，河长办协调，生态环境局、住房和城乡建设局与农业农村局牵头，乡镇领办实施。

一是“疏”。通过清河行动，排查出320个城乡散乱排污口，全部接入了排污管网。

二是“集”。完成城市生活污水处理厂升级改造；完成县城区黑臭水体治理12km；新建和改造县城区雨污分流管网19.7km，雨污合流管网改造率50%；建成农村污水处理站23个、粪便收集池113个、规模养殖粪污处理设施69个。

县管锄沟河城区段黑臭水体治理

三是“溯”。2020 年委托环保管家开展三川河流域污染溯源调查，全面摸底工业源、农业源、生活源，为引深治理提供依据。

四是“控”。2020 年规划实施总投资约 2.5 亿元的三川河水质提升治理工程，通过设置蓄水闸坝、EHBR 强化耦合生物膜、复合微生物填料、原位水质循环净化机进行水体修复，推进水质达标。

（三）调以“培元”，河长制＋脱贫攻坚，多措生态调养，让水量丰起来、水岸美起来

一是“引”。2020 年启动建设总投资 12 亿元的山西大水网中部引黄柳林县调蓄库供水工程，总供水量 4780 万 m^3，重点置换企业取用柳林泉水源。同年，建成投用吕梁横泉水库地表水置换柳林泉岩溶水工程，置换出三户企业取用柳林泉 1000 万 m^3，促进柳林泉水位提升 0.3～0.5m。

二是“蓄”。2019 年建成于家沟四座蓄水渗漏坝工程，年补给柳林泉水量 70 万 m^3。于家沟是一代廉吏于成龙祖籍地，既是贫困村也是文化旅游建设村，该工程将促进提升其生态景观功能，助力乡村振兴。

三是“补”。将红枣林与核桃林建设作为生态修复和农民脱贫的重要抓手，奋力在一个战场打赢两场战役。近五年造林 20 万亩，626 户贫困户参与合作社造林实现增收。全县建成西部沿黄红枣林 28 万亩、东部冷凉山区核桃林 25 万亩。

横泉地表水置换柳林泉岩溶水通水仪式

四是“节”。一方面，强监管、抓节水。禁止新上项目生产用水取用柳林泉，同时稳步“减、压”，近两年核减企业取用柳林泉指标 40.1 万 m^3，压采柳林泉 50 万 m^3。另一方面，保供水、促节水。2020 年实施总投资约 2.8 亿元的脱贫攻坚成果巩固提升项目——农村供水延网扩面标准化建设工程，通过优化水源配置，置换深井 2 眼、浅井 5 眼，促进了供节水双赢。

两年多来，柳林县累计完成治理投入 4.2 亿元，一大批水资源保护、水污染防治、水环境治理和水生态修复工程落地见效，其中动态清零河道“四乱”问题 565 个，全面完成十大河流划界任务，规范整治水域岸线长度 297.4km。全县水土保持治理度达到 68%，森林覆盖率达到 28.5%，柳林泉流量由 0.20m^3/s 回升到 0.43m^3/s，三川河两河口国考断面从 2020 年 8 月起稳定达标，2021 年持续达到地表Ⅲ类水标准。随之，河畅水清进入百姓视野，三川河呈现黑鹳和苍鹭等珍禽戏水、鱼翔浅底、水边垂钓、水面泛舟、水中畅游的景象，河流环境持续向好。柳林县河长制工作也屡获殊荣，2019 年和 2020 年考核均居全市第一，共获省级奖励 20 万元，其“河前三包”“三长治河”和“建立专职巡河员队伍”工作机制分别经中国水利报、山西日报和吕梁日报等媒介和省市电视台登载报道。

三川河薛村镇前小成段清理后

三、经验启示

（一）推动河长制有名有实，必须强化党政主导

全面推行河长制，推动河流治理保护落地见效，必须由党政领导牵头总抓，调动多方力量解决问题。柳林县双总河长齐抓共管河流环境突出问题整治，既是方向盘又是发动机，推动了作风大转变、措施大落实。

（二）解决复杂水问题，必须抓住改革创新这个根和魂

改革创新是发展的不竭动力。改革是根，创新是魂，要坚持以改革的眼光发现问题促创新，以创新的思路解决问题促发展。柳林县落实“河长制＋”“河长＋”，优化整合了治水力量，形成了1＋1大于2的效应；创新“河前三包”，改变了“政府买单、属地旁观”的机制积弊，激发了治水新活力；实施“三长治河”，提高了工作执行力，促进了河长制提档升级；建立专职巡河队伍，落实长效管护，管住了“盆”，护住了“水”。

（三）实现河流环境根本改善，必须坚持系统治理

河流环境差的表象在水里，根子在岸上。根治顽疾，必须立足整体、

标本统筹，综合施策、系统治理。柳林县运用系统思维统筹山水林田湖草治理，以清四乱去除“水域乱”的外伤，以治污水根除“水脏”的硬伤，以生态调养恢复“水少”的内伤，做到水岸同治，促进四水共治，推动了高质量发展。

（执笔人：冯兴宏　刘探昌）

“五化”举措提升河长履职能力

——广东省广州市提升河长履职能力强化责任落实的成功探索*

【摘　要】 2017年全面推行河长制以来，广州市把河长制作为破解治水难题的重大平台，从任务精细化、机构实体化、手段现代化、奖惩制度化、培训多样化五个方面入手，全面加强河长履职能力建设，有效服务和支撑了河长制，使河长制从“有名”到“有实、有效、有能”，探索出了河长令推动、河长履职评价、问责与激励并举、流域河长制等一系列可复制、可推广的经验，并取得了显著成效。

【关键词】 河长制　河长　职责　履职能力　水环境

【引　言】 自2017年全面推行河长制以来，广州治水工作取得了显著成效，纳入国家监管的147条黑臭河涌全部消除黑臭，13个国考、省考断面全面达标。在治水攻坚战中，各级河长充分发挥职能优势，统筹协调职能部门，发挥了“河长领治”作用，也体现了河长制在我国的普遍适用性。河长制的落地见效，河长履职能力和担当是关键。

一、背景情况

六脉皆通海，青山半入城。广州素有“岭南水乡”之称，全市水面率10.15%，河宽5m以上的河流1368条，总长5092km。改革开放以来，随着工业化、城镇化的快速推进，广州面临着水污染矛盾尖锐、水环境持续恶化的严峻形势，其治水难度和复杂程度不仅在广东省极具标志性，在全国范围内也不多见。

---

* 广州市水务局供稿。

全面推行河长制是以习近平同志为核心的党中央从人与自然和谐共生、加快推进生态文明建设的战略高度作出的重大决策部署。近年来，广州市认真贯彻落实习近平生态文明思想，牢记2018年习近平总书记视察广州时“抓河涌水治理要见实效，治理后要能下去游泳”的殷殷嘱托，以全面推行河长制工作为统领，以非常之举加强河长履职能力建设，推动河长制工作从“有名”到“有实、有效、有能”。

二、主要做法

近年来，广州市认真落实水利部全面推进河长制工作具体部署，围绕“河长制就是责任制”，采用“五化”举措强化河长履职能力建设，让河湖长制在广州落地生根、开花结果，成为践行习近平生态文明思想的生动范例。

（一）河长领治，任务精细化

一是细化河长职责。印发《广州市全面推行河长制实施方案》，明确细化市级总河长、市级河长、区级总河长、区级河长、镇街级河长、村居级河长职责。签发总河长令第2号、第3号，明确市级流域河长和网格员（长）的职责。二是下达任务清单。2018年以来，以军令状的形式连续发布10道市总河长令，将水环境治理的重点难点任务，点名道姓落实到各级河长肩上，要求各级河长做到守河有责、护河担责、治河尽责。几年来，各级河长积极统筹协调，在推动“清四乱”、黑臭水体治理、考核断面达标、基础设施建设等方面取得显著成效。三是河长示范带动。全市设置了包括市委书记、市长、市人大常委会主任、市政协主席在内的13名市级河长，治理难度最大的河涌均设置了市级河长。2017年以来，市级河长巡河、调研、督办408次，积极推动责任河湖水环境持续改善。

（二）组织完备，机构实体化

一是完善组织体系。2017年3月，成立市全面推行河长制工作领导小组，成员单位包括市纪委监委，市委组织部、宣传部，市水务、环境、农业、工信、城管等30个单位。成立市河长办，下设综合调研、计划资金、工程督办、污染防控、新闻宣传以及监督问责等6个工作组，既各司其职，又形成多点发力、各方出力、凝聚合力的全方位治水格局。二是强化流域治理。习近平总书记指出，要完善流域管理体系，完善跨区域管理协调机制，完善河长制湖长制组织体系。广州市积极谋划，将原有的5个水利工程管理单位进行业务重组、优化整合，成立了5个流域事务中心，内设河长制事务部，承担流域河长制日常工作，把河长制工作抓实落细。三是充实主要力量。争取编制部门支持，将市水务局河湖管理处更名为河湖长制工作处，并增加5个编制，和市河长办综合调研组合署办公，保障了河长制工作的稳定性和连续性。印发《关于进一步加强各区河长办机构设置和人员配备的通知》，各区均落实了河长办专职副主任配备，人员抽调时间从1年调整为2年，稳定和强化了河长办骨干力量。

（三）数据赋能，手段现代化

一是推动互联网＋河长制。在全省率先开发河长信息管理系统，搭建了“PC端、App端、微信端、电话端、门户网站”五位一体的监管平台，不仅纳入了1838条河湖（段）、3000多名河湖长，还覆盖了约5000宗小微水体。同步推进跨部门跨层级数据共享和业务协同，纵向贯穿市区镇村网格，横向覆盖水务、环境、农业、工信等部门。截至目前各级河长累计巡河238万次，巡河率在98%以上；上报问题15.5万宗，办结率在99%以上。二是大数据助力河湖治理。根据水利部关于推进智慧河湖建设的要求，广州市基于河长信息管理系统大数据，构建了河湖问题风险预警机制，将预警河湖名单定期推送给责任河长，指导各级河长开展差异化巡河。经验证，预警预测准确率达70%以上，极大地提高了巡河的有效性和针对性。

（四）两手发力，奖惩制度化

广州市先后建立责任追究、履职评价、河长考核、专项督导、人大监督等一系列配套制度和措施，全面压实河长职责。一是严肃问责机制。印发《广州市水环境治理责任追究工作意见》，对不履职或不正确履职、未及时妥善处理群众反映强烈的水环境问题等情况，启动责任追究。2017年以来，广州市、区两级对553名不正确履职河长及相关人员进行了责任追究，其中镇街河长60名、村居级河长267名，真正让河长制“带电长牙”。二是严格履职机制。印发《关于强化河长责任打赢黑臭水体剿灭战的意见》，明确各级河长在完成黑臭水体整治任务前原则上不得调整。河长提拔或重用的，组织部门须考察河长履职情况。截至目前，市河长办已为表现突出的91名拟提拔或重用的河长出具了河长履职评价意见，供组织部门作为重要参考。三是强化监督考核。建立市、区、镇（街）三级人大联动监督机制，调研暗访治水工作100余次。对情况复杂、治水任务较重的区，派出4个工作组指导督促治水工作。每年对11个区开展河长制湖长制工作考核，对考核结果优秀的区进行通报表扬。

（五）能力提升，培训多样化

据市河长办调查，仅有22%的河长具有河湖治理经验，每年新上任河长约占17%。因此，亟须通过培训来提升河长履职能力。一是组织线下培训。通过开展同一问题专题座谈、同一河段纽带式培训、基层河长现场培训、区级河长送教上门等方式，针对不同的河长，用不同的形式、方式实施个性化赋能。2019年至今已开展60多场培训，各级河长、河长办人员参加培训共计2300余人次，让河长成为治水的行家里手。二是开展线上培训。结合当下直播浪潮，聚焦小微水体治理、排水单元达标、农村生活污水治理等开展直播授课，提升河长对当前治水重点、热点工作的专业水平和履职能力。2020年以来举办直播15场，累计观看2.3万人次，观看总时长81.3万分钟。三是建立学习平台。开发了广州河长培训微信小程序，设置了河长课堂、经典案例、河长漫画、全民巡河等13类功能模块，上线后用户迅速达到2万余人。另外，还编制河长漫画14册、河长实务手册2本，为河长提供工作“指南针”和任务“对照表”。

三、工作成效

近年来，广州市以河长制为重要抓手，以河长履职能力提升为支撑，以压实河长职责为落脚点，河长制工作取得显著成效：获得国家黑臭水体治理示范城市、国家节水型城市、海绵城市建设示范城市等称号；白云区成功入选2019年全国10个河长制湖长制重点激励市县之一；天河区民间河长苏志均当选全国“十大最美河湖卫士”；连续3年获得省河长制考核优秀等次。

天河区猎德涌碧道鸟瞰图

一是“清四乱”任务全部完成。1947个“四乱”问题在水利部规定期限内全部完成整改，销号率100%。2017年以来累计拆除涉水违建1380多万m^2，为河湖休养生息提供了空间，为河湖治理提供了施工走廊，为行洪排涝拓展了行泄通道，也让社会各界看到了广州治水管水护水的决心。二是建成区黑臭水体全部消除。纳入国家监管平台的147条黑臭水体已全部消除黑臭并实现“长制久清”。民调显示，市民对广州生态环境的满意度从2016年的43%上升到2020年的71%。三是断面水质全面达标。2020年，全市13个国考、省考断面全部达标，其中，国考鸦岗断面、省考石井河口断面上升两个类别，从劣Ⅴ类跃升为Ⅳ类。四是幸福河湖建设全面推进。统筹治水、治岸、治城，建设人水和谐碧道694km。广州市碧道建设总体规划与实施荣获2021年WLA世界景观建筑大奖的“建成类-城市空间”奖、2021年LILA国际景观奖“基础设施类”奖，入围2021年英国皇家风景园林学会奖（LI Awards）开放式项目。

四、经验启示

（一）要以贯彻落实习近平生态文明思想为根本遵循

水环境治理是一项系统工程，必须久久为功、持之以恒不断深入推进落实。广州市坚持以习近平生态文明思想为指导，深入贯彻水利部、广东省关于全面推进落实河长制湖长制有名有实的工作部署，将河长制作为全市工作重点高位谋划、高位部署。市河长办统筹协调、强化管理、创新服务，特别是将宣传贯彻习近平生态文明思想作为核心关键深入推进，全市上下提高了站位、统一了思想、达成了共识，切实增强了做好生态环境治理与保护工作的责任感、使命感、荣誉感。

（二）要以坚强有力高效运转的河长办为保障力量

全面推行河长制是破解我国新老水问题、保障国家水安全的重大制度创新，具有长期性。各级河长办承担着统筹协调、上传下达、监督考核等繁重的任务，起着重要的中枢作用，是河长制工作能否落地见效的关键。因此，必须从人力、物力、财力上对河长办的建设予以大力支持，并建立长效机制确保河长办工作的稳定性，保障河长办高效运转。

（三）要以全面压实各级河长的职责为中心工作

河长制就是责任制，不仅提升了“一把手”对治水的重视程度，更强化了他们的责任意识。这是河长制解决复杂水环境问题的秘诀。因此，河长制各项工作都要以全面压实各级河长职责为中心，以最终解决问题为目标。要加强制度建设，明确和细化各级河长的职责，将各项任务以清单的形式落实到各级河长肩上。要采取多种措施动真碰硬，通过提醒、通报、约谈、问责等，实现有责必问效、无效必问责，逐步建立和增强河长制的权威。

（执笔人：高辉）

扮好大管家　理好生态事　守好家乡河

——重庆市綦江区提升河长办履职能力统筹推进全域河库水生态环境治理与管护*

【摘　要】 重庆市綦江区，以河得名、水润綦城，总长223km的长江右岸重要一级支流——綦江自南到北纵贯全区，区内共有200余条大小支流。近年来，该区不断强化河长办公室在全区水生态环境工作中的统筹作用，深入实施督办问题整改、督促行业监管、督导项目规划、督查工作效能等一系列举措，同时，统筹协调“拦洪、治污、通河、涵源、绿岸、造景、肃法”等具体工作措施，逐步解决了辖区“水多、水少、水脏、水浑”的问题。

【关键词】 河长办公室　行业监管　能力建设　水生态环境

【引　言】 当前，各级河长组织体系已全面建立并按本级河长的规定职责开展工作。与此同时，按照规定，作为牵头抓总的各级河长办公室，主要负责落实本级总河长决策事项，拟定并推动实施河长制工作制度、年度任务，组织开展河长制宣传教育，统筹编制一河一策方案，建立一河一档，建设和维护河长制信息化系统，承办河长制工作监督、考核、表彰及社会监督，协助本级河长做好巡河，办理上级河长办、本级河长交办和下一级河长上报等事项，督促有关单位落实工作任务。为高效率、高水平推进辖区河长制工作，提高水生态环境质量，各级河长办的履职能力仍需持续提升。

一、背景情况

曾经，綦江区较大程度上存在污水收治设施滞后、城镇开发占河、群众生活陋习等问题，导致部分河流水生态环境质量长期不高。而在河道的具体管理上，该区也存在“多龙治水、无主牵头、责任互推、群众不满”

---

* 重庆市綦江区水利局供稿。

的情况，进而造成城市与农村黑臭水体并存，河道突出问题久拖不治。2017 年 4 月，綦江区出台了《全面推行河长制工作方案》，明确成立綦江区河长办公室并设在綦江区水利局。自成立以来，区河长办负责人与骨干成员始终坚持“河长办是总河长办，河长制不是水利一家事，河长治是多行业联办的政治大事”的指导思想。在不断向同级河长和下级河长办传达该理念的同时，綦江区河长办还立足于河长治河主业，有效利用总河长会议和区级河长巡河契机，综合运用考核问责、资金配置、项目包装、一河一策等具体举措，统筹推进全域河库生态治理与管护。通过近 5 年来的河长制具体实践，綦江水质从 2017 年以前的Ⅳ类提升到Ⅱ类，各级河流出水口平均达标比例从 79％提高到 92％，群众通过环保举报系统的涉河涉水投诉量下降 60％，沙溪河公园、通惠河公园、水系连通及水美乡村工程、綦河两岸景观工程等一大批滨河公园绿地投用或即将开工，綦江还荣获重庆市“十大最美河流”称号，清水绿岸已成为“养生、养老、养心”綦江区的代言。

二、主要做法

綦江区河长办以“理顺机制、水岸同治，河长主导、部门齐力，政府搭台、社会参与”为工作理念，强化各级河长、部门、企业、属地政府、社会大众的资源配置，推进水生态环境问题整治和有关管理政策制定。

綦城水岸

（一）行业“强监管”，向广度扩展

用制度“微创新”来解决“部门单一作战，行业补位不够”的问题。

1. 考核促进行业履职，实现“三个提升”

按照“谁审批、谁监管”原则，将相关行业审批部门履行河道水生态环境监管责任情况纳入河长制考核。自 2019 年以来，区河长办向区交通、住建、自然资源、工业园区、城市建设公司等部门和国企下发督办单 30 余份，有力提升了相关行业在水生态环境治理方面的保护意识、责任意识、担当意识，助力解决了 20 余个污水直排、弃土乱堆、河道乱建问题。例如，区交通局作为一县道扩宽项目的行业审批部门，因未有效遏制施工单位将弃土倾倒河道内，在 2019 年河长制考核中被扣 0.1 分。

綦江区河长办工作人员对疑似排污口进行取样

2. 河长督查问题整改，实现“三个到位”

区河长办在乡镇主要领导经济责任审计中，协助审计部门提供河长履职记录、河库问题整改等资料；在民主生活会中，协助组织部门制定详细的河长履职对照检查提纲，提高了党政负责人河长制工作的自觉性和主动性。另外，协助区级河长签发“巡河交办事项告知书”，协助区人民检察院开展公益诉讼，对巡河发现的乱排污水、乱占河道、安全隐患、资金缺口、政策缺位等问题，实行闭环管理。2020 年发出告知书 32 份，

交办事项210余个，河长对照检查问题240余条，有力推动实现“河长查河到位、问题整改到位、生态恢复到位”。

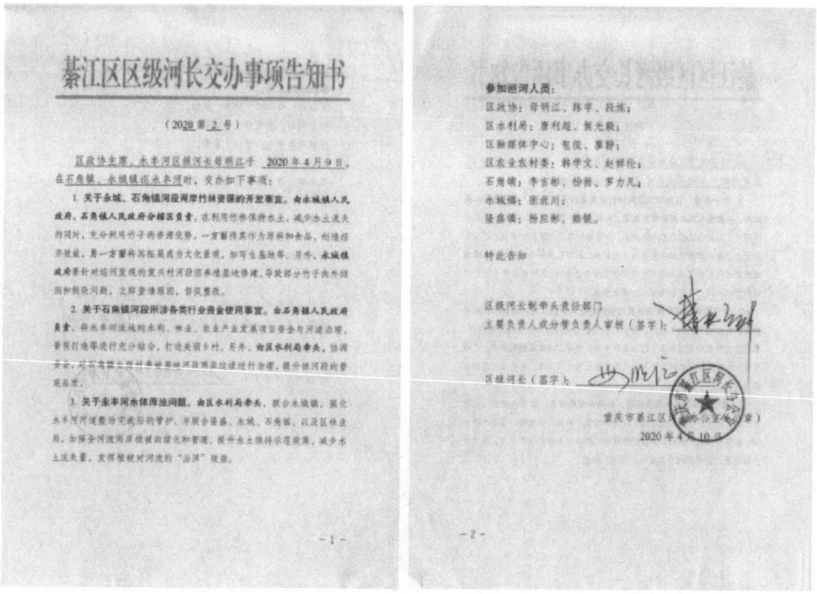

区政协主席就巡河发现问题签发“区级河长巡河交办事项告知书”

3. 监测助力基层行动，实现“三个倒逼”

每年委托专业机构检测交界断面水质，将连续不达标情况纳入对乡镇和河长制牵头单位的考核，倒逼乡镇详查问题、倒逼牵头单位制定整改方案、倒逼行业部门落实整改计划，常态化监测推动全区污水乱排投诉量同比大幅下降。例如，2020年，针对桥河水质长期不达标问题，区河长办针对性地制订区委书记现场巡河方案，安排区属国企落实1200余万元整治排污管网和清理污泥，最终实现了出口断面从劣Ⅴ类转为Ⅲ类目标。

（二）生态“补短板”，盯重点领域

探索具体措施解决“河长勤于查河，却止于治河”以及“河道管理保护最后一公里”问题。

1. 安排专项资金，保障日常清洁

綦江区每年落实500万元区级河长制专项资金，其中70%的资金用于支持乡镇开展河道日常保洁，推动建立了“300人、覆盖1500km、1000元每人每月”的保洁队伍，有力保障了河道水体干净、水岸清洁，解决了河道管理保护“最后一公里”问题；20%的资金由区级河长统筹用于处理所辖河流中的河长制任务，解决了河长“无钱办事”的问题；10%的资金用于区河长办开展水质监测、整治重点水环境问题等。例如，2019年以来，区河长办先后安排410万元，有效解决了永新镇皂角林老乡场污水直排清溪河、通惠街道登瀛社区污水乱排登瀛河、文龙街道五福路生活污水乱排綦江河等问题。

内蒙古鄂尔多斯河长制办公室组团来綦考察学习河边便民洗衣池

2. 统筹各方资源，支撑一河一策

区河长办每年根据实际，对“一河一策”进行任务分解。区级河长依靠自身资源，采取“化解一点资金、融入一批项目、研究一项政策”的方式，有力落地本级“一河一策”；责任单位统筹工作计划，采取“争取上级补助一点、本级资金解决一点、督促业主自筹一点、发挥效应带动一点”的方式，有效落实年度任务。2020年，全区“一河一策”年度任务完成率达95%。同时，经区河长办努力争取，区政府明确“一河一策”所列项目可以按有关规定纳入政府投资项目计划中，以推进开展后续工作，并明确规定区级部门、乡镇、国企应将“一河一策”任务纳入本级工作计划，统筹规划和落实资金，推动“一河一策”任务的落地实施。

在建的通惠河水系连通及水美乡村综合整治试点县项目中的花海新村规划

3. 谋划治理项目，缓解生态难题

区河长办积极发挥“统筹协调”功能，采取部门调研、暗访巡河、走访群众等方式，在不断熟悉掌握部门工作职责、行业政策风向的同时，立足于当前紧迫的生态难题和群众反映强烈的环境问题，先后配合区编制部门规范了城乡污水管理体制，协助区生态环境部门编制了水生态环境规划，指导区发展改革部门提出了投资 24 亿元的涵盖城乡污水治理、河道环境整治等领域的 PPP 项目计划，并已纳入政府工作报告中。同时，通过筹划市级河长巡河，利用市级资源，推进区内水生态环境项目和资金落地。例如，2019 年以来，由市政府常务副市长担任綦江河市级河长，区河长办有针对性地制定了市级河长巡河方案，并跟进配合行业主管部门积极向上争取，获得 5000 万元，专项用于綦江河岸 160 万吨磷石膏渣场的综合利用与清理转运。

（三）成效“应民声”，请百姓阅卷

采取广宣传、广发动、广回应方式解决政府单打独斗、社会参与度不高的问题。

1. 问题由公众来举报

区河长办专门印发《綦江区群众信访举报破坏水生态环境违法案件

处理与奖励办法》并通过官方媒体和社会论坛途径向社会公告，对查实的举报实行“一件一奖”、对举报人实行严格保密、对举报问题向责任单位发“督办单”，实行问题闭环管理和调查反馈。

2. 互动由大众来参与

通过有奖答题、摄影展览、河长访农户等方式，有效促进了政府与社会在河库保护与治理工作上的“思想交流互动、整改成效互动、生态守护互动”，一方面有助于了解周边的河库问题，另一方面有助于解答群众疑惑，还能提升群众环保意识，正确引导公众行为，巡河效果事半功倍。

3. 效果由群众来评议

结合全年河长制工作部署、“一河一策”任务、资金绩效管理、河长巡河、河道保洁效果等，针对每条河流制定“问卷调查表”，在年终对河道生态环境开展暗访的同时，由区河长办组织人员对沿河群众开展河流生态环境满意度调查，一方面可以对河库质量进行同比调查，另一方面也对群众进行正面引导。据调查统计，社会对河库质量的满意度同比上升32%。

三、经验启示

（一）强化河长办对河库水生态环境的整体引导是关键

河库水生态环境的改善和品质提升，不仅需要相关单位的协同配合，更需要一个牵头单位来统筹引导。同时，怎样结合现状和发展规划，因地制宜地推进生态治理和提升河库品质，是摆在地方党委、政府面前的一项重点工作。各级河长办作为综合性协调机构，应当走在前列，通过收集意见、探索途径、理清思路，并依靠“直接服务总河长”的途径，主动建言献策，力争将相关工作思路纳入地方的总体发展规划中。

（二）提升河长办人员的大局意识和工作能力是重点

具体工作负责人要牢固树立“一盘棋”思想，脱离本本主义和狭隘的行业“利己”思想，结合地方发展战略和工作部署，统筹发展与保护的关系，充分吸纳和融合各方意见来做好河长制工作。同时加强在不同行业业务方面的学习，有利于更好地得到对方部门的认可和支持。

（三）建立河长办工作的法治基础并树立威信是保障

强化立法和其他法定文件的支持，进一步修订和完善政策措施，将有利于推进河长制工作、提升河长办能力和威信的具体条款写入相关政府性文件。把考核监督和激励机制，扩展到对同级行业主管部门，并通过财政转移支付、专项奖励资金、项目倾斜支持等方式，加大对基层政府的奖励力度。另外，用好总河长会议及区级河长巡河契机，有目的性地制订区级河长巡河方案，并及时形成会议纪要、交办单、任务通知等具体书面文件，严格任务的督查考核，将提升水生态环境治理与管理水平的意见，通过区总河长和区级河长的工作部署，督促相关责任部门和单位及时完成。

（执笔人：侯光毅）

发挥制度优势　全域治水碧水兴城

——陕西省西安市以河湖长制为抓手全面深化河湖综合治理*

【摘　要】 西安市积极践行生态文明思想，更新治水理念，充分发挥河湖长制制度优势，对全市河湖水系进行全域治、系统治、综合治、集中治，取得显著成效，不断推动河湖长制“有名”“有实”“有能”。

【关键词】 河湖长制　全域治水

【引　言】 2016年12月，水利部、环境保护部印发《贯彻落实〈关于全面推行河长制的意见〉实施方案》后，西安市迅速构建市、区、镇、村4级河长湖长体系，制定10余项河湖长制工作制度，积极探索推进机制，成立河湖长制作战指挥部，实行集中办公、挂图作战，在各级河长湖长牵头协调督导下，加快推进全域治水工作，河湖保护治理取得明显成效，呈现出河湖水质改善、水量增加、水生态向好的态势，为推动黄河流域生态保护和高质量发展做出了西安贡献。

一、背景情况

西安市境内河流水系密集，自古有“八水绕长安”之称。以“八水”为主的河湖水系，造就了西安千年古都的辉煌，更承载了西安1200万市民的生活需求，也是西安生态建设的基础和希望。而西安有些河流缺乏生态基流，生态功能脆弱，水资源相对缺乏，水环境质量逐步恶化等现象，是西安实现高质量发展必须解决的问题。

全面建立河湖长制以来，西安市稳步推进河湖保护治理工作，河湖面貌稳步好转。从2019年起，西安市进一步发挥河湖长制制度优势，集中利用3年时间实施301个重点治理项目，对全市河湖水系进

---

* 西安市河长制办公室供稿。

行全域治理。经过2年多的综合保护治理，目前，全市主要河流全面消除劣Ⅴ类水质断面，3个国考断面全年水质均优于考核目标两个等次，2020年，西安城市水质改善位居全省第一，河湖面貌发生根本性变化。

二、主要做法

近年来，西安市充分发挥河湖长制制度优势，坚持生态优先理念，对全市河湖水系进行全域治、系统治、综合治、集中治，河湖面貌显著改善。

（一）河长挂帅，全域治理

西安因水而兴，曾经的“长安八水”造就了周秦汉唐的盛世辉煌。但由于历史原因，西安的河流保护治理历史欠账较多，虽然中华人民共和国成立以后也一直治理，但受理念、资金、标准、机制等方方面面因素的影响，河流治理治治停停、断断续续、治了毁、毁了治的问题长期存在。河湖长制启动以后，西安市迅速建立了4级河湖长体系，出台工作制度，建立推进机制，掀开了河湖全面保护治理的新篇章。

2017年西安市全面实施河湖长制以来，市委、市政府主要领导先后4次签发总河湖长令，要求各级河长湖长、各相关部门提高站位、聚焦问题、加强协调、强化督办，加快推进河湖保护治理工作。2019年，启动全域治水碧水兴城工作，对全市河湖水系进行全流域治理，全面提升防洪能力，改善河湖水质，打造生态节点，恢复生态功能。

灞河发源于秦岭，是渭河的一级支流，河道全长104.1km，流域面积2581km^2，有浐河、辋川河等17条支流，流经4个区县，下游直接穿越西安主城区，第十四届全运会主场馆沿灞河而建。作为灞河市级河长，西安市总河湖长、市政府主要领导认真组织审定灞河全域治理规划，按照“一条轴线、三大板块、四行联景、五大主题”的治理总体布局，从污水治理、堤防治理、护堤林建设、生态修复、水文化建设5个方面，规划实施16个全域治水重点项目。两年多来，灞河市级河长每季度调研灞河河长制工作，先后3次专门召开灞河保护治理专题会议，全力推动工程建设。截至目前，灞河修建堤防98.4km，修复生态滩区9处，栽植改造护堤林 2405 亩。2020 年，国考断面灞河口水质为地表水Ⅱ类，优于考核目标两个等次。如今的灞河流域，不是江南，胜似江南，已成为广大市民眼中的网红河。

（二）生态优先，系统治理

沣河是渭河一级支流，河道全长 75km，流域面积 1386km^2，有潏河、高冠河等大小支流 15 条。在沣河的治理中，西安市坚持生态优先、系统治理的理念，把尊重自然、柔性治水作为河湖保护治理的首要原则，下大力恢复沣河的水生态环境，建设沣河生态绿廊。

一是在堤防建设上，坚持以自然河流和人工渠系为骨架，随弯就弯，不截弯取直，让河水自然奔流。采取“软包硬”的方式，先建堤防后覆土植绿，取消在水线以上的砌石，实现柔性治水。采取大缓坡、隐形堤、微地形的方式，建成生态堤防 62.26km，栽植护堤林 2605 亩。

二是在滩区治理上，保留河道原有高滩和深潭等地形风貌，按照有滩则护、无滩不造的原则，充分利用河流自然形态打造 8 处生态节点。沣河西咸新区文教园段滩区治理是生态治理的一个样板，该段河道最宽处约 350m，滩区治理采取大缓坡、低影响的治理思路，营造生态湿地。

三是在生态水面上，针对秦岭北麓河道比降较大，河流冲刷下切严重的实际，采取修建滚水坝、液压坝、水梯田等多种形式，尽可能留住水、涵养水，加快恢复河湖生态功能。沣河入渭口建成的叠水梯田，沣河金湾处建成的液压坝，不仅起到了防洪安澜的作用，也形成了水域面积约 1500 亩的河滩湿地，促进了生物栖息地的修复。

（三）标本兼治，综合治理

西安市不断强化河湖长制成员单位责任，加大控源截污治水力度，构建水务部门管河湖治理、生态环境部门管污染治理、城管住建部门管管网改造、农业农村部门管面源污染、工信部门管小散企业的治水模式，从污水的产生、输送和处理环节，夯实各部门责任，杜绝污水入河。一是从污水的产生环节抓起，组织开展零直排小区创建活动。对居民小区、企事业单位、城中村等排水用户建立问题清单、任务清单、项目清单和责任清单，制订雨污水分流改造实施计划，明确任务、时限，并结合老旧小区改造，对雨污混流问题全面整治。二是从污水的输送环节抓起，组织开展雨污管网混接错接排查改造。按照“分级负责、市区联动、统一标准、信息共享”的原则，全面排查城市建成区市政排水管网及其附属设施，加快推进排水管网混接错接和雨污分流管网建设。目前，已新建、改建雨污管道179条，完成主城区2049处雨污管道混接整改。三是从污水的处理环节抓起，组织实施城市污水处理厂提标改造。两年来，新建扩建污水处理厂8座，新增日污水处理能力43.3万吨，提标改造污水处理厂27座，处理标准由一级A提升至准Ⅳ类。

浐河作为西安市主要排洪渠道，因缺乏生态来水，截污管网不完善等原因，污水横流、臭气熏天，是曾被环保部挂牌督办的黑臭水体。为加快推进浐河治理，西安市先后安排两任市委常委、市委组织部部长担任浐河市级河长，积极协调浐河沿线区县，加快实施控源截污、内源治理、生态补水、生态修复等工作。先后规划新建、扩建污水处理厂、新建截污管道等60余项工程，对浐河进行系统保护治理。经过综合治理，浐河已由排污渠变为清水河，周边群众满意度直线上升，纷纷表示：“黑臭水没有了，下楼就能进公园，这是以前想都不敢想的事情。”

（四）凝聚力量，集中治理

河湖保护治理是一个复杂的系统工程，西安市凝聚力量、集中治理，推动治理成效上台阶。

一是集中组织。西安市成立了1名市委常委和1名副市长共同担任总指挥的全域治水工作指挥部，对全域治水工作进行集中指挥调度，实行“一季一目标”“一月一调度”“一周一通报”，强化督导，全力推进。

二是集中规划。西安市组织水利行业80余名专家，历时3个月，经反复研讨修改，出台《全域治水碧水兴城　西安市河湖水系保护治理三年行动方案（2019—2021年）》，对全市13条重要河流、3座湖库和护城河等编制了保护治理规划，明确了治理目标任务，系统实施301个全域治水重点项目。

三是集中治理。结合市情水情，西安市分3个阶段集中推进全域治水工作，确保取得实效：2019年完成23个全域治水重点治水项目，2020

年完成107个，2021年完成101个，并举行58个重点治水项目的集中开工仪式，彰显治水决心、形成治水声势。

四是集中保障。坚持政府投入和市场运作相结合的方式加强集中保障，依托西安水务集团搭建融资平台，成立SPV公司，积极争取农发行、国开行的低息担保，为全域治水提供资金保障。两年多来，全市已完成全域治水投资306.19亿元，有力保障了治水项目的顺利推进。

三、经验启示

（一）加快推动河湖综合治理，离不开河湖长作用的发挥

河长的协调督导在加快推进河湖综合保护治理中的作用不可替代。西安市按照总河湖长抓“总”、市级河湖长抓“统”、区县级河湖长抓“建”、乡镇级河湖长抓“管”、村级河湖长抓“查”的工作方法，各级河湖长既有工作侧重点，又形成一级抓一级、层层抓落实的制度机制，推动河湖综合保护治理工作不断迈上新台阶。西安市全域治水工作启动以来，在各级河湖长的协调督导下，国家重点水利工程斗门水库顺利开工，灞河幸福岸线、沣河风雅杨林等重点治水项目相继完工，河湖面貌每天都在发生可喜的变化。

（二）推进水生态根本性好转，离不开系统治理理念的支撑

山水林田湖草是生命共同体，水生态治理要以系统思维考量、以整体观念推进，才能取得良好成效。西安市全域治水按照“流域为整体、区域为单元、山区保护、平原修复”的总要求，兼顾上下游左右岸，统筹山水林田湖草生命共同体，突出水和林两个生态要素，努力实现水生态工程可持续运行，实现河道清水长流，两岸碧绿自然。

（三）建设美丽河湖，离不开人民群众的大力支持

河湖治理是生态工程，也是民心工程。2020年9月，为实现治水成果全民共享，西安市利用全域治水已建成的堤顶抢险路，沿浐灞河、渭河、沣河和秦岭环山路，规划建设了集骑行、步行、观光等多功能为一体的“三河一山”环线绿道，为市民群众提供了一个望得见山、看得见水、记得住乡愁的绿色生态长廊。针对时间紧、任务重、建设

条件复杂等困难，西安市加强组织协调，科学施工，从方案编制到工程全部完成只用了8个月时间，受到社会各界的赞誉和市民群众的一致好评，新华社、央视新闻联播先后报道了西安市“三河一山”绿道建设成效。

（执笔人：惠强）

三 河湖长制考核与激励问责

用好考核利剑　守护碧水清流

——河北省持续深化河湖长制考核工作*

【摘　要】 2017年全面推行河长制以来，河北省把建立健全考核问责工作机制作为强化制度刚性约束、压实工作责任、推进任务落实的重要手段。经过几年的探索，形成了一套行之有效的考核评价工作机制，并将考核结果纳入对地方党政领导班子和领导干部考核指标体系，从根本上强化地方党政主要负责同志履职尽责意识，增强各级各部门落实河湖长制的责任感和主动性。

【关键词】 河湖长制　考核问责

【引　言】 全面推行河湖长制以来，河北省按照落实河湖长制事权责任，明确考核内容，优化考核指标，持续改进考核实施方式，分级开展落实河湖长制考核，严格规范实施责任追究，引导各级党委政府、河长湖长、相关责任部门对标重点补短板、因地制宜强长板，加快推动河湖长制落地生效。实践证明，用好考核“指挥棒”、划好履职“警戒线”，是强化党委政府组织领导、激励河长湖长担当作为的有效手段，对全面落实河湖长制，加强河湖保护治理发挥着重要作用。

一、背景情况

全面推行河湖长制是推进生态文明建设的重要制度创新。党中央、国务院把强化考核问责作为推行河湖长制的重要保障措施。

实践中，落实国家考核问责要求存在三个难点：一是制度设计难。河湖长制考核是关于创新制度落实情况的考核，考什么、怎么考、考核结果怎么用，无既有经验学习、无实践经验参考、无上位文件指导，健全制度机制，实现规范化常态化推进是难题之一。二是指标设置难。河

* 河北省河湖长制办公室供稿。

湖长制考核既包括河湖保护治理目标任务完成情况，也包括河长湖长履职情况，科学设置指标体系，实现“考核指标”与“履职目标”的有机结合是难题之二。三是组织实施难。河湖长制考核根本目的是推动河湖保护治理任务落实到位，考核评价应当与日常督查评估结合起来，避免“平时不落实、考核靠文字”，探索改进考核方式，实现“平时考”与“考平时”的有效衔接是难题之三。

河北省立足于增强人民群众的幸福感、获得感，始终把加强河湖保护治理和整改河湖问题作为解决考核问责突出难题的着力点和突破点，不断优化调整考核指标体系，丰富改进考核实施方式，健全责任追究工作机制，加强考核问责结果应用，持续深化考核问责工作，全面强化各级党委、政府和河长湖长责任，推动河湖长制“有名有责”“有能有效”。

二、主要做法

河北省河湖长制考核工作大体经历了三个阶段。一是初步建立阶段。2017年，省委办公厅、省政府办公厅印发《河北省河长制考核奖惩办法》，明确了考核对象、内容、组织方式、结果运用等内容，初步建立了河湖长制考核工作制度机制，并于当年按照水利部“四项约束性指标”要求，对各地建立河长制情况进行考核验收，确保顺利通过水利部中期评估。二是发展成熟阶段。聚焦以考促干，突出实绩实效，2018—2020年，探索构建了集长效制度落实、河长湖长履职和河湖保护治理为主要内容的指标体系，形成了集日常督查、第三方季度评价和年终实地考核为一体的考核组织方式，实现了“抓考核”与“抓实事”的统一，加快推动河湖长制从“建立”向“见效”转变。三是深入推进阶段。2020年8月，河北省委办公厅、河北省政府办公厅印发《河北省落实河湖长制考核问责制度》，实现考核问责规范化、常态化、长效化。2021年，“落实河湖长制”作为重大专项类指标纳入省管领导班子和领导干部考核指标体系，进一步强化党政主要负责同志落实河湖长制，加强河湖保护治理的责任意识。目前河北省考核工作主要做法如下：

（一）考核对象

考核对象包括市、县、乡党委、政府和雄安新区党工委、管委会，市、县、乡、村级河长湖长。

（二）考核内容

根据党委、政府和河长湖长落实河湖长制的事权责任，分别设定考核评估内容。一是对各级党委、政府“加强组织领导、狠抓责任落实”情况设5项考评内容，包括贯彻落实上级推动河湖长制落实重大决策部署情况，组织完成上级明确的河湖保护治理重点任务情况，组织推动本级和下级河长湖长履行职责情况，组织协调相关责任部门研究和解决重点问题情况，组织推动本地区河湖“四乱”及其他突出问题、群众反映强烈问题、媒体曝光问题治理情况。二是对市县级河长湖长组织实施“责任河湖管理保护工作”情况设5项考评内容，包括研究安排责任河湖管理保护情况，落实责任河湖巡查制度情况，谋划实施责任河湖专项保护和治理措施情况，组织协调和督促本级相关责任部门加强责任河湖管理保护情况，加强对下一级河长湖长工作指导督导情况。三是对乡村级河长湖长履职情况设3项考评内容，包括具体落实上级交办工作情况、落实责任河湖巡查制度情况、采取多种方式教育宣传引导群众参与河湖治理保护相关情况。

（三）组织实施

立足以考促落实、以考促整改，对市、县、乡党委政府和雄安新区党工委管委会，组织推进河湖长制落实情况进行年度考核。在考核组织方面，采取省对市、市对县、县对乡分级实施的方式进行。在考核方式方面，采取平时考评、第三方评估与实地考核相结合的方式实施。

（四）考核问责结果应用

考核结果分为优秀、良好、合格、不合格四个档次，省委办公厅、省政府办公厅通报考核结果，作为各市、雄安新区党政领导班子和主要领导干部综合考核评价的重要内容。对年度考核优秀的给予资金奖励，4年来累计落实奖励资金4000万元。将落实河湖长制工作的责任追究结果，作为地方党政领导干部自然资源离任（任中）审计评价意见的内容。连续两年考核结果不合格的，对相关河长湖长、相关责任部门问责。被警示约谈、通报批评和提请问责的，在河湖长制年度考核中予以减分。

随着考核问责工作机制的健全完善和深入落实，考核督促导向作用进一步凸显，各级党委政府、相关部门、河长湖长落实河湖长制责任意识进一步强化。针对督查检查发现的部分基层河湖长巡河不到位问题，2020 年，依托省河长制信息管理平台实时巡河记录功能，将县、乡、村三级河湖长河湖巡查情况全部作为河湖长履职重要指标纳入年终考核，各地高度重视，基层河湖长巡查率从 2019 年底的 32%提升到 2020 年底的 99.62%，发现解决问题 6000 多个，是 2019 年的 2 倍。2020 年，唐山市市级总河湖长、市委书记主持制定《唐山市河湖管理第一责任人工作方案》，进一步明晰市级总河湖长的主要职责、工作目标和重点任务，就落实河湖长制、推进河湖治理保护进行细化安排。邢台市市级总河长、市委书记致信市级河长和县级总河长，要求主动担责尽责，深入河湖一线巡查调研，用脚步丈量河道，切实解决河湖问题。各地河长牵头、部门协同的河湖保护治理机制不断健全，相关责任部门围绕考核重点事项，加强协同协作，工作合力进一步增强。秦皇岛市各级河长从河流入海口沿河道上溯，详细了解岸线管理、沿岸产业布局以及入河各类污染源等情况，因河施策，因地制宜，逐步实现工程治理向生态治理、单一河道治理向流域综合治理的转变，10 个国考、省考断面水质优良比例和 19 个入海河口断面水质达标率分别从 2018 年的 60%和 63.2%提高到 2020 年的 80%和 100%，13 条主要入海河流旅游旺季达到Ⅲ类及以上水质标准。截至 2020 年年底，保定市总投资 127 亿元高标准谋划实施雨污分流、农村生活污水治理、生态修复等 136 个项目，大力推进流域内水环境综合整治，确保“不让一滴污水流入白洋淀”。自 2019 年以来，全省统筹引江、引黄和水库水每年向白洋淀补水 6 亿～7 亿 m^3，白洋淀水位始终保持在 7m 左右，水面面积 275km^2 左右，湖心区水质从 2018 年的Ⅴ类提升到 2020 年的全域Ⅳ类、局部Ⅲ类，淀区水质达到近十年来最好水平。

三、经验启示

（一）党委、政府高度重视是推动考核工作深入开展的关键

河北省委、省政府高度重视落实河湖长制工作，省委书记、省长认真落实省级总河湖长责任，亲力亲为推动河湖长制落实，省委书记王东峰在2020年度省级总河湖长会议上明确提出要研究制定考核问责制度，压实各级责任。在省级总河湖长的部署推动下，河北省河湖长制办公室认真总结近年来河湖长制考核实践成果、制度成果，研究起草《河北省落实河湖长制考核问责制度》，两位省级总河湖长逐字逐句修改审定，省委办公厅、省政府办公厅印发实施，明确落实河湖长制考核评估主要内容、组织实施形式、责任追究工作机制、考核问责结果应用等内容，实现考核问责工作规范化、常态化、长效化，被中央深化改革领导小组推广；2021年，“落实河湖长制”作为重大专项类指标纳入省管领导班子和领导干部考核指标体系，进一步强化党政主要负责同志落实河湖长制，加强河湖保护治理的责任意识。

（二）明晰事权责任是制定差异化可量化考核指标的基础

事权不清则责任主体、工作任务就不清。河北省将明晰落实河湖长制事权责任作为深入推进考核工作的基础性、核心性工作，按照中共中央办公厅、国务院办公厅《关于全面推行河长制的意见》，将考核对象区分为党委、政府和河长湖长，分别明确事权责任为“加强组织领导、狠抓责任落实”和“组织实施责任河湖管理保护工作”，并根据事权责任分设考核内容，依据考核内容和年度重点工作，构建了差异化、可量化的指标体系。现行指标体系能够全面客观地反映一个地区落实河湖长制的成效，主要体现在三个方面：一是既考核党委政府组织推动和河长湖长履职情况，又考核日常工作、创新做法；二是既注重长效制度机制落实，又注重河湖保护治理成效和问题整改；三是既根据重点合理划分指标权重，又科学设置量化评分方法，保证了考核的全面性、准确性、可比性。以河北省2020年度落实河湖长制考核为例，考核内容包括各市党委政府、雄安新区党工委管委会抓落实情况、各级河长湖长履职情况、第三方评估、加分项、减分项共5部分、44项指标，全部实现可量化，74%的权

重倾斜到河湖保护治理和问题整改相关指标。

（三）引入第三方是提升考核科学性的有益补充

发挥专业机构独立、公正、客观等优势，积极推进“第三方日常评估”是提升行政考核客观准确性的一种必要且有效的外部制衡机制。河北省将第三方评估纳入落实河湖长制考核问责制度，积极探索实践，有效拓展行政考核深度与广度。一是弥补年终考核不足。第三方评估频次高、覆盖广，评估内容既包括河长湖长履职、重点工作落实，又包括社情民意调查，既指导推动工作，又从社会角度评价工作成效，弥补了年终考核次数有限、形式局限、覆盖面小、内容单一等不足。二是扩展评估主体与对象。第三方作为评估主体采取问卷调查、电话询问、面对面交谈等形式开展群众满意度调查，对象既有临河傍湖居住群众，也有河湖巡查员、保洁员，既有政府工作人员，也有人大代表、政协委员、专家学者等，实现评估主体、评估对象社会化运行，广泛收集社情民意，并将群众满意度作为评估成效的重要指标。三是丰富宣传形式内容。充分发挥第三方熟悉政策、与群众联系紧密的优势，把河湖长制宣传有机融入现场检查、民意调查、问题核查等评估环节，面对面宣传河湖长制政策、成效、意义，及时答疑解惑，丰富宣传形式内容，提升宣传成效，增强公众对河湖管护的认同感和责任感。

（四）考核结果应用是发挥考核指挥棒作用的保障

有什么样的奖惩结果就会有什么样的落实效果，“考而不用”就会使考核流于形式。河北省通过强化考核结果应用，充分发挥“五个导向”作用，取得良好引导效果。一是树立工作典型体现目标导向，考核结果由省委办公厅、省政府办公厅予以通报，引导各地对比先进补好短板，因地制宜强化长板。二是与综合评价挂钩体现用人导向，进一步强化各级党委政府主要负责同志落实河湖长制责任意识。三是实施表扬激励体现价值导向，对考核获得优秀等次的地区给予资金奖励，引导各地积极探索、勇于实践、争先创优。四是与离任审计评价联动体现责任导向，引导各级河长湖长知责明责、守河担责、守河尽责。五是考核问责相结合体现问题导向，引导各地针对薄弱环节及突出问题提出解决策略，加大河湖保护治理力度。

河北省持续深化河湖长制考核工作，建立健全了科学的指标体系，形成了严格的考核工作机制，充分发挥考核引导作用，形成了强化河湖长制、加强河湖保护治理的工作态势，凝聚了共护河湖水、共享河湖美的广泛共识，实现了从“约束履职行为”到“自觉履职作为”的转变，全省河湖管理保护能力水平显著提升。

（执笔人：李娜　齐婕　牛继坤）

创建河湖长奖惩机制　激发河湖长内生动力

——安徽省滁州市凤阳县创新实施河湖长缴纳保证金办法激发河湖长内生动力*

【摘　要】 为落实县乡级河湖长责任，调动河湖长履职尽责的积极性，推动历史遗留的难点问题整改，安徽省凤阳县创新机制，在部分乡镇开展实践论证的基础上，建立了河湖长制考核奖惩制度，以县、乡（镇）河湖长和部门负责人缴纳保证金的方式实施考核奖惩。奖惩制度实施以来，推动各级河湖长制工作不断往深、往实、往细走，巡河效率、“四乱”治理、问题整改工作均有极大改观。通过制度创新，进一步压实了各级河湖长和部门责任，激发了河湖长内生动力，河湖长由过去的“督促作为”变成了“主动担当”。同时，创新思维也为进一步从制度上完善河湖长制积累了经验。

【关键词】 奖惩机制　保证金　压实责任

【引　言】 凤阳县河流众多，水系复杂，历史遗留问题多，整治难度大。全面推行河湖长制后，河湖管护有了河湖长牵头抓总、调度各级各部门合力管护的新机制，河湖管护水平明显提升。

由于前期河湖长制考核机制不完善，河湖长和部门负责人的个人积极性未得到充分调动，造成部分河湖长有“干与不干都一样，干好干坏都一样”的思想，履职“有名无实”，河湖长制优势未能充分释放。有鉴于此，凤阳县探索印发了《凤阳县河湖长制考核奖惩办法》，成为制度效能释放的催化剂。

本文的目的是剖析凤阳县制度创新的成因、成效，探索在河湖长制平台下，如何因地制宜，通过针对性制度设计，破解地方河湖管护难题，为进一步完善河湖长制提供借鉴。

---

* 滁州市河长办、凤阳县河长办供稿。

一、背景情况

凤阳县共设立县级河湖长 12 名、镇级河湖长 92 名、村级河湖长 375 名，县乡两级河湖还相应设置了“民间河长”。

全面推行河湖长制以来，凤阳县三级河湖长共计巡河巡湖 24485 次，发现问题 24121 个，解决问题 24015 个，河湖“四乱”问题得到了有效遏制。针对上级河湖长巡查交办问题，凤阳县还启动了濠河综合治理工程、淮河岸线专项整治行动、高塘湖取缔网箱养殖专项行动、天河湖流域畜禽养殖整治专项行动、花园湖交办问题整改专项行动，有效地改善了河湖面貌。通过加强河湖层级管理和考核，压紧压实河湖长责任，提升河湖长制任务在各项工作中的比重，全县河湖长制不断得到强化。实践充分证明，河湖长制是成功破解河湖问题乱象、整治难点问题的“制度利器”。各级河长湖长抗责上肩，冲在河湖管理保护的第一线，真正成为河湖问题整治的第一责任人。

面对人民日益增长的美好生活需要和不平衡不充分的发展之间的矛盾，一些历史遗留问题解决难度仍然很大。凤阳县相关河湖长在面临难点问题时，怯战畏难情绪明显。一是各级交办问题多。凤阳县境内涉及 3 个省级河湖，是全省涉省级河湖数量最多的县，还有 5 个市级河湖。2020 年和 2021 年，水利部交办问题 2 个，省级湖长交办 9 个，市河长办交办 39 个，问题整治困难突出。二是河湖长履职力度不够。面对大量上级交办问题，许多河湖长对于矛盾大、纠纷多、难以整改的“硬骨头”，整改积极性不高、整改力度不够。三是各部门协作有差距。由于制度不够完善，且部门间存在职能交叉，导致县河长办聚拢调度能力不强，河湖长制工作不但未握拳形成合力，有时还互相掣肘。

凤阳县出台《凤阳县河湖长制考核奖惩办法》的主要目的一是促进河湖长确实履职担当，牵头抓总破解难题；二是促进部门通力协作，合力攻关。奖惩结合，双管齐下，真正以“河湖长制”推动“河湖长治”。

二、主要做法及成效

《凤阳县河湖长制考核奖惩办法》印发后，在凤阳县引起强烈反响，支持声、反对声此起彼伏，但成效体现出了考核办法强大的正向推动作用。

（一）以河长湖长考核为目标，着力提升河湖长巡河巡湖效率

《凤阳县河湖长制考核奖惩办法》规定，考核对象为县、乡（镇）级河湖长和河湖长制有关成员单位主要负责人，从以往针对单位的考核，转变成针对个人的考核。缴纳保证金标准为每位县级河湖长 6000 元，乡（镇）级河湖长及河湖长制有关成员单位主要负责人 5000 元，干好奖励，干差罚款，从经济上给各级河湖长和成员单位负责人头上悬起“达摩克利斯之剑”，以充分调动人的积极性和能动性。2020 年全年和 2021 年上半年，凤阳县河湖长巡河率均超过县级每季度 1 次，乡（镇）级每月 1 次，村级每周 1 次的规定频次。同时，各级河湖长巡河质量也大为提高，今年以来，县级河湖长巡河发现和交办问题 143 个，乡（镇）及村级河湖长发现问题 4722 个。

（二）以水质监测考核为指标，着力促进河湖综合治理改善水质

凤阳县河湖存在的主要问题是水质不稳定。除淮河和 4 座中型水库外，其他河流、湖泊水质普遍不稳定。针对这一问题，县河长办每季度对县、乡级河湖实施水质检测，将检测结果作为考核的重要依据。河湖水质 4 次检测均达到规定考核标准或河湖水质逐次好转、最后达标的可参与考核奖励。河湖水质虽保持不变，但 3 次检测结果在劣Ⅴ类及以下，扣除保证金的 50%。河湖水质恶化或全年 4 次检测结果在劣Ⅴ类及以下的，扣除全额保证金。由于水质因素在考核中占比非常重，而水质改善需要全面发力、持久用力，制度实施后，各级河湖长思路明显转变，河湖管护从“头痛医头，脚痛医脚”的模式，切换到“综合治理、长期治理”模式。凤阳县西部四镇为保障省级河湖高塘湖、天河湖水质达标，在县级河湖长推动下，实施了“畜禽养殖整治专项行动”，共排查出 512 个畜禽养殖问题，不到半年，所有问题全部完成整改，特别是关停 18 个规模以上畜禽养殖企业后，河湖水质明显提升。专项行动涉及面广、排查问题数量多、整改难度大，按以往经验，短期内很难完成。但是这次行动，在县、乡级河湖长的全力督办下，问题整改效率之高、程度之彻底，前所未有，充分体现出奖惩制度在河湖长制工作中发挥出的“四两拨千斤”

的作用。一笔保证金，成了撬动河湖长上下联动、部门协力行动的杠杆，促使各方力量拧成一股绳。为根本扭转濠河、独山河等河湖水质较差问题，在县级河长牵头督办、县河长办统筹协调下，县生态环境、住建、农业农村、水利等部门积极行动，累计整合资金近10亿元，联合开展水环境综合治理，治理水系达12条，让穿凤阳县城的独山河从“下水道”变成了“风光带”。

（三）以综合赋分考核为标准，着力促进河湖重点难点问题整改

每半年由县河长办会同有关成员单位，对长效管理工作考核评分，上半年和下半年各占年度总分的50%。长效管理考核满分为100分，实行扣分制，主要包括两方面：一是小型水利工程管护50分，其中水库溢洪道控制段有拦渔网、拦渔栅等7类情况的，每次扣5分，直至分值扣完；二是清河清湖和日常工作50分，有未开展辖区内河道、湖泊、水库、干渠、大沟“四乱”（乱占、乱采、乱堆、乱建）问题排查整治的，巡河App使用率低于90%等8类问题的，每次扣5分，直至扣完为止。按照分值情况，分别给予不同等级的奖励和罚款。责任河湖长把“要我改”变成了“我要改”，上级交办的问题不但能够做到及时改，还自我加压提高标准彻底改。许多曾经“拨一拨动一动”的重大“四乱”问题，尤其是历史遗留的乱建问题，在河湖长的推动下，得到彻底整改，原来被侵占的河湖管理范围内的土地得到复绿。奖惩制度的作用在河湖长的工作积极性上得到充分体现。

三、经验启示

河湖长制奖惩制度是推进河湖长制从“有名”到“有实”的一种创新机制。凤阳县在原有对乡镇、部门集体考核的基础上，加入了对河湖长、部门负责人的个人考核，既促进了河湖长内生动力的迸发，使河湖长心有压力干实事，又避免了部门间相互掣肘，让各部门通力协作解难题。

（一）考核奖惩机制要务实不能务虚

制定考核奖惩机制的初衷是要促进河湖长牵头、多部门联治、上下游共治、左右岸同治、全社会群治的河湖管理保护机制落到实处，使水资源保护有效加强，河湖水域岸线管控有力，水污染综合防治成效明显，河湖水环境质量显著提升，水生态修复持续推进，综合执法监管更加严格，有效遏制河湖管理乱象。考核奖惩过程中不能将考核奖惩机制简单地变成河湖长制工作监督部门随意使用的“大棒”，更不能脱离实际搞“大锅饭”，使制度随意性太强，考核奖惩成为形式，起不到效果。

（二）部门联动机制要加强不能弱化

河湖长会议成员单位在奖惩机制中占有重要一环，打分机制要由河湖长会议成员单位集体落实、河长制办公室是组织落实的单位，但不能大包大揽搞一言堂。每项指标的赋分，按职责分工，由河湖长会议成员单位落实、河长制办公室核实，最终确定分数，既对河湖管理成效负责，也对河湖长负责。同时，奖惩机制的建立把单纯的年终考核变成了过程考核，书面考核变成了实绩考核，河湖长制工作更加注重实际效果和平时工作。

（三）推动考核奖惩要科学不能盲目

在考核奖惩机制实践的过程中，因为与个人的经济利益挂钩，兑现奖惩时难免会遇到各种矛盾，面临复杂情况。河湖长可以调度的资源差异较大，一把手担任河湖长相对来说解决问题力度更大、效果更好，而非分管河湖工作的河湖长解决问题往往协调难度大、推动力度小。每个河湖的基础也不尽一致，有的河湖历史欠账较多，问题难以整改，有的河湖本底基础相对较好，一把尺子量到底难免不公平。针对每个河湖的基础情况，科学制定差异化指标，奖惩结合，让河湖长和部门负责人既感觉到肩负责任的压力，又有积极推动问题整改的动力。

凤阳县实施考核奖惩办法有效解决了河湖长“干与不干都一样，干好干坏一个样”、河湖长制工作在日常行政工作中没有存在感的问题。经凤阳县实践证明为行之有效的河湖长制奖惩机制，已被省内部分市、县借鉴。在各级河湖长制考核中及联合河湖长制工作中，针对问题突出、治理难度大的地区或河湖，如也能落实相应的奖惩机制，对提高各级河湖长和职能部门对河湖长制工作的重视程度、推动问题整改，将具有重要的促进作用。

目前，凤阳县正在考虑将河湖长履职情况作为干部任用考核的重要依据，继续提升河湖长制工作的重要性，加速改善全县河湖面貌，打造出一批“河畅、水清、岸绿、景美、人和”的幸福河湖。

（执笔人：阚乃立　杨帆　韦伟）

“硬碰硬”的问责 “实打实”的奖励

——广东省江门市全面构建河湖长制跨界水质考核奖惩机制*

【摘 要】为深入打好水污染防治攻坚战，推动“水质只能变好、不能变差”，持续改善水生态环境质量，广东省江门市充分发挥河湖长制制度优势，探索建立以河湖长为核心的跨界河湖水质监测考评工作体系，在河湖跨县、跨镇界全面设置河湖长制水质监测预警断面，每月对水质进行通报排名，创新制定水质考核问责奖惩机制，推进河湖治理能力与治理体系现代化。通过建立跨界水质监测、预警、考核、奖惩等机制，不断压实各级河湖长和相关部门的工作责任，充分发挥河湖长“领治”的作用，倒逼各级各部门认真履职尽责，有力改变“九龙治水”的格局，较好实现了从“有人管”到“管得好”的跨越，推动全市水环境持续向上向好。

【关键词】跨界河湖 水质考核 问责奖惩

【引 言】习近平总书记在全国生态环境保护大会上强调，打好污染防治攻坚战，要建立科学合理的考核评价体系，考核结果作为各级领导班子和领导干部奖惩和提拔使用的重要依据。水是流动的，水系是连通的，水污染具有一定的隐蔽性，决定了流域治理不能“铁路警察各管一段”，各自为政。缺乏统筹协调，往往容易造成“上游排污、下游受害”“左右岸相互埋怨”等问题。如何厘清上下游、左右岸的治水责任，是打好水污染防治攻坚战的关键，也是难点问题。江门市着眼“水脏”“水浑”的问题，积极探索以河湖长为核心，建立完备的跨行政区域河湖长制水质考核奖惩机制，压实河湖长责任，助力水污染防治攻坚战，推动各级各部门积极联防联治，真正以河湖长制推动河湖长治。

---

* 江门市水利局供稿。

一、背景情况

江门市以江为名，境内河道纵横交错、水网密布，河流总数749条，河网密度约0.9km/km^2，是华南河网密度最大的地区之一。全面推行河长制湖长制之初，江门市水污染形势非常严峻：全市共排查出“散、乱、污”企业3600多家；规模化养殖场1327个，废弃物处理利用设施配套率低；城乡污水管网缺失，污水处理厂设计标准低，农村生活污水处理设施覆盖率不足20%。部分地区污水横流，遍布黑臭水体，中心城区有12条黑臭水体列入全国城市黑臭水体整治监管平台。2018年初，全市水质达标率仅为47.5%，劣Ⅴ类水体比率为38.8%，1/3的国考、省考断面未能实现稳定达标。

长期以来，水污染治理难，难就难在“九龙治水、各行其是”，上下游、左右岸统筹协同不够。水污染事件发生后，对污染来源、污染程度、责任界定，上下游、左右岸间往往“公说公有理、婆说婆有理”，因此需要依据全面完善的监测数据进行分析研判，用科学合理的奖惩机制进行考核问责。全面推行河湖长制以来，江门市抓住河湖长责任制这个牛鼻子，扎实推进跨界河湖长制水质考核奖惩机制，明晰上下游、左右岸的治水责任，杜绝推诿扯皮现象，倒逼各级河湖长发挥牵头抓总的作用，合力推动水环境质量提升。

二、主要做法

为深入推进水污染防治攻坚战，江门市以河湖长制为平台，建立以河湖长为核心的跨界河湖水质监测考评工作体系，统一标准，统一监测，统一考核，统一奖惩，客观、科学反映河湖治理成效，厘清水污染防治责任，倒逼各级河湖长认真履行牵头抓总的作用，推动全市水质持续向上向好。2020年，江门市12条黑臭水体全部完成整治，9个地表水国考、省考断面水质优良比例达到100%，县级以上集中式饮用水水源水质达标率稳定保持在100%，全市水环境质量达到全面推行河湖长制以来的最高水平。江门市河湖长制工作获得2019年国务院对河湖长制工作推进力度大、河湖管理保护成效明显地方的督查激励。

（一）部门联动，推动水质监测预警全覆盖

从2018年开始，江门市河长办协同有关成员单位，共同推动河湖跨县界河湖长制水质监测预警工作。市生态环境局委托专业机构，在河湖跨县界断面分别设置150个河湖长制水质监测预警断面，每月向市河长办提供断面水质监测情况，由市河长办拟写河湖长制水质监测通报，对各跨县河流、各县水质情况进行排名，报送市级河湖长，并向市全面推行河湖长制工作领导小组、县级总河长、副总河长和县级政府进行通报。参照市的做法，各县也设置了854个跨镇河湖长制水质监测预警断面，实现河湖跨县、镇界水质监测预警全覆盖。

（二）破解难题，厘清跨界水质考核责任

跨界河流上下游、左右岸水质考核和责任分配，一直是水质考核的难点问题。针对区域共治难题，江门市在河湖长制水质监测预警通报中，创新性地提出跨界河流上下游、左右岸水质评价办法，根据上下游水质交接情况和左右岸的污染现状，合理区分各方对水质污染的责任比重。对于不达标水体，通过计算交接断面污染物浓度扣除上游污染排放对下游水质的影响后，重新对下游水质进行评价。根据左右岸流域面积、污染源分布，确定左右岸水质考核比例。评价办法进一步明晰了上下游、左右岸的治水责任，杜绝推诿扯皮现象的发生，推动跨界河湖协调共治。

（三）碰硬较真，建立水质考核问责机制

在河湖长制水质监测预警、通报排名的基础上，江门市专门出台《河长制湖长制水质考核奖惩工作方案》，以预警提示、通报批评、开展约谈、“一票否决”等问责程度逐步递增的四种方式，对水质不理想、污染防治攻坚任务落实不到位的相关责任河湖长进行考核问责，以最严格的问责追责推动水污染防治攻坚战各项任务落实落地落细。2020年以来，江门市先后向县、镇两级河长发出水质预警函134人次，通报批评县、镇两级河湖长19人次，对5名县、镇两级河湖长进行约谈。结合河湖长制年度工作述职，将水污染防治攻坚和水质提升改善情况作为县、镇总河长和成员单位述职的重要内容，进行集体测评，分析原因，查找问题，通过述职评议，督促各级河湖长把水污染防治攻坚抓在手里、干在实处。

（四）科学考评，创新完善水质考核指标

水质改善并非一蹴而就，需要久久为功。江门市在考核水质是否达标的同时，更加注重河流水质较同期相比是否有变好趋势，将水质污染指数改善率作为水质考核重要指标。在江门市河湖长制水质监测预警通报中，除了通报每个监测断面的水质情况和各县水质达标率、优良率等情况外，重点对各县及每个监测断面的水质污染指数改善情况进行评分、排名。在河湖长制水质考核奖惩工作方案中，也将水质改善情况作为预警提示、通报批评、约谈问责、“一票否决”等的必要条件，明确对扣除上游污染物影响后，整个断面水质考核结果为劣Ⅴ类且水质同比无改善（综合污染指数改善率为0或负值）、考核结果不达标且同比综合污染指数改善率排名后三位的断面河长进行问责，防止“一刀切”挫伤扎实苦干河湖长的积极性。

（五）奖惩并举，建立健全水质考核激励机制

在强化考核问责、压实工作责任的同时，注重奖惩并举，率先将激励机制引入河湖长制水质考核。对由水质不达标不改善为水质达标且改善率排名前五位的断面的县、镇两级责任河湖长予以通报表扬。对年度水质综合排名前三位的县在河湖长制年度考核中适当予以加分。在潭江水资源保护专项资金中安排630万元，对年度水质达标率排名前三位的县进行奖励，其中排名第一的县奖励200万元，并奖励辖区内3个镇，每个镇奖励30万元；排名第二的县奖励150万元，并奖励辖区内2个镇，每个镇奖励30万元；排名第三的县奖励100万元，并奖励辖区内1个镇30万元。

“硬碰硬”的问责，“实打实”的奖励，江门市有效提升各级河湖长聚焦水污染防治攻坚战的积极性和主动性，推动各地携手同心、合力治污。截至2020年底，全市畜禽粪污综合利用率达87.7%，规模养殖场粪污处理设施装备配率达98.1%，大型规模场粪污处理设施装备配套率达100%，61个建制镇实现生活污水处理设施全覆盖，农村污水治理率达74.5%，推动全市水环境质量持续改善。根据江门市河湖长制水质监测结果，2018年以来，全市优良水体数量同比上升29%，达标水体数量同比上升31.8%，劣Ⅴ类水体数量同比下降20.6%。

三、经验启示

（一）河湖治理必须紧盯关键，落实河湖长责任

河湖长制的核心是河湖长责任制，只有抓住河湖长这个“关键少数”，充分发挥河湖长“领治”的作用，才能形成一把手抓、抓一把手的压力传导，推动各部门认真履职尽责。江门市建立以河湖长为核心的跨界河湖长制水质考核奖惩机制，就是要抓住河湖长这个水污染防治的“吹哨人”，倒逼河湖长主动扛起治河护河之责，以上率下，把河湖长制各项措施落到实处。

（二）区域协调必须厘清责任，形成工作合力

上下游、左右岸协同，区域共治，才能有效根治水污染“顽疾”。江门市在河湖跨县、跨镇界全面设置河湖长制水质监测预警断面，根据上下游水质交接情况和左右岸的污染现状，科学合理判定各方对水质污染的责任比重，较好地厘清跨界水质考核责任，弥合区域和部门界限，助力水污染攻坚往深里走、往实里抓。

（三）水质考核必须科学精准，坚持奖罚并重

水污染问题有一个长期的积累过程，污染治理非一日之功。为防止一刀切的防治标准挫伤广大干部干事创业的劲头，江门市建立科学精准的水质考核机制，既注重问责处罚，又突出同比正向激励，奖罚并重，大大激发各级各部门的工作积极性，有效推动整体水质持续向好。2018年以来，全市优良水体、达标水体数量大幅提升，劣Ⅴ类水体数量大幅下降，实现水环境从量变向质变飞跃。

（执笔人：华建兵）

昆明市生态补偿机制助推河湖保护治理

——滇池流域推行河道生态补偿机制的有益探索*

【摘　要】以习近平同志为核心的党中央从人与自然和谐共生、加快推进生态文明建设的战略高度，作出全面推行河长制的重大战略部署。昆明市在全面深化河长制工作过程中，创新河道保护治理制度，在滇池流域推行河道生态补偿机制，以县（市、区）之间河道交界断面及入湖（库）口断面作为考核断面，根据河道污染物化学需氧量、氨氮、总磷超标情况计算生态补偿金。通过推行河道生态补偿机制，河湖保护治理属地政府责任得到有效落实，水质水量监测网络逐步完善，河道水质得到有效提升，为开展河道保护治理提供了宝贵的经验。

【关键词】滇池　生态补偿　监测网络　保护成效

【引　言】昆明是一个资源型、水质型、工程型和结构型缺水并存的地区，建立水生态补偿机制，切实保护好水生态环境，是昆明市经济社会发展的重要保障。按照党的十八大关于加强生态文明建设及国务院办公厅《关于健全生态保护补偿机制的意见》（国办发〔2016〕31号）的重要要求，为加快推进水生态文明建设，促进经济社会发展与水资源水环境承载能力相协调，不断提升昆明市水生态文明水平，昆明市积极探索建立公平公正、完善有效的河道生态补偿机制，按照“谁污染、谁治理，谁污染、谁付费”的原则，充分发挥河道生态补偿的杠杆作用，一方面为开展水环境保护治理提供资金支持；另一方面倒逼各级政府履行属地责任，调动区域治污积极性，促进水环境持续改善。

一、背景情况

滇池流域是云南省人口最密集、生产活动最活跃、经济最发达的地

---

* 昆明市河（湖）长制办公室供稿。

区，污染物排放也相对集中；加之区域内水资源开发利用程度高，河流生态水量不足，致使大多数入湖河流水质状况不容乐观。尽管多年来采取了一系列治理措施，污染治理力度不断加大，污水收集处理能力不断提高，污染负荷削减能力大幅提升，但仍未彻底解决入湖河流的污染问题，滇池流域入湖污染负荷仍高于滇池水环境承载力。党中央、国务院和省委、省政府全面推行河长制以来，昆明市按照“量水发展、以水定城”理念，结合全面推行河长制工作，在滇池流域积极探索开展河道生态补偿机制体制试点工作，取得了初步经验和成效。

二、主要做法

（一）先行先试探索生态补偿

2017年，昆明市印发《滇池流域河道生态补偿办法》（昆办通〔2017〕28号）、《昆明市滇池流域河道生态补偿金使用管理办法》（昆政办〔2017〕160号），在滇池流域全面推行河道生态补偿，对县、区跨界河道断面水质进行监测，让产生水污染或治理不力的县（区）对相邻县（区）给予经济补偿，明确生态补偿金用于河渠湖库保护管理工作。同时，整合水务、滇池管理、生态环境、财政、水文等多部门力量，出台了《滇池流域河道生态补偿金核算细则》《滇池流域河道生态补偿水质监测办法》《滇池流域试点河道生态补偿考核监测断面及水质考核标准》《滇池流域河道生态补偿水量监测办法》《滇池流域河道生态补偿金结算事宜管理实施细则》等配套文件，为生态补偿提供了制度基础。

（二）建机立制落实各级责任

成立昆明市滇池流域河道生态补偿工作领导小组，组长由昆明市人民政府分管副市长担任，市委目督办、市政府目督办、市滇池管理局、市生态环境局、市水务局、市财政局、市工信委、市水文水资源局为主要成员单位。昆明市滇池流域河道生态补偿工作领导小组下设办公室，办公室主任由滇池管理局局长兼任，副主任由市滇池管理局、市生态环境局、市水务局、市水文水资源局、市财政局分管副局长兼任。办公室负责按照《滇池流域河道生态补偿办法》规定，做好滇池流域河道生态补偿的统筹、协调、管理、考核等工作。

（三）全面勘定补偿考核断面

按照《昆明市滇池流域河道生态补偿实施方案》，昆明市河道生态补偿以问题为导向，贯穿绿色发展理念，以县、区行政区域交界处为考核断面，进一步明确了地方河湖管理保护主体责任。在流域县区政府和开发（度假）区管委会的配合下，市级相关部门对所有跨界河道的交界断面及入湖口断面进行了全面实地踏勘，结合行政界线，以水质水量监测数据的代表性、稳定性、可控性为重点，对争议断面和监测点位进行了优化布设，完成了35条河道、64个监测断面的勘定，实现了水质水量监测断面的统一。

（四）稳步扩展补偿实施范围

考虑到河道生态管理及水文、地质、气候等因素的复杂性，按照“试点先行、稳步实施”的原则，在确保河道生态补偿准确性的前提下，昆明市将试点先行与逐步推广、分类补偿与综合补偿有机结合，大胆探索，逐步推进河道生态补偿工作，稳步扩展河道生态补偿实施范围。2017年4月20日，在滇池流域新运粮河、西边小河、新宝象河三条河道开展生态补偿试点工作；2017年7月1日，在前期试点的基础上，在流入滇池草海的大观河、西坝河等5条河道开展河道生态补偿工作；2017年8月1日，在滇池流域其余26条河道及支流沟渠、41个考核断面推行河道生态补偿。随后，以滇池流域河道生态补偿经验为基础，逐步向滇池流域外的牛栏江、普渡河流域分步分阶段推行。考虑到滇池流域外河流比湖泊水体流动性大的实际，在逐步完善水量监测站点的基础上，结合水量监测数据，全面铺开以水质水量监测数据为依据的生态补偿机制。

三、经验成效

（一）主要经验

1. 生态补偿与保护目标相衔接

河道生态补偿是以市级有关部门下达的水质考核目标和年度污水治理任务为依据，对未达到河道断面水质考核标准或未完成年度污水治理任务的责任主体收缴生态补偿金，对考核断面水质达标且提高一个及以上水质类别的责任主体则给予适当补偿。

2. 生态补偿与目标量化相关联

结合滇池流域河湖保护治理实际，将河湖水质主要的污染物指标化学需氧量、氨氮、总磷作为生态补偿指标，补偿标准为化学需氧量2万元每吨，氨氮15万元每吨，总磷200万元每吨，考核断面补偿金为3个指标计算的补偿金之和。同时，考核断面出现非自然断流的，按照每个断面30万元每月缴纳生态补偿金；未完成年度污水治理任务的，按年度未完成投资额的20%缴纳生态补偿金。水质净化厂出水水质未达标的，也将按有关规定处罚。

3. 生态补偿与保护治理相促进

为确保河道生态补偿金对河道水生态保护、治理、恢复的有效循环促进，明确将上游县（区）缴纳的生态补偿金用于下游县（区）流域河道水环境保护治理，入湖（库）口断面水质未达到考核目标和污水治理年度任务未完成县（区）缴纳的生态补偿金用于流域河道水环境保护治理，市级统筹的生态补偿金用于对考核断面水质类别优于考核目标县（区）的补偿，并用于河道水环境保护治理。

4. 生态补偿与地方领导责任相挂钩

按照环境保护“党政同责”的要求，对被生态补偿责任县（区）的党政主要领导和分管领导，根据辖区所有考核断面中年均水质不达标断面比例，同比例扣减个人年度目标管理绩效考核兑现奖励，实现了生态补偿考核与领导责任相挂钩。

（二）主要成效

1. 断面水质有效提升

河道生态补偿实施后，通过对断面水质化学需氧量、氨氮、总磷超标情况的实时监测，各责任县（区）政府及开发（度假）园区管委会可及时掌握相关污染物超标情况，有针对性地开展治理。在试点生态补偿实际监测的31条河道中，大观河、金汁河、老宝象河、捞鱼河、梁王河、东大河等12条河已实现入湖口断面水质全面达标，新运粮河、乌龙河、船房河等5条河总磷、化学需氧量实现达标入湖，盘龙江、马料河等4条河实现化学需氧量、氨氮达标入湖，牧羊河实现总磷、氨氮达标入湖，环境与生态效益逐步显现。

2. 地方责任切实落实

河道生态补偿有效促进了责任地区河道保护治理工作的开展。昆明市河道生态补偿机制自2017年4月在滇池流域试行以来，试点河道所在责任县（区）政府及开发（度假）园区管委会已累计缴纳生态补偿金10多亿元，区域河道保护责任意识切实强化。通过实行河道生态补偿金每月核算通报，各责任县（区）政府及开发（度假）园区管委会的水环境治理主动性和自主性得到充分调动，各责任单位通过河道清淤、实施排污口整治、工程治理、河道执法等措施，积极推动河道水环境改善。

3. 监测网络逐步完善

为确保河道生态补偿的实施，市对县考核断面的监测能力建设逐步提升，河道水质水量监测设施建设有序开展。现阶段以水质水量人工监测与自动监测相结合的方式，实现了对化学需氧量、氨氮、总磷、阴离子表面活性剂、pH值、水温、浊度、溶解氧、电导率、水量等10个参数的有效监测，区域水质水量监测和评价标准得到规范统一，有关监测成果的发布得到进一步规范。同时，通过生态补偿断面污染量的准确监测，实现了对河道污染团的及时捕捉，各责任县（区）可以根据污染物组成、形成时段、水量变化、降雨情况，有针对性地开展雨污水管网排查，对河道污染物进行准确追踪，水质恶化倒查机制初步建立。

四、启示

“绿水青山就是金山银山”是生态环境保护治理的终极目标。通过生态补偿机制倒逼属地政府改变目前粗放式的经济发展模式，走一条绿色可持续的发展道路，由单纯治河治水向整体优化生产生活方式转变，由事后末端处理向事前源头控制延伸，把深化河长制与转方式、调结构结合起来，处理好河（渠）湖库保护与经济社会发展的关系，强化规划约束，推动产业转型升级，倡导绿色、低碳、健康的生产生活方式，促进河（渠）湖库休养生息、维护河（渠）湖库生态功能，真正实现“绿叶子”向“金叶子”的转变。

（执笔人：胡应庭　姚雄丽　陈春瑜）

四

流域统筹协调

依托河长制　深入推进长江大保护

——长江水利委员会推进长江干流岸线清理整治实践*

【摘　要】根据推动长江经济带发展领导小组办公室和水利部工作部署，长江委举全委之力，会同沿江 9 省（直辖市）依托河长制平台，主动作为、统筹谋划，多措并举、攻坚克难，全力推进长江干流岸线保护和利用专项检查行动，在方案制定、论证审核、督促整改、现场核查等各个环节开展了大量工作，“以超常规的措施、超常规的力度、超常规的成效”，盯紧抓好长江干流岸线利用项目清理整治，工作成效显著。

【关键词】河长制　长江大保护　岸线利用项目　清理整治

【引　言】为深入贯彻习近平总书记“共抓大保护、不搞大开发”和推动长江经济带高质量发展重要指示精神，立足新发展阶段、贯彻新发展理念、构建新发展格局，全面落实新时期治水思路，切实加强长江岸线管理与保护，推动长江经济带发展领导小组办公室印发了《关于开展长江干流岸线保护和利用专项检查行动的通知》（第 60 号），部署开展长江干流岸线保护和利用专项检查行动，要求全面查清长江溪洛渡以下干流岸线利用现状，清理整治违法违规占用岸线行为。

一、背景情况

长江是中华民族的母亲河，也是中华民族发展的重要支撑，特别是干流水运条件优越，素有“黄金水道”之称，两岸岸线是水生态系统的重要组成部分，是防洪保安的重要屏障，是长江经济发展的战略性资源和重要的载体。中华人民共和国成立以来，长江河道内陆续建设了大量码头、桥梁、船厂、管线、取排水口等岸线利用项目，为长江流域经济

* 长江水利委员会河湖管理局供稿。

社会发展发挥了巨大作用。但由于历史原因和经济社会发展阶段的制约，长江部分岸线利用分散，集约节约利用程度不高，没有充分发挥岸线利用综合效益，甚至还有一些未批先建、批建不符、乱占乱用、占而不用、多占少用、粗放利用和占用生态敏感区等问题。

党的十八大以后，以习近平同志为核心的党中央站在国家发展全局的高度，明确作出推动长江经济带发展的重要举措。2016 年以来，习近平总书记三次考察长江并主持召开座谈会，明确“共抓大保护、不搞大开发”“生态优先、绿色发展”。为深入贯彻落实习近平总书记关于长江经济带发展重要指示精神，立足新发展阶段、贯彻新发展理念、构建新发展格局，切实加强长江岸线管理保护，在推动长江经济带发展领导小组办公室和水利部的部署下，长江委会同沿江 9 省（直辖市），依托河长制平台，主动担当、统筹谋划、多措并举、攻坚克难，扎实推进长江干流岸线保护和利用专项检查行动，全面摸清了岸线利用项目底数，对涉嫌违法违规的项目逐项进行清理整治，取得显著成效。

二、主要做法

习近平总书记指出“长江病了”，治好“长江病”，要科学运用中医整体观，追根溯源、诊断病因、找准病根、分类施策、系统治疗。经过三年的不懈努力，顺利完成省（直辖市）自查、重点核查和清理整治各阶段工作任务，主要做法如下。

（一）“追根溯源、诊断病因”，摸清岸线利用项目底数

指导督促沿江 9 省（直辖市）深入开展自查，组织开展现场重点核查，追根溯源，摸清了长江干流溪洛渡以下 3117km 河道、8311km 岸线（含洲滩岸线）范围内 5711 个岸线利用项目的类型、规模、用途等基本情况，建立了长江干流岸线利用项目台账系统，形成了流域和地方水行政主管部门信息共享、交流互动、协同管理的工作平台。围绕饮用水水源、自然保护区、风景名胜区、水产种质资源保护区等生态敏感区保护和防洪安全要求，逐项研判和“诊断病因”，确定 2441 个岸线利用项目涉嫌违法违规。

（二）“找准病根、分类施策”，清理整治违法违规问题

在充分考虑历史遗留、项目性质、违法实质等因素的基础上，坚持依法依规、实事求是、分类施策原则，指导各地科学论证，周密制定整改方案，分拆除取缔和整改规范两大类开展清理整治工作。依托河长制平台，压实河长职责和属地责任，强化部门联动和跟踪督办，确保清理整治工作取得实效。研发岸线核查App软件，派出80多个工作组对1760个项目（占需拆除取缔和整改规范项目的90%以上）开展现场复核，统一拆除整改标准，严格按要求进行检查复核，确保清理整治成果质量。

（三）“系统治疗、标本兼治”，有效修复生态环境

通过清理整治，拆除、取缔了一批位于饮用水源保护区、自然保护区核心区或缓冲区等不符合岸线功能区管控要求，存在防洪影响或长期占而不用的项目，整改规范了一批存在违规侵占河道、违规建设办公或生活设施、污染水体等问题的项目，并根据情况采取了防洪影响补救措施，行蓄洪通道更加畅通，生态环境得以有效修复，岸线面貌明显改善，取得显著的防洪效益、生态效益和社会效益。

（四）坚持“未病先治、预防为主”，建立长效机制

积极推进智慧监管，充分运用“一张图”平台、卫星遥感、无人机等新技术，对岸线利用项目和活动进行全方位、全过程的监管，做到问题早发现、早制止、早处理。建立河湖巡查制度，加强河湖日常巡查，实现巡查监管的网格化、精细化，防止新增违法违规行为。强化规划刚性约束，落实长江岸线保护和开发利用总体规划要求，严格岸线分区管理和用途管制，严格涉河建设项目审批和事中事后监管。将岸线管理保护纳入河长制考核内容，进一步压实各级河长责任，强化河长履职尽责。

三、取得成效

经过长江委和沿江省（直辖市）的共同努力，清理整治工作在防洪、生态等方面取得了显著的成效，主要体现在以下几方面。

（一）消除了安全隐患

通过清理整治，拆除了127个位于自然保护区核心区或者缓冲区的项目和97个位于饮用水源保护区的项目，同时拆除了623个存在重大防洪影响、长期占而不用的项目，整改规范和改造提升了一批岸线利用项目，有效消除了防洪安全和生态安全隐患。

江苏省南京市江宁区滨江广场整治前

江苏省南京市江宁区滨江广场整治后

（二）恢复了生态空间

对长江岸线存在的非法占用、占而不用、多占少用、深水浅用等问题进行了清理整治，共腾退长江岸线160多km，拆除违法违规建（构）筑物230多万m^2，完成滩岸复绿1200多万m^2，有效释放了长江岸线生态空间，恢复了被侵占的自然岸线。重庆市还自加压力，拆除长江干支流非法码头172个，拆解餐饮船147艘，餐饮船违法排污乱象基本消除。武汉市中心城区的76个码头仅保留了16个公益性码头，减少了79%。

湖北省黄石市沈家营有色码头拆除前

湖北省黄石市沈家营有色码头拆除后

（三）改善了岸线面貌

沿江各地积极对整治后的岸线进行复绿，因地制宜实施生态修复，构建滨江水生态空间，岸线面貌明显改善，如武汉市在岸线清理整治后，规划建设江滩100多km，占岸线总长的1/4左右。许多城市江段由以往的非法码头交错、砂场林立转变为河畅水清、岸绿景美，让沿江百姓有了亲水空间和休闲场所，人民群众的幸福感、获得感不断增强。

（四）保护了岸线资源

通过清理整治，腾退长江岸线160多km，使长江干流岸线利用率下降近2个百分点，显著改变了以往部分岸线多占少用、占而不用、深水浅用等状况，促进了岸线资源的严格保护、科学利用和依法管理。

（五）提升了保护意识

加强宣传引导，通过召开新闻发布会、制作宣传展板、在各类媒体发布新闻等方式对各地好做法和好经验进行广泛宣传，引导社会舆论和广大人民群众关注、关爱和保护长江岸线，增强沿江地方政府、社会各界保护长江岸线的责任意识和参与意识，侵占长江岸线的行为得到有效遏制，共同保护长江岸线的良好氛围逐步形成。

四、经验启示

长江干流岸线利用项目清理整治点多、线长、体量大，长江委会同沿江9省（直辖市），依托河长制平台，多措并举、攻坚克难，工作推进有力，经验启示如下。

（一）坚持高位推动

水利部主要领导多次召开部长专题办公会议研究，要求以“超常规的措施、超常规的力度、超常规的成效”，抓好长江岸线清理整治。长江水利委员会主要领导多次主持视频调度会商，督促各地加大清理整治力度。沿江9省（直辖市）党委、政府负责同志，通过签发总河长令、召开河长会议等形式进行部署调度，为清理整治工作提供有力保障。

（二）依托河长制平台

各省份将岸线清理整治纳入河长制管理，压实各级河长责任，明确由河长总负责，成立工作专班，推动各个部门落实工作，同时将清理整治工作成效纳入河长考评事项，进一步传导压力。长江委充分发挥流域管理机构协调、指导、监督等作用，按照统一排查、统一标准、统一复核要求，开展全面排查、论证审核、督促整改、现场核查等工作，督促地方政府、各级河长切实担负起清理整治的主体责任，科学制定整改方案，推动落实整改措施。

（三）发挥部门合力

在推进清理整治过程中，加强同国家发展改革委、自然资源部、生态环境部、交通运输部、农业农村部等的沟通协调。充分发挥河长制平台协调、督办作用，组织地方发改、交通、水利、环保、林业、住建等部门，按照职能分工，各司其职，共同推动清理整治工作。

（四）依法科学整改

在清理整治过程中，坚持依法依规、实事求是，区分项目性质、违法违规实质，制定整改论证审查实施要求，对833个不符合岸线功能区管控要求或者存在重大防洪影响的项目组织开展科学论证，逐一以岸线规划为依据开展论证并采取相应的整改措施；对715个位于生态敏感区的项目，商自然资源部、生态环境部、农业农村部等主管部门提出审核意见，明确整改措施。

（五）强化跟踪督办

在省级验收销号基础上，长江委派出工作组对清理整治完成情况进行现场复核，对发现的整改不到位问题及时以“一省一单”形式进行反馈。建立清理整治项目台账，明确责任人、路线图、时间表，密切跟踪清理整治进展。督促各省市建立联席会议、联合督办、周调度等制度，定期或不定期开展督查，对于“难啃的硬骨头”，坚持反复督、反复查，确保清理整治工作有序推进。

（六）强化信息技术支撑

全面加强信息技术支撑，建立了长江干流岸线利用项目台账系统，实现流域和地方信息共享、交流互动和协同管理；开发了桌面版和移动版“水利一张图”软件，实现线上线下互动、内业外业协同工作，大大提高了工作效率与成果质量。

五、长效机制

为巩固本次岸线专项检查行动成果，下一步将从完善法律法规、健全体制机制、修订岸线规划、推进智慧监管等方面多措并举、综合施策，全面推动长江岸线管理保护取得长效。

（一）完善法律法规

贯彻执行长江保护法，尽快制定岸线管理相关配套法规。通过立法，进一步明确长江岸线保护与利用管理的责任主体，明晰各部门职责，为岸线管理提供法律保障。

（二）健全体制机制

充分发挥河长制平台作用，建立健全长江流域岸线保护利用协调机制，加强流域与区域、水行政主管部门与其他相关部门的统筹协调，共同解决长江岸线管理保护中的重难点问题，推动岸线管理工作的制度化、规范化、程序化。

（三）修订岸线规划

贯彻落实“生态优先、绿色发展”理念，以深入推进河长制工作为抓手，适时修订长江岸线保护和开发利用规划，统筹衔接好不同行业、不同部门岸线保护与利用要求，加快推动长江岸线保护与利用的“多规合一”。

（四）推进智慧监管

充分运用卫星遥感、无人机、视频监控、物联网等技术手段，建立长江岸线管理信息系统，实现长江岸线空间的动态监控和涉河建设项目及有关活动的全过程监管，推进长江岸线智慧监管，提升长江岸线管理信息化、智能化、现代化水平。

总之，长江干流岸线利用项目清理整治是贯彻落实习近平生态文明思想和新时期治水思路的必然要求，是坚持“共抓大保护、不搞大开发”

和推动长江经济带高质量发展的重要举措，对于修复长江生态环境起到了显著推动作用，为全国加强河湖岸线保护提供了借鉴，充分发挥了示范引领作用。下一步，长江委将进一步强化河湖长制，严格长江岸线空间管控，完善岸线管理长效机制，把长江打造成为造福人民的幸福河，为流域经济社会高质量发展提供强有力的支撑。

（执笔人：张细兵　申康　陈辉　冯兆洋　周晖　李善德）

“插花”地段不应是河湖长制的无解难题

——流域机构统筹协调 积极作为 推动“插花”地段重点“四乱”问题清理整治*

【摘 要】 做好省界行政区域河湖“插花”地段水域岸线空间管控和遗留“四乱”问题清理整治是水利行业老大难，也是推进河湖长制从“有名”“有实”走向“有能”“有效”的重难点。淮委充分发挥流域机构统筹协调作用，指导沂沭泗局协调苏鲁两省有关地方建立了“水事纠纷联调、防汛安全联保、湖水资源联调、非法采砂联打、整治违建联动”的“五联”工作机制。淮委南四湖局成立法律工作室，握指成拳、合力致远，规范执法程序，为直管河湖“清四乱”“河湖执法”提供法律保障。二级坝水利枢纽管理局敢于担当、勇于作为，发挥基层先锋堡垒作用，建立驻坝单位联合协调机制，有力推动“三闸西至一线船闸间遗留‘四乱’问题”清理整治，为协调联合各级力量，充分发挥河湖长制作用，推进省界河湖“插花”地段清理整治工作积累了宝贵经验。

【关键词】 “插花”地段 河湖长制 流域机构 规范执法 联合协调 清理整治

【引 言】 党的十八大以来，以习近平同志为核心的党中央把生态文明建设作为统筹推进“五位一体”总体布局和“四个全面”战略布局的重要内容，全面推行河湖长制，以“人与自然和谐共生”“绿水青山就是金山银山”为发展理念，以保护水资源、防治水污染、改善水环境、修复水生态为主要任务，建设造福人民的美丽幸福河湖。全面推行河湖长制，最艰巨繁重的任务在于不同行政区域河湖“插花”地段，没有解决好“插花”地段的遗留“四乱”问题，就没有达到全面推行河长制湖长制的要求。本文以南四湖二级坝三闸西至一线船闸间遗留“四乱”问题清理整治为案例，分析总结了从流域管理机构基层单位角度出发，统筹协调推

---

* 淮委南四湖水利管理局二级坝水利枢纽管理局供稿。

进河湖长制工作的经验及建议。

一、流域概况

南四湖承接苏、鲁、豫、皖4省8市35个县（区）53条河流来水，流域面积31180km^2，其中湖西地区21400km^2，湖东地区8500 km^2，湖区面积1280 km^2，由南阳湖、独山湖、昭阳湖、微山湖4个彼此相连的湖泊组成，因全部位于济宁之南而得名。南四湖南北狭长125km，东西宽6～25km，总库容60.22亿m^3，为我国第六大淡水湖，也是南水北调东线重要的调蓄水库，具有调节洪水、蓄水灌溉、南水北调、航运交通、改善生态环境等多重功能。历史上，由于湖区两岸群众曾因争夺湖田湖产而不断引发纠纷械斗，严重影响了省界地区的社会稳定和经济发展，也是全国少有的未完成省际勘界的地区之一。

二、背景情况

二级坝水利枢纽工程位于南四湖中部，横跨昭阳湖，连接苏鲁两省，于1958年开始兴建，1975年竣工。该工程东起常口老运河西堤，西至顺堤河东堤，全长7360m，自东向西建有溢流坝（交通桥）、南水北调二级坝泵站、微山二线船闸、第一节制闸、第二节制闸、第三节制闸、微山一线船闸和第四节制闸等工程，其间以拦湖土坝相连。本案例位于二级坝枢纽“三闸西至一线船闸”间，存在问题多，清理整治难度极大，具体表现在以下四个方面。

（一）责任认定难度大

该区域属于南四湖苏鲁省界“插花”地段，由于历史原因，该片区一直未能完成南四湖苏鲁省界的划定工作。区域涉及山东省微山县张楼镇、西平乡，江苏省沛县大屯街道，不易认定责任人。且中华人民共和国成立后，苏鲁两省在南四湖地区“涝时争排水，旱时争用水”，纠纷不断。据统计，1949年至1985年间，两省因排水、用水、湖田、湖产纠纷引起的群众械斗有400余起，伤亡200余人，水事矛盾较为突出，在清理整治中若处置不当容易引发矛盾冲突。

（二）面积大情况复杂

该处涉及码头、货场、民房等“四乱”问题，占地面积约500亩，其中大坝上游有码头5处、信号塔1处、货场1处、房屋13处；大坝下游有码头4处，料场1亩，饭店1处，养殖棚3处，房屋39处。

三闸西至一线船闸间遗留“四乱”问题卫星图

（三）问题时间跨度大

大部分民房为《中华人民共和国水法》颁布实施前建设，还涉及码头、船厂、水产站、车管所、工商所、联通公司等企事业单位，遗留房屋部分被当地群众实际占有使用，所有权认定难度大，而且存在改制、注销等情况。

三闸西至一线船闸间遗留“四乱”问题整治前

（四）缺乏补偿措施

为拓宽518国道，沛县政府按照国家有关补偿办法对一线船闸以西进行征地拆迁，而遗留“四乱”问题清理整治无补偿措施，当地群众内心落差较大，矛盾突出。

为深入贯彻以习近平同志为核心的党中央关于生态文明建设的重大决策，严格落实水利部河湖“清四乱”专项行动要求，加强河湖管理保护，维护河湖健康生命，二级坝局积极作为，主动协调河长制办公室，誓将三闸西至一线船闸间的遗留“四乱”问题这一硬骨头啃下，彻底改善脏乱差的面貌。

三、主要做法

（一）“流域统筹协调＋区域联合整治”，啃下“插花”地段硬骨头

“西边的太阳快要落山了，微山湖上静悄悄……”一首耳熟能详的《弹起我心爱的土琵琶》让微山湖家喻户晓，微湖静美然而历史上的微山湖却并不平静，频发激烈的省际边界水事纠纷如同厚厚的阴霾挥之不去。40 年来，淮委充分发挥流域机构统筹协调的作用，指导沂沭泗局协调苏鲁两省有关地方建立了“水事纠纷联调、防汛安全联保、湖水资源联调、非法采砂联打、整治违建联动”的“五联”工作机制。

淮委沂沭泗局积极协调两省河长制办公室，践行“五联”工作机制，开展整治违建联动，推进“四乱”问题清理整治，形成“流域统筹协调＋区域联合整治”模式，有效解决了省际边界地区诸多管理难题及历史遗留问题。2019 年 7 月顺利清除南四湖苏鲁边界水域违章圈圩 412 亩，2020 年 3 月成功清除苏鲁省界 8 处、近 20000m^2 的违章建筑，2020 年 5 月完成刘香庄 6 个违建码头的拆除和 4 个批建不符码头的整改。

淮委会同苏鲁两省河长办现场推进“四乱”问题的清理整治

（二）成立法律工作室，规范执法程序，为“插花”地段清理整治提供法律保障

随着河湖长制的全面推行，“清四乱”“河湖执法”“陈年积案清零”等专项行动的深入开展，水事违法案件日益增多，法律诉讼也随之增多。如何规范处理扰乱湖区水事秩序的案件？如何破解工作中遇到的新问题、新挑战？全力推进依法行政效能建设，发挥人才优势，增强依法治水“软实力”，成为河湖长制从“有名”走向“有实”的又一要务。

淮委南四湖局围绕贯彻落实习近平法治思想和习近平总书记关于治水工作的重要讲话指示批示精神，夯实全局法制工作基础，全面提高依法治水管水工作水平，加快法治型机关建设步伐的思路，成立南四湖局法律工作室，负责审核对外发布的通知、通告、公告等文件，对行政处罚、行政强制法律文书进行法制审核，参与重大水事案件的调查取证和案件查处、行政诉讼案件的处理，出庭应诉等。

法律工作室应诉案例：2019 年 3 月 19 日沛县苏北港务重建项目，未经淮委水行政许可，非法占用滩地 20 余亩，是“三闸西至一线船闸间‘四乱’问题”中最大的一处违章建筑。二级坝水利枢纽管理局对该违法行为依法进行了查处，并立案调查。苏北港务自恃资本雄厚，聘请了专业律师，先后将二级坝局、沛县大屯街道办事处起诉至徐州市铁路运输法院。

二级坝水利枢纽管理局执法人员专业素质硬，业务能力强，在南四湖局法律工作室的指导下，执法依据充分、执法程序规范。于 2019 年 7 月 5 日向苏北港务下达了《限期拆除违法建筑物（构筑物）决定书》，依法送达了催告书并发布了相关公告，召开了听证会，保障了苏北港务各项权利。经徐州市铁路运输法院审理，认为二级坝局各项执法程序规范合法，最终驳回苏北港务上诉请求，目前违法建筑已全部拆除。

南四湖局法律工作室的成立，进一步规范了单位的执法程序和水行政执法工作，有效提升了执法人员的执法水平，降低了法律风险，为苏鲁两省“插花”地段“四乱”问题的清理整治提供了坚实的法律保障。

（三）发挥流域基层单位先锋堡垒作用，切实推进“插花”地段清理整治

二级坝“三闸西至一线船闸间遗留‘四乱’问题”位于苏鲁两省

“插花”地段，在清理整治过程中，二级坝局作为地方河长制办公室成员单位，积极发挥流域基层单位先锋堡垒作用，成立了专项工作组，对二级坝“三闸西至一线船闸间遗留‘四乱’问题”开展了详细的摸排。

三闸西至一线船闸间遗留“四乱”问题现场排查

通过多次实地走访，咨询周边群众、无人机航拍等方式，对该处遗留“四乱”问题分项整理。协调村支部书记及长期在此地居住熟知周边情况的群众对清单进行了现场对照统计，对前期排查的遗留“四乱”清单进行进一步现场核实。最终将该处遗留“四乱”问题情况摸透，责任到人，并按顺序从东向西编号，形成了“一张图”“一张表”的成果资料。因流域基层单位有既是地方河（湖）长制办公室成员单位，又是相对独立第三方的客观优势，因此其主动担当，积极作为，将排查成果以《关于报送二级坝三闸西至一线船闸遗留“四乱”问题排查情况的报告》上报给微山县、沛县河长制办公室，并多次前往微山县、沛县河长制办公室开展工作对接，汇报调查成果。

2020 年 12 月，南四湖局积极协调沛县河长制办公室、微山县河长制办公室、大屯街道办事处、张楼镇人民政府在二级坝局召开“四乱”问题整治工作推进会，共商整治方案，会议形成《二级坝三闸西至一线船闸大坝下游遗留“四乱”问题整治工作推进会会议纪要》。会议决定：依据当事责任人属地原则进行重新划分，将该处遗留“四乱”问题细化为

遗留“四乱”问题一张图排查成果

48 项。其中位于山东省微山县境内的 11 项，由微山县河长制办公室牵头组织清除；位于江苏省沛县境内的 37 项，由沛县河长制办公室牵头组织清除。经多方共同认定形成的最终清单，将该处“插花”地段问题责任压实，为清理整治做好了各项前期工作。

二级坝三闸西至一线船闸遗留“四乱”问题整治工作推进会

（四）持续发力，稳步推进，确保清理整治工作成效

淮委党组高度重视“插花”地段遗留“四乱”问题清理整治工作。淮委主任刘冬顺和副主任杨卫忠、伍海平，先后到现场检查整治情况、指导

整治工作、督促整治进度。二级坝局积极配合沛、微两县及有关乡镇开展清理工作，每周巡查及时将有关清理情况收集、更新、汇总，并发两县河长制办公室，互通有无，提高了工作效率、加快了整治进度。自2020年12月以来，共计更新数据14次，无人机拍摄8次，现场沟通对接18次。特别是在地方部门压力较大、群众矛盾尖锐、清理整治陷入困局时，二级坝局主动作为，当好参谋，发挥“穿针引线”的作用，有力推进了整治工作的开展。

经过共同努力，截至2021年6月4日，山东省认领的“四乱”问题已全部清理完毕；江苏省认领的“四乱”问题已完成清理33项，下一步，二级坝局将持续发力，积极推进剩余4项问题的清理整治，确保清理整治成效。

（五）编制南四湖二级坝水土保持景观提升工程设计方案

为进一步提升清理整治成效，在“三闸西至一线船闸‘插花’地段遗留‘四乱’问题”清理整治完后，计划实施水土保持景观提升工程进行生态修复。已委托南京农业大学规划设计研究院编制《南四湖二级坝水土保持景观提升工程设计方案》，积极打造二级坝水利风景区，计划将码头改造为观景平台，将石灰塔提升打造为观景塔，在园内修建听涛小径、芦泽观湖、花海融春、山湖在望、花溪叠瀑、微山印象、冠云落影、碧荷屿境、落红涵芳等景观节点，修建大面积的花海花田，作为此区域的景观特色，将昔日的脏乱之地打造为美丽的“花岛”。

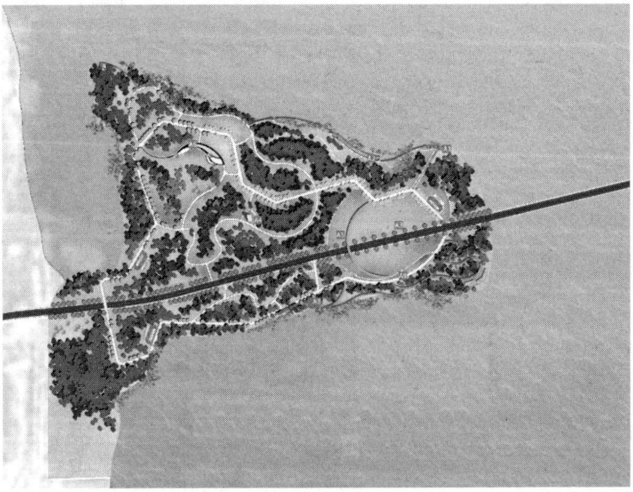

南四湖二级坝景观提升工程方案平面图

四、经验启示

（一）主管部门联合机制与基层单位联系协调并重，提高河湖"四乱"问题的清理整治效率

行政管理有边界，河流治理无边界。河流横跨多个行政区域的特征，决定了水污染治理的沉疴痼疾在于跨界污染。诸多跨界污染事件表明，加强流域协作、合力治污、联防联控，才能防患于未然，持续改善水环境。目前，就行政区划之间的壁垒，联动而治已有了不少的探索，联合协调机制，联合河长等各类制度逐步建立。但是这类制度多是从市一级、县一级层面出发，基层单位联系协调尚有壁垒，特别是流域基层单位与地方水利基层单位，发现问题难以一体协调。在上级单位联合协调的基础上进一步构建基层单位联系协调机制，可以有效地减轻基层单位负担，提高河湖"四乱"问题清理整治效率。

（二）河湖"四乱"问题需追本溯源，从源头开始治理

贯彻绿色发展理念，推动绿色发展方式。河湖"四乱"问题应追本溯源，从源头开始清理整治。以南四湖为例，南四湖湖区内尚有数十万居民生产生活，其人类活动必然带来污染。湖区内存在数十年乃至上百年来形成的大小圈圩、湖田、林地、弃土区等多种问题，该类问题涉及范围广，牵扯人员多，资金要求大，难以依靠一地一县之力解决，还需有省一级人民政府或国家的高度重视和合理的长期规划，逐年逐步逐项地解决。目前南四湖省级自然保护区核心区及缓冲区渔业退养项目的实施，是溯源整治的重要举措。

（三）探索基层沟通交流模式，建立基层联合协调机制

二级坝局积极总结"插花"地段清理整治工作经验，组织微山县人民政府、微山县水务局、张楼镇人民政府、欢城镇人民政府、微山船闸服务中心、微山二线船闸服务中心、南水北调二级坝泵站管理处、南四湖水资源监测中心等单位召开联合协调机制座谈会，因各基层单位业务不同、主管不同、组织不同，在相关业务需求联系时难以统一协调，会议商讨建立"基层单位"的沟通联系机制，该机制是基层单位互相合作沟通的有效尝试，有利于促进各与会单位间长效沟通交流，实现重

要信息互联互通。对于各单位互相协调、优化调度，充分发挥工程效益，促进管理水平，保障水资源安全，推进河湖长制工作具有重要积极作用。

（执笔人：陈臻隆）

强化统筹　创新监管　持续推动松辽流域河湖面貌有效改善

——松辽水利委员会统筹开展河湖管理监督检查工作纪实*

【摘　要】全面推行河湖长制以来，松辽水利委员会深入贯彻习近平生态文明思想，积极践行“十六字”治水思路，强化河湖长制，不断创新河湖管理监督检查体系，组建专业化河湖执法队伍深入开展河湖管理监督检查，统筹协调流域省区有效解决侵占河道、破坏生态等河湖管理难题，扎实推进河湖“清四乱”常态化、规范化，持续推动流域河湖面貌有效改善。本文通过全面剖析松辽水利委员会深入开展河湖管理监督检查的创新做法和工作成效，总结梳理经验启示，为流域地方统筹协调开展河湖管理监督检查提供参考，为推动河湖治理体系和治理能力现代化积累宝贵经验。

【关键词】松辽流域　河湖长制　监督检查　清四乱

【引　言】松辽水利委员会将河湖管理监督检查作为全面推行河湖长制工作的重要抓手，充分发挥“协调、指导、监督、监测”作用，通过创新检查体制机制和方式方法，深入开展河湖管理监督检查工作，统筹协调流域四省（自治区）做好河湖管理保护，促进改善河湖环境，切实维护流域河湖健康生命。

一、背景情况

党的十九大提出“我国目前社会的主要矛盾是人民日益增长的美好生活需要和不平衡不充分发展之间的矛盾”。新时期水利改革发展所面临的主要矛盾，已经从除水害、兴水利的需求与水利工程能力不足之间的矛盾，转变为人民对水资源、水生态、水环境的需求与水利行业监管能力不足之间的矛盾。强化河湖管理监督检查是落实河湖长制、解决新老

---

* 松辽水利委员会河湖处供稿。

水问题、防范化解水风险、提升水利行业管理水平的重要抓手，是落实习近平总书记关于长江大保护、黄河流域生态保护和高质量发展等重要讲话精神的根本举措，是解决治水主要矛盾的有效手段。

松辽流域地处祖国东北部，河湖众多，随着工业化、城镇化的快速推进和全球气候变化影响加剧，河道内无序开发挤占行洪断面、水生态破坏等多年积累的河湖问题逐渐暴露出来，新老水问题交织形势严峻，究其原因主要是对河湖问题及其规律的认识不够，没有处理好开发利用与保护、人与水、人与自然的关系等主观原因。

按照中共中央、国务院和水利部关于全面推行河湖长制的要求，流域机构要充分发挥“协调、指导、监督、监测”作用，松辽水利委员会深刻认识到强化河湖管理监督检查对全面推行河湖长制、促进河湖管理保护的重要意义，每年组织开展河湖管理监督检查工作，统筹流域四省（自治区）落实属地管理责任，扎实推进河湖“四乱”问题清理整治，流域人民群众的获得感、幸福感、安全感明显增强。

二、创新做法

（一）加强组织领导，创新检查工作机制

松辽水利委员会领导亲自带队指导推进河湖管理监督检查，组织成立检查工作协调小组，举全委之力选派业务技术骨干，探索建立“1＋1＋N”即“河湖处牵头＋监督处统筹＋河安中心及各职能部门分工协作”的河湖专业化督查队伍模式，每批次检查组均分配河湖管理专业技术人员协调并配合完成检查，充分发挥“传帮带”作用，并统筹安排检查人员严格执行委内监督工作管理办法和监督事项评估办法，积极克服疫情影响，优先完成疫情影响较小的地区，采取“先视频照片留影、后逐一核实求证”的工作方式深入开展检查，促进河湖管理检查工作高质量完成，并以优异成绩通过委内监督事项评估。

（二）突出检查重点，创新检查方式方法

在完成水利部规定动作的基础上，不仅实现河湖检查全面开花，还要突出检查重点，暨充分考虑河湖重要及敏感程度、河湖卫星遥感监测分析情况，根据各地重要支流、中小河流、国境界河等其他各类河湖基

本情况，以大江大河、省界河流等为主，结合以往检查河段湖片及发现问题情况，科学选定各检查组重点检查的河段湖片。2020 年在水利部规定的“四不两直”检查的基础上，创新提出“暗访”＋“明查”相结合的检查方式，与 8 个地市、49 个县（区）河长制办公室和水行政主管部门座谈，协调指导各地加强河湖管理并加大问题清理整治力度，有效提高了基层水利部门管理能力。2021 年深入贯彻中共中央办公厅印发《关于统筹规范督查检查考核工作的通知》要求，将河湖管理监督检查与其他监督事项统筹开展，实行了计划管理，有效减少基层负担，切实把河湖监督检查做得更好、更有成效。

（三）发挥科技支撑，创新检查技术手段

按照务实、高效、管用的原则，创新实施“无人机”技术支撑河湖检查工作，委托技术支撑单位派出具备无人机驾驶能力的技术人员，充分运用无人机对交通不便的河湖、重点河湖进行细致检查，对河湖现场及周边区域进行信息采集，有效排查出河湖“四乱”问题，全面掌握了检查河段湖片的基础数据，进一步提升了河湖管理检查效率和检查能力。

（四）运用电子地图，创新检查计划安排

为有效解决松辽流域河湖岸线长，检查工作量大导致的检查计划和路线规划难题，松辽水利委员会积极探索先进检查手段，为检查人员提供第三方地图应用软件，配置高级编辑功能，收集以往河湖检查位置坐标和 1000 余个河湖的基础数据，全部导入第三方应用地图，充分运用“水利一张图”、河湖督查系统、河湖遥感系统，提前梳理河湖问题情况，精心编排检查路线，合理安排检查任务，为检查人员节省督查时间，实现了高效检查。

（五）强化问题整改，创新检查跟踪督办

在制定的工作方案中明确检查发现的较严重问题，由各检查组报河湖管理部门审核甄别，判定为较严重问题的，由各组上报“水利部河长制督查系统”，委内以“一省一单”形式印发督办文件；判定为重大问题的，经初步甄别汇总后，报协调小组研判，由各检查组上报“水利部河长制督查系统”，并跟踪整改落实，我委书面报告报送水利部审定。河湖检查发现的问题均由各检查组通过“河湖督查系统”进行跟踪整改落实，给予整改单位3次延期整改的机会明确整改期限，在督查系统内给予延期，并适时跟踪问题整改情况，及时给予销号审核。通过该方式有效节省了检查人员和时间，推进加快了河湖问题整改，有效提升河湖检查工作能力和水平。

（六）注重能力提升，创新检查交流培训

2019年根据河湖数量及分布特点，选择有代表性的市区作为现场督查培训地点，采取实地督查和研讨交流相结合的方式，对督查组组长开展了集中现场督查培训。2020年面对突如其来的新冠疫情，在组织召开工作动员暨培训会议时，创新提出运用高尖端视频会议设备设施，加强河湖督查人员培训，通过大范围、多点位的视频培训覆盖，提升检查人员能力水平。2021年结合以往河湖管理检查培训经验，就检查主要任务及内容、问题认定标准、工作流程等再次进行了详细的讲解说明，对河湖督查系统、河湖遥感系统使用进行了现场演示培训，并就历年河湖管理监督检查发现的问题及检查有关重点、难点进行了深入交流研讨，有效提升各检查组掌握问题定性标准，为更好地完成检查工作奠定了坚实基础。

三、取得成效

（一）工作成效

通过河湖管理监督检查“事前、事中、事后”三管齐下的监督检查工作模式，仅2019和2020年就派出了63个督查组211人次，督查了3700余个河段湖片，发现问题700余个，实现了流域$1000km^2$以上河流和1 km^2以上湖泊督查全覆盖的目标，使水利部规定的河湖管理检查任务超前、超额、圆满完成，并打造了一支素质过硬的河湖监督检查队伍，创新了河湖监督检查体制机制和方式方法，统筹协调解决了一大批河湖问题。从近3年督查工作成效看，河湖管理监督检查已成为推动地方解决“四乱”问题的有力举措。

（二）防洪成效

积极协调督促流域省区各级水行政主管部门加强问题清理整治，流域内大庆市肇源县仅2019年清理非法民堤达516km，拓宽松嫩两江行洪通道4～5km，促进河湖行洪能力明显提升，为积极应对2020年“美莎克”“巴威”“海神”等台风带来的洪水影响发挥了重要作用，有效保护了流域人民群众生命财产安全，产生了巨大的防洪效益。

（三）生态成效

流域河湖“四乱”问题的有效解决，使大部分河湖的水质得到了明显改变，河湖面貌变好了，鱼儿多了，水鸟也活跃了起来，河湖生态功能显著提升，水生态环境逐步改善。流域松花江佳木斯市段加大“四乱”问题清理整治力度，2019年被列入水利部首批示范河湖建设名单，强化排污口、取水口、退水口、水功能区断面的巡河监测，实施生态修复、景观打造等工程，打造了“河畅、水清、岸绿、景美、人和”的示范河湖、生态河湖建设样板。

四、经验启示

（一）强化统筹协调是开展河湖管理监督检查的重要举措

松辽流域国境界河、跨省河湖众多，多年积累的河道内种植高秆作物和林木、部分耕地建有围堤、历史遗留村屯等问题，需要流域机构充分发挥统筹协调作用，指导流域四省（自治区）强化河湖长制着力解决。松辽水利委员会坚持系统观念，推动建立与流域四省（自治区）河长制办公室的协作机制，统筹协调流域四省（自治区）压紧、压实各级河长湖长和河长制办公室责任，加强上下游、左右岸联防联控，联合解决河湖“四乱”问题，扎实推进河湖“清四乱”常态化规范化，为流域河湖管理提供了可探索、可实践的监管路径。

（二）坚持举一反三是促进解决河湖管理问题的有力抓手

通过近两年的河湖管理监督检查发现，河湖的共性问题较多，需要流域机构统筹省区紧盯共性问题不放松，找准症结，总结规律，从法律、行政、技术、经济层面，提出切实可行的对策措施对症下药。松辽水利委员会积极指导流域省区建立河湖“清四乱”工作长效机制，对检查发现河湖问题数量达到警示约谈标准的地方河长湖长、河长制办公室负责人、水行政主管部门分管负责人开展警示约谈；对重大问题及时印发督办文件，指导地方深入自查自纠，举一反三，采取有效措施，切实推动解决河湖管理共性问题，着力提升流域各地河湖管理水平。

（三）创新督查方式方法是提升河湖管理检查的有效保障

河湖管理监督检查工作受制于人员少、信息化手段不足等各方面因素。为全面做好检查工作，需要在检查过程中坚持创新。松辽水利委员会加强组织领导，创新提出“1＋1＋N”专业化督查机制，突出检查重点创新检查方式，运用无人机技术创新检查手段，运用第三方地图创新检查计划安排，强化问题整改创新检查跟踪督办，注重能力提升创新检查交流培训，有效提升了河湖管理监督检查能力和水平，促进解决河湖管理问题，推动改善河湖面貌，流域人民群众的获得感、幸福感、安全感明显增强。

（执笔人：贾长青　徐志国　王磊　潘望）

跨省湖泊联保共治的太湖实践

——太湖流域管理局牵头建立太湖淀山湖湖长协作机制强化跨省重要湖泊协同治理保护*

【摘　要】 太湖流域第一大跨省湖泊太湖和第二大跨省湖泊淀山湖的治理保护长期存在薄弱环节，联保共治亟待加强。在长三角一体化发展大背景下，太湖流域管理局（以下简称“太湖局”）立足流域实际，联合江苏、浙江、上海两省一市建立我国首个跨省湖泊省级湖长议事协商平台——太湖淀山湖湖长协作机制，通过强化顶层设计、打造标杆示范、改善河湖面貌等，不断强化河湖长制，统筹发挥各级各地河长湖长作用，一体推进太湖、淀山湖及其出入湖河道和周边陆域的综合治理和管理保护，为长三角一体化高质量发展提供坚实的水资源水环境、水生态支撑。

【关键词】 河湖长制　流域统筹　湖长协作机制

【引　言】 太湖流域地处长江三角洲南翼，北依长江，东临东海，南滨钱塘江，西以天目山、茅山为界，面积 3.69 万 km^2，行政区划分属江苏、浙江、上海和安徽三省一市，是我国大中城市最密集、经济最具活力的地区之一，同时也是长三角一体化发展的核心地区。太湖流域是河长制的发源地，河长制起步早、基础好。2016 年中央全面推行河湖长制以来，流域各地党委政府高度重视、迅速行动，太湖局充分发挥流域管理机构协调、指导、监督、监测等作用，共推太湖流域率先全面建成省、市、县、乡、村五级河湖长体系，不断丰富河湖长制内涵，推动河湖长制取得新的显著成效，并探索建立太湖淀山湖湖长协作机制，不断深化河湖长制。

一、背景情况

太湖流域是典型的平原河网地区，河网如织、湖泊棋布。太湖是流

* 水利部太湖流域管理局河湖管理处供稿。

域内第一大跨省湖泊，李国英部长高度概括太湖是流域洪水的集散地、长三角区域水资源的调配中心、长三角水生态水环境的晴雨表，在推进长三角一体化发展战略中具有特殊重要的地位。淀山湖是流域内第二大跨省湖泊，与太湖水系天然相通，位于实施长三角一体化发展战略的先手棋和突破口——长三角生态绿色一体化发展示范区（以下简称示范区）的核心区域。两个湖泊均由江苏省、浙江省、上海市的省级领导担任最高层级湖长。

太湖、淀山湖都是典型的浅水型湖泊（平均水深分别不足1.9m、1.8m），且平原地区水动力差、流动性低，水环境容量较低。2007年，太湖大面积暴发蓝藻，引发无锡供水危机，随后进一步加强太湖流域水环境综合治理，取得显著成效，连续13年实现了国务院提出的“两个确保”（确保饮用水安全、确保不发生大面积水质黑臭）目标。但太湖、淀山湖水环境等问题依然突出，作为跨省湖泊，还需进一步强化联保共治和流域统筹协调。同时，对照长三角一体化发展国家战略、建设造福人民的幸福河湖等目标，太湖、淀山湖及其主要出入湖河道治理保护还需紧扣一体化和高质量两个关键词，强化流域、区域协同治理保护。

二、主要做法

太湖局坚持流域一盘棋，牵头联合江苏、浙江、上海两省一市建立太湖淀山湖湖长协作机制，加强区域治水协作，切实强化流域统筹协调，促进太湖、淀山湖及其主要出入湖河道各级河湖长协同履职尽责。

（一）创新跨省湖泊湖长协作机制，强化“顶层设计”

2018年11月5日，习近平总书记在首届中国国际进口博览会上宣布，支持长江三角洲区域一体化发展并上升为国家战略。太湖局迅速响应，联合江苏、浙江两省建立我国首个跨省湖泊省级湖长议事协商平台——太湖湖长协作机制，对跨省湖泊湖长协作开展了先行探索。

2019年10月，国务院批复《长三角生态绿色一体化发展示范区总体方案》，示范区建设正式启动。太湖局再次及时深化创新，联合江苏、浙江、上海两省一市，将位于示范区核心区域的淀山湖纳入跨省湖泊湖长协作范畴，拓展建立了太湖淀山湖湖长协作机制（以下简称“协作机制”），积极支撑保障示范区生态绿色一体化高质量发展。

太湖淀山湖湖长协作会议现场

协作机制由江苏、浙江省级太湖湖长，江苏省级、上海市级淀山湖湖长以及太湖局主要负责同志共同担任召集人，长三角区域合作办公室、两省一市河长制办公室、沿湖地区及主要出入湖河道河长湖长共同参与，统筹推进太湖、淀山湖及其主要出入湖河道和周边陆域的综合治理和管理保护，促进跨区域、跨部门重大问题的解决。协作机制下设办公室，由太湖局和两省一市河长制办公室共同组成，承担制定年度工作方案、承办协作机制会议等日常工作，由两省一市河长制办公室实行轮值，每年一换。协作机制还针对性地下设了太湖、淀山湖和省际边界河湖三个工作组，分别聚焦以上三个方向开展工作，其中太湖由江苏省河长制办公室、淀山湖由上海市河长制办公室、省际边界河湖由太湖局牵头，旨在落实责任，重点突破。

在此基础上，协作机制各成员单位积极探索机制运行模式，通过年初联合制定年度工作方案、年中强化推进检查、年末开展总结等措施，推动协作机制实现常态化运作，2020 年 12 项年度工作全部完成，2021 年明确的 21 项年度工作正有序推进，有效促进各地各级河长湖长同向发力，推动落实了跨界河湖协同治理、水环境综合治理信息共享、蓝藻联合防控、水行政协同执法等一批治理保护任务，成效显著。

（二）助力示范区一体化高质量发展，打造“创新样板”

为进一步支撑保障国家战略实施，协作机制将指导推动示范区深化河湖长制作为重要任务，切实引导示范区各级河长湖长和河长制办公室强化协作联动，着力打造河湖长制协同深化创新的示范标杆。

2020 年 6 月，太湖局会同协作机制办公室成员单位江苏省、浙江省、上海市河长制办公室制定《关于进一步深化长三角生态绿色一体化发展示范区河湖长制 加快建设幸福河湖的指导意见》（以下简称《意见》），并联合印发示范区两区一县。意见紧扣一体化和高质量两个关键词，紧密结合示范区实际，创新提出普遍建立示范区联合河长制、打造一批跨界样板河湖、水生态水环境全面适应世界级滨水人居要求等新目标，全面深化河湖长制组织体系、进一步协同落实河湖长制各项任务等具体举措，深入推进示范区河湖长制探索创新、提质增效，为示范区打造河湖长制高质量样板地区、幸福河湖样板地区提供有效指导。

在印发《意见》的基础上，太湖局与两省一市河长制办公室进一步加强指导，示范区两区一县积极行动，主动将《意见》梳理形成任务清单，明确任务牵头方和时间节点，大力度推动跨界河湖联保共治。三地先后多次举办协同治水活动，签约总投资约 13.15 亿元共 16 个联合治理项目，联合启动重要跨省河流太浦河共保联治江苏先行工程。江苏吴江和上海青浦还共同实施完成省际边界湖泊元荡生态岸线贯通工程示范段，探索共绘一张蓝图、共商一套标准、共建一批机制、共推一个计划的“四个一”做法，实现防洪、道路、景观、附属设施等建设标准统一，发挥了良好的示范效应。

在协作机制框架下，示范区两区一县不断深化联合河长制，建设完成联合河长制主题公园，启动建设联合河长制记忆馆，上线联合河长制信息化平台，共同表彰优秀联合河长湖长，打造联合巡河、联合保洁、联合监测、联合执法、联合治理等五大工作机制，推进了省际边界盲区

联合启动太浦河共保联治江苏先行工程

巡河、河湖一体化保洁、水环境监测标准统一、打击跨界涉水问题、提升跨界河湖面貌等一批跨界河湖管理保护工作。“跨界联合河长制”的内涵不断丰富，并成功入选“中国改革2020年度典型案例”。

跨界河湖协同治理样板工程——元荡生态岸线贯通工程示范段

（三）持续推动河湖面貌改善，展现“太湖美景”

太湖局利用协作机制抓手，积极调动各级各地河长湖长和有关部门形成合力解决河湖问题，不断提升沿河湖地区人民群众的幸福感、获得感、安全感。

强化明察暗访，太湖局聚焦太湖、太浦河及望虞河等重要河湖，联合有关地方开展“四乱”问题跟踪检查，梳理问题清单，重要问题抄送有关河长湖长，局领导多次赴现场督促跟踪整改工作，推动解决了一大批河湖顽疾，河湖面貌持续改善。

太湖“四乱”问题清理整治后

对河湖开展明察暗访

加强太湖蓝藻联合防控，太湖局制定应对太湖蓝藻水华工作方案，组织开展太湖及骨干输水河道、水源地水质、水生态监测，综合运用巡测、监控、遥感等手段开展蓝藻水华监测预警，发现情况组织开展应急监测，商有关地方采取应对措施。与两省一市水文部门签署《示范区水文协同监测协议》，定期开展淀山湖水质藻类监测，为蓝藻联防联控提供有力支撑。

深化省际地区水葫芦防控，太湖局商江浙沪省际边界有关地方出台联合防控工作方案，实现了太湖局与江浙沪有关地方水葫芦视频监控、卫星遥感等信息共享。探索开展水葫芦全生命周期防控，在关键节点联合地方打响“清剿水葫芦，美化水环境”专项整治攻坚战，共打捞水葫芦 9.1 万吨，连续 3 年有力保障了“中国国际进口博览会”期间的水环境、水生态安全。

三、经验启示

（一）强化河湖长制是支撑保障国家战略实施的有力举措

太湖流域经济社会发达，长期以来河湖治理保护跨区域、跨部门沟通协作不够。太湖局通过强化河湖长制，深化河湖协同治理保护，以位于长三角一体化发展国家战略核心地区的太湖、淀山湖及其出入湖河道为重点，着力提升其水资源、水环境、水生态质量，全力支撑保障国家战略实施，取得良好成效。

（二）建立高层次湖长协作平台是破解跨省湖泊协同治理保护难题的有效途径

湖长是湖泊治理保护的第一责任人，但以往跨省湖泊的各级湖长缺乏畅通的协商渠道，导致河湖长制信息不对称、目标不统一、措施不协调。太湖局着眼流域水问题，以跨省重要湖泊为发力点，主导建立高层次湖长协作平台，畅通了议事协商渠道，为沿湖地区提升湖体及入湖河道治理水平提供了同向发力的协作平台，为破解跨省湖泊协同治理保护难题开辟了有效途径。

（三）充分发挥流域机构职能是强化流域协同的重要保障

加强流域统筹需要流域机构充分发挥协调、指导、监督、监测等职能。协作机制建立和运作过程中，太湖局积极协调两省一市和有关地方河长制办公室加强谋划协作机制组织架构，研究起草协作机制规则，加强协调促进协作机制常态化运作，加强调研出台指导性文件，加强明察暗访推动河湖面貌持续改善，强化了流域协同，为协作机制取得实效持续提供动力。

（四）打造示范标杆是推动河湖长制深化创新的重要载体

紧紧围绕“生态优势转化新标杆，绿色创新发展新高地，一体化制度创新试验田，人与自然和谐宜居新典范”“为长三角一体化发展提供示范”的示范区战略定位，太湖局以协作机制为平台，联合两省一市聚焦推动示范区河湖长制深化创新，着力打造示范标杆，积极探索，形成诸如联合河长制、跨界河湖协同治理等一批可复制、可推广的典型经验做法，努力为河湖深化创新提供样板借鉴。

同饮一湖水，共护太湖美。太湖流域的综合治理管理需要流域机构与各地各方齐发力，太湖局将继续加强流域统筹，会同有关地方进一步强化河湖长制，持续深化完善协作机制，加快建设造福流域人民的幸福河湖。

（执笔人：王逸行　邓越　吴志飞）

抒写新时代流域协调发展壮美画卷

——北运河打造流域统筹治水新模式*

【摘　要】 北京市北运河流域市级河长联络办公室（以下简称流域办）承担着北运河流域、凤河（凤港减河）流域、沙河水库流域三个流域河长制日常监督协调工作。

流域办牢固树立和践行绿水青山就是金山银山的理念，统筹协调流域内各区综合治理，扎实有序推进河长制工作平稳有序落实。对污水入河、违法建设、垃圾渣土等各类问题进行逐一解决，从河道治理向整体区域环境提升转变、从原位推动向“向前一步走”转变、从接诉即办向未诉先办转变，河湖管理保护和治理工作取得明显成效。

【关键词】 统筹协调　联动机制　生态环境治理　城市副中心

【引　言】 自2017年进一步全面推进河长制以来，我市全面落实三查、三清、三治、三管责任，河湖环境面貌持续向好。为坚决贯彻习近平生态文明思想，全面贯彻党的十九大和十九届二中、三中、四中、五中全会精神，深入贯彻习近平总书记对北京重要讲话精神和在南水北调后续工程高质量发展座谈会上重要讲话精神，按照河长制既是治水工作机制也是责任制有关要求，着力推动河长制从治河向治水转变、从治河面向治流域转变，充分发挥流域源头治理、系统治理和综合治理作用，推进形成流域统筹、区域协同、部门联动的河湖管理格局。

一、背景情况

2017年北京市全面推行河长制以来，流域办承担起北运河流域、凤河（凤港减河）流域、沙河水库流域的流域河长制日常监督协调工作，工作职能由河道单一线性管理向流域与区域相结合的统筹协调方向转变。

---

* 北京市北运河管理处供稿。

北运河是唯一一条发源于北京市境内的河流，沿途地势由山区过渡向平原地带，途经通州区城市副中心区域后，经杨洼闸流向河北香河。

由于北运河沿岸人口多、村庄多，尤其是在城中村、城乡接合部及农村地区，垃圾渣土、污水直排等各类问题凸显，位于九河末梢的通州区承担着前所未有的压力。随着北京城市副中心功能确定，北运河成为北京东部重要的人文、生态和环境走廊。在习近平新时代生态文明思想指导下，流域办紧紧围绕建成人民群众满意的幸福河湖，推动河湖面貌持续好转的目标，将工作方向由单纯的河道治理逐渐延伸到产生河道污染问题的根源——岸上，力争实现整体区域环境的提升。以严格的“督”为抓手，以落地可行的“导”为根本，串联流域内九个行政区，形成上下游互通、左右岸互联、纵横交错的协调联动模式，通过一系列“组合拳”直击问题、直面挑战。

二、主要做法和取得成果

流域办遵循统筹规划、综合治理、统一协调的原则，不断深化“流域＋区域＋省界”统筹协调机制，通过采取“明确台账、督导结合、部门参与、严格考核、经验推广”的方式，制定巡查、考核、联动协商、问责与宣传等机制，推动流域河长制“有名”“有实”“有能”。

（一）坚持高位推动，强化流域统筹机制

北京市自2018年以来连续四年发布由市总河长蔡奇、陈吉宁共同签发的1号总河长令，高位推动“清河行动”“清四乱”农村小微水体整治等多项惠及民生的领域。按照“河长制既是治水工作机制又是责任制，要一抓到底”的要求，流域内1560名河长履职尽责，河流水环境、河道水质逐年好转。其中北运河榆林庄闸国家考核断面平均水质从2017年的劣Ⅴ类达到2020年的Ⅲ类。

2019年9月北京市委书记蔡奇提出，要以大运河通航为契机，建设人文运河、生态运河、魅力运河，把北运河打造成为城市副中心蓝绿交织、水城共融的金名片。

2020年8月，北京市副市长、市公安局局长、沙河水库流域市级河长亓延军在组织流域市级河长调度会中指出，各级河长要齐心协力确保上游水质达标，面对堤路无序停车、非法排污等问题，各成员单位要“主动向

前一步”，联动联查，形成合力。11 月，北京市副市长、市副总河长、北运河流域市级河长卢映川查看通州区河长制工作时强调，要坚持问题导向，健全联动整治管护机制，研究建立整治管护标准规范，加快补齐工作短板。2021 年 2 月，北京市委常委、副市长、凤河（凤港减河）流域市级河长殷勇组织召开流域河长制工作会，指出要上下游、左右岸统筹兼顾，做好各项常态化工作，加大宣传力度，提高公众爱河护河意识。

流域办深入贯彻落实全市河长制工作精神，对重点问题，通过市河长办、市级河长现场巡河、召开协调会和每年的河长制专项督查等方式，相继解决了桥下空间、岸坡垦殖、畜禽养殖等问题 200 多处。

（二）建立巡查体系，加强流域督导检查

流域办建立完善“发现→移交→督导→整改→反馈→核实”的河长制问题处理闭环机制，不断修订《北运河管理处河长制巡查工作实施方案》，统筹流域管理，从组织形式、责任分工、巡查内容等方面进一步明确职责，提高问题督办整改效率。

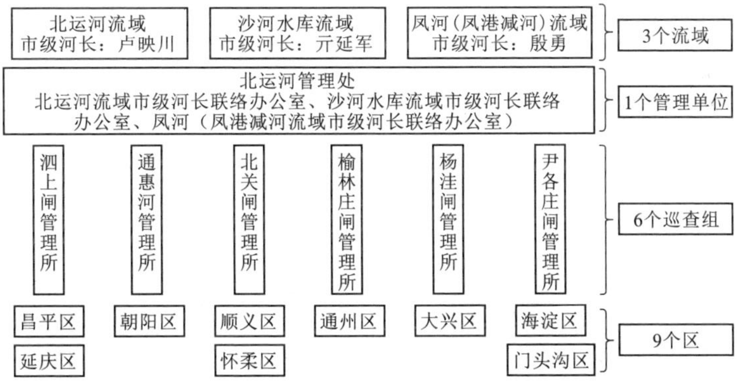

“3＋1＋6＋9”的巡查模式

流域办率先开展河长制工作全员参与的工作格局，形成了“3＋1＋6＋9”的工作模式，即 3 个流域由北运河管理处统一负责，处下属 6 个巡查组负责巡查、督导流域内 9 个区的河长制工作。对流域内 68 条河按照不同等级，不同时间频次进行巡查，排查流域内存在的各类问题，按照“发现问题、留证移交、督查协调、复核销号、回头看”的工作流程，每个月底对本月发现的新问题以及挂账的复杂问题逐条进行情况了解，对

重点问题进行现场核查，确保各类问题有序解决。自 2017 年 8 月至 2020 年 12 月期间，流域办共计巡查 12 万 km，协调处置各类问题 5000 余个。

（三）开展区域协调，搭建合作共治平台

发挥管理三个流域的优势，流域办执行“两统一，一联合”，即行政区交界区域统一管护标准、跨流域或省界问题统一协调调度、跨行业问题联合执法，避免出现“三不管”真空地带。

建立完善京津冀协调联动机制，打通省界沟通渠道。以凤港减河、港沟河上的市级考核断面为抓手，与沿河涉及河北香河、天津武清的河长制办公室定期协商，完善联合监测、汛期联合打捞、联合执法等跨省界联动工作机制，共同治理跨界水环境污染，预防与处置跨界污染纠纷，从而确保北京市国家考核断面数据准确，为下游省市输送优质水源。

（四）多部门联动联查，推动问题有效解决

深入贯彻落实全面依法治国战略，强化水法规制度建设，紧盯重点领域开展执法和监督行动。2020 年 7 月 1 日起，原来由市、区有关部门承担的 431 项行政处罚权、强制权下放至街道办事处和乡镇人民政府。涉及城管执法部门 393 项，与生态环境、水务、卫生健康及农业农村部门有关的共 38 项。流域办结合巡查中发现的各类涉河违法行为，协调市、区、镇三级执法部门，共同商讨违法案例，探讨适用法条等，确保违法行为得到及时、有效处置。

多部门联动解决棘手问题

自 2017 年以来，针对一些群众呼声比较强烈的问题，流域办协调各区公安环食药旅、交通、环保、城管、消防、卫生等多部门联动联查，推进问题解决。未诉先办，主动向前一步，紧盯问题，几年间流域办先后联合解决了多项难啃的历史遗留“硬骨头”。

联合通州区北苑街道在通惠河建立了副中心滨河道路社会治理试点，每天数十件关于交通拥堵的市民反映戛然而止；协调昌平区小汤山镇河长制办公室拆除并处罚温榆河滩地内违规建设信号塔；推进朝阳区管庄乡政府对通惠河边 2000m^3 垃圾山清退还绿；参与了顺义区后沙峪镇政府出动百人对盘踞温榆河滩地内多年违法建设的拆除工作；推进大兴区长子营镇垡上营村 11 处沿河旱厕的拆除，为流域内农村“旱厕改革”积累了经验……

流域办以问题为导向，与各区定期现场对接巡查，对发现的问题提出指导意见，形成切实有效的整治措施，河道治理成效斐然。流域内海淀区东埠头沟、通州区温榆河、朝阳区亮马河等 10 条河流荣获北京市优美河湖的称号。

（五）加强宣传培训，传播生态环保理念

流域办整理出日常工作中的重点、难点、经验做法等，通过各区组织的河长制培训会开展培训工作，强化基层河长管理水平，目前已现场培训 1200 余人次。

《河长锦囊》书籍

基层河长事迹汇编

流域办走访各区河长，总结典型经验做法，撰写《问渠那得清如许》一书，宣传基层河长典型事迹；编印《河长锦囊》漫画书，以幽默趣味的漫画形式向全年龄、各阶层的人们普及河长制知识；编制《北运河、凤河流域执法案例汇编》，征集各区执法案例40余个，总结归纳，形成典型案例推广学习；及时通过《北京水务报》《中国水利报》《北京青年报》等媒体对先进事迹、河湖成果、爱护环境等内容进行宣传推广。

推进河道全民监管，通过电视、网络等持续宣传，发动社会公众参与河湖保护，全面提升协同管理效能。朝阳区小河长、通州区副中心护河队的众多民间河长，共同监督保护河湖生态治理成果，流域内形成了共建、共治、共管、共享的良好氛围。

三、经验启示

（一）思想上重视是做好流域统筹协调工作的先决条件

流域整体治理水平虽然不断提升，但横向比又有各自差异。从各流域综合治理来看，成绩突出的地区将生态环保理念、绿水青山就是金山银山理念落实到实际工作中，河湖保护治理工作不断取得成效。思想上重视，各项工作部署及成果就会呈现不一样的效果，充分体现了正确观念理念在指导实际行动中的根本性作用。

（二）加强信息共享机制是实现工作提升的有效途径

加强信息共享机制。在河段建立视频监控系统和智慧管控系统，发现问题及时通知河长制办公室或属地解决。利用河长制信息采集系统、信息管理系统、河长App、微信工作群等平台，统筹协调各个区域联防联治，第一时间协调处理发现的问题，打造智慧水务，实现工作有效提升。

（三）齐抓共管是流域保护治理的有力保障

流域办积极协调政府、企业、社会公众多方参与，营造流域治理利益相关方共同参与和全社会支持的良好局面。通过加强政府行政部门之间的协同治理，切实提升流域水污染防治、水资源治理、水环境保护和生态环境治理成效。鼓励企业在环境监测、污水处理等方面发挥企业自身作用协同治理。加强流域生态环境保护，鼓励公众参与到流域生态环境保护中来。

（四）百姓对美好河湖环境的向往是流域综合治理的重要目标

如今，河道两岸建设了以骑行路及健步路为主体的慢行系统，休憩驿站、观景台、钓鱼点等便民休闲设施满足了市民的亲水需求。结合大运河进行文化宣传，让更多社区居民感知大运河的文化价值和内涵，共同助力大运河文化带建设。流域办探索“美丽河湖”建设，全域统筹推进的治水新模式在建设碧波荡漾的幸福运河工作中，给人民群众带来更多实实在在的获得感、幸福感和安全感。

（执笔人：孟悦）

借“河”力　增动力　齐发力

——福建省泉州市永春县“三个转变”探索全域治水新模式*

【摘　要】永春，地处晋江上游，是下游600万泉州人民的水源保护地和重要生态屏障。随着工业化、城镇化进程的推进，永春县域内河湖垃圾乱堆、污水直排、侵占岸线等问题日益凸显，主要流域桃溪水质一度下降至Ⅴ类，如何治水，成为全市瞩目的焦点。

2017年，永春被列入福建省综合治水试验县，县委、县政府以全面推行河长制为契机，充分发挥地方党政主官作为河湖治理保护第一责任人作用，创新提出“六全六治”治水措施，探索出一系列管河治水、全民参与共治新模式，形成一套可复制、可推广的河湖长制助力全域治水的成功经验，河湖面貌明显改善，全县国家、省、市控断面水质均达Ⅲ类及以上，获得群众大力的点赞，在全省流域治理中发挥引领示范作用。

【关键词】河湖长制　全域治水　建后管护　全民共治

【引　言】2016年12月，中共中央办公厅、国务院办公厅印发了《关于全面推行河长制的意见》。2017年的新年贺词上，习近平总书记明确提出“每条河流要有‘河长’了”。河长制成为落实绿色发展理念、推进生态文明建设的内在要求和整体性要求，构建责任明确、协调有序、监管严格、保护有力的河湖管理保护机制，成为新时期维护河湖健康生命、实现河湖功能永续利用的重要举措。

一、背景情况

永春，古称“桃源”，地处福建省东南部、晋江上游，境内有桃溪、湖洋溪、一都溪、坑仔口溪、岵山溪五大流域，大小河流75条，是泉州

---

* 福建省永春县河长制办公室供稿。

上游的重要水源地和生态屏障。

永春县治理后的桃溪俯瞰

20 世纪 50 年代以来，随着经济社会不断发展，人口壮大聚集，城镇化进程加快，永春县域内河道垃圾堆积、侵占河湖岸线、破坏河湖生态等现象日益显现，沿岸生产生活污水直排、养殖污染问题日益严重，主要流域桃溪水质一度下降至Ⅴ类，其他支流水质Ⅲ类以下比例占到 31%。为了保障下游泉州用水安全，永春县委县政府相继采取了诸多措施，但“头痛医头、脚痛医脚”的多龙治水模式，加上长期形成的河湖“顽疾”及“历史欠账”、建后管护的缺失等，导致大部分问题“治标不治本”，水质问题始终存在。

作为泉州生命河源头所在县，解决河湖问题、化解水源之危成为摆在永春县委县政府面前的一项重要政治任务。2017 年，永春县委县政府立足解决河湖问题和区位发展实际，在全县范围内大力推行河湖长制，由各级党政主要负责人担任“河长”，统筹部门力量，发动各界参与，努力重现水清岸绿、鱼翔浅底的水生态环境，为下游送去一湾清水。

二、主要做法

在具体治理过程中，永春县结合河长制六大任务提出“六全六治”治水思路，充分发挥各级河长的统筹协调、组织实施、推动落实作用，积极发动全社会参与，构建起全域治水、全民共治的长效机制。

（一）全域借“河”力，“多龙治”变“一龙治”

以全面推行河长制为契机，组建了县、乡、村三级河长组织体系，让每条河流有了自己的“河长”和“具体责任人”。

永春县河长制公示牌

在织好责任网的同时，把流域治理从广度、深度、力度上进一步延伸拓展，提出全水系覆盖、全流域铺开、全方位施治、全过程监管、全民性参与、全业态融合的“六全”思路，及环保先行治污水、河道整治防洪水、水土保持涵养水、生态修复净化水、文化塑造美化水、科学发展利用水的“六水同治”措施，全县上下一条心，河长统筹一盘棋，大力铺开全域治水。总体规划上：站位于生态文明建设高位抓规划，运用“山水林田湖草生命共同体”理论，制定全县三年综合治水总体规划，确保实现“一年有成果、两年出成效、三年创典型”，打造全县域综合治水新样板。资金筹措上：拓宽融资渠道，采取 PPP、抵押贷款、社会捐资等模式，创新投资方式，鼓励社会资本参与，形成资金运作的良性循环。通过部门资源调配及资金筹措，先后争取到涉河涉水补助资金达 54 亿元，为流域治理提供了资金保障。项目整合上：以县级河长为总协调，以县、乡河长办为推进办，统筹水利、林业、农业、住建、环保等多部门力量资源，将流域治理与城乡污水整治、养殖污染治理、农业面源污染治理、工业污染防治结合，形成水质提升项目拼盘；与防枯治涝、河道清淤、采砂治乱、环境整治结合，形成“四乱”治理项目拼盘；与特色乡镇、美丽乡村、乡村振兴结合，形成流域景观建设、效益提升项目拼盘，分类实施、做精做细流域治理。通过项目整合，策划生成项目231个，治理河道长度576km（占县域河道水系的65%），打造了石鼓安全生态水系、南星溪清新流域、五里街霞陵溪等流域治理样板工程，全县水环境面貌焕然一新，国家、省、市控断面水质稳定达标，县级饮用水源地水质Ⅲ类水质达标率100%，成为全省中小流域治理的标杆，桃溪流域生态修复工程荣获中国人居环境范例奖，2019年1月4日，时任水利部部长鄂竟平到永春调研，对永春流域治理给予“治理的河道自然生态，很好”的充分肯定。

永春县石鼓安全生态水系

永春县南星溪清新流域

（二）内外增动力，“无人管”变“常态管”

河湖治理取得初步成效，下一个问题就是如何抓好建后管护。为此，永春深入实施河湖长制，构建起一套内外发力的常态河湖管护体系。河湖长制年度考核连续四年位列泉州市第一，荣获 2019 年全国河湖长制工作激励县。

1. 提内力

一是抓阵地建设。在全省率先探索基层河长办标准化建设，整合水利、环保、农业、住建等部门涉水职能，打造集日常办公、指挥调度、巡查监管、水质监测、资料收集于一体的河长制办公室，并在全县逐步铺开，实现人员集中办公、业务有效衔接、部门联动有力，解决基层河长制办公室无人员、无场地、无机制的难题，保障河湖长制的常态运转，成为全国基层河长制办公室标准化建设的示范样本。

二是抓责任落实。探索建立“三挂钩”履职监督机制，推动河长履职尽责。一是与“帽子”挂钩。与县纪委合作，对水质下降、履职不到位的乡镇河长、部门开展约谈问责；与县检察院合作，开展河湖问题联合督办，压实乡镇、部门责任。二是与“票子”挂钩。将河湖长制工作纳入政府绩效考核体系，按照考核成绩折算绩效得分，以减“票子”传导履职压力。三是与“面子”挂钩。由县河长制办公室组成河道日常检查考评组，对乡镇开展“月考评”，将考评成绩“倒序排名”在电视上公开，以“面子”倒逼乡镇河长履职到位。

永春县东关镇河长办标准化建设

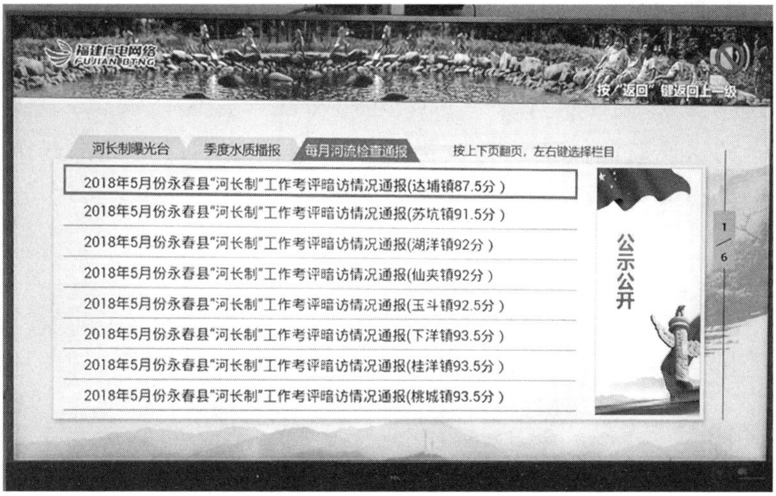

河道月考评分成绩“倒序排名”在电视上公开

永春县城区河道第三方保洁

2. 借外力

一是借市场之力。永春属于山区县，城乡人口不均导致城区河道保洁难度大，河道巡查难以全覆盖。为此，永春通过“政府购买服务”模式，聘请专业第三方包干城区河道保洁，并纳入河长制日常考评，实现城区河道24小时常态保洁；与中国联通合作推行“无人机自动巡河”，通过电脑设定轨迹、实时查看画面、定点抓拍问题及“一周一报”制度，实现河湖巡查全覆盖。

二是借科技之力。立足解决基层水质监测技术、人才不足难题，开发水质在线监测预警系统及手机 App，建立一套操作便捷、自动分析、及时预警的水质监测模式，有效提升水质监测效率；与县检察院联合组建公益诉讼快速检测实验室，为河湖环境检测提供“快速、高效、便捷”的专业服务，为河湖环境损害类公益诉讼案件取证勘查提供技术保障。

永春县无人机自主巡河

公益诉讼快速检测实验室

（三）双线齐发力，“政府治”变“全民治”

河湖问题底子在岸上，根源在人。为了提高公众河湖保护的自觉性和积极性，永春县因地制宜，线上线下双向发力，推动“政府治”变“全民治”。

1. 线上云参与

一是全国首创河长制电视云平台，在全县电视开机首页设置“河长制”专栏，将河流监控、河长信息、水质情况等接入电视，开通“一键扫码”“一键点播”功能，让公众在家即可参与河流监管，提高群众参与便捷度。

二是全省首创“河长制 110”指挥中心，开通 24 小时河湖问题举报专线，组建 24 小时在线的座席团队，对公众电话、微信举报问题快速反映、精准派单、实时跟踪、及时反馈，提高群众参与满意度。

自上线以来，云平台点播量已破 7 万人次，“河长制 110”已接受并处理公众举报问题 137 件次。

永春县河长制电视云平台

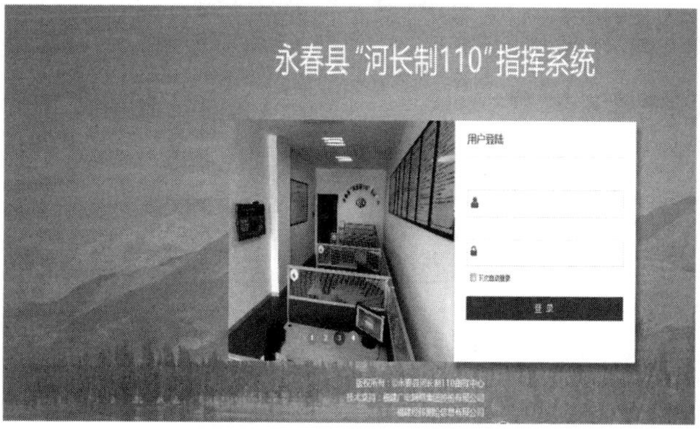

永春县河长制 110 指挥系统

2. 线下广发动

一是编排一台剧目。融合地方方言三句半、歌舞、小品等形式编排河长制一台戏，在全县轮回演出，让河长制进村居、入民心。

二是建设一类阵地。运用电子视听、互动体验等先进技术，建设图文并茂、动静相宜的县级水生态文明展示馆；联合政府单位、公益组织、爱心基金会等，建设全国首个保护母亲河·科学放生主题公园；结合乡镇特色，建设亲民应景的水生态研学馆、河长制主题公园，打造多元河长制宣传参与阵地。

三是组建一批河长。积极组建老人河长、小河长、企业河长、巾帼河长等民间河长队伍，持续开展护河放生、河道清洁等活动，以小聚多，逐步构建“全民共治”的治水模式。

永春县河长制一台戏

永春县水生态文明展示馆

永春县科学放生公益活动

永春县小河长河道保洁活动

三、实践启示

（一）要统筹资源合力

治水是一项综合性系统工程，涉及多部门、行业和领域，要立足生态文明建设高站位，统筹山、水、林、田、湖、草等系统治理，树立全域治水、综合施治目标，以河湖长制为依托，以综合治水为平台，捆绑整合多部门资金资源，做大治水项目盘子，形成治水合力。

（二）要坚持持续推进

治水工程点多线长、量多面广，非一朝一夕的事。要持续深化河湖长制，组建强有力的组织体系，一任接着一任干，从点到面，持续推进，全域覆盖，逐步构建“水系畅通、水体清洁、水质优良、水景美丽、管养到位”的河湖环境。同时，要健全专项督查、常态巡查、日常暗访、定期“回头看”等政府监督机制及媒体曝光、群众举报等社会监督机制，完善以治水为成效的河湖长考评问责机制，确保各级河湖长履好职尽好责，推动河湖长制工作见实见效见能。

（三）要探索多方借力

河湖治理涉及岸上水里、治污治乱等方方面面，需要充足的人力、物力及技术力量作为支撑。要积极探索与专业第三方团队合作、政府购买市场服务等形式，弥补政府治理管护短板问题。要与时俱进，积极探索以新技术、新科技为依托的现代化治理管护手段，逐步建立“智慧管水”体系，推动河湖治理管护走向信息化、高效化、专业化。

（四）要强化联防共治

要促进流域执法与刑事司法有效衔接，建立“公检法”一条链联动机制，推进依法管河成为常态。要整合多部门执法职能，建立完善流域生态执法联动机制，强化河湖治理执法力量。要不断拓展宣传参与模式，多渠道发动社会各界、广大群众参与河湖治理，筑牢河湖长效保护的“稳固根基”。

（执笔人：郑舒婷）

“五头”护水润龙泉

——江西省吉安市遂川县统筹全域立体治水护水的几点实践*

【摘 要】 遂川县山清水秀、水资源丰富、水系发达，丰富的水资源和良好的水生态，既是最大的优势，亦是最大的责任，然而当前水环境问题日益凸显，护水治水遭遇新挑战。遂川县在河湖长制工作的基础上，创新构建“五头”护水（源头防、地头管、山头养、岸头疏、户头引）生态管护体系，全力打造河湖长制“升级版”，通过建立生态产业护水、田间湿地护水、森林植被护水、桥头堤岸护水、全民全域护水机制，统筹流域综合规划、矿产资源规划、河道整治、绿色产业以及生态红线等专业规划；将沿岸工矿企业、畜禽养殖、河道采砂等主要污染源，退出河库保护范围，进入规划园区、可养、可采区内，同时，大力支持沿河旅游产业开发、湿地公园、水生态文明乡村建设及流域生态综合治理，让河库健康保障体系和管理机制不断完善，河道环境综合整治成效显著，水生态环境有效改善。

【关键词】 “五头”护水 统筹 全域 立体 治水 护水

【引 言】 “五头”护水生态管护体系是用系统治理的思路和方式，通过建立生态产业护水、田间湿地护水、森林植被护水、桥头堤岸护水、全民全域护水机制，统筹兼顾护水治水大系统中一个个协调运作的小系统，构成护水治水攻坚的强大合力，“五头”护水是“护水”，也是“治人”，遂川期望通过改变“源头、地头、山头、岸头”四个方面生产生活用水方式，在“户头”树立全域惜水、爱水、护水的理念，将护水与治山、治林、治田相辅相成，兼顾各个要素，做好统筹文章，构筑了一条陆上水上、地表地下的生态屏障，进而保护水土、保护水源。

---

* 江西省吉安市遂川县河长办供稿。

一、背景情况

遂川县山清水秀，自然生态优美，水资源丰富，水系发达，水质基本稳定在Ⅲ类以上。全县国土总面积 3144km^2，森林覆盖率达 79.09%，境内有遂川江和蜀水两大河流，流域内有大小溪河 164 条，分布在 23 个乡镇，地下水蕴藏量达 3.4 亿 m^3，人均占有水资源 7462m^3，总体自然生态环境优良，是“全国生态旅游大县 66 强”和江西省首届“十佳绿色生态县”之一。丰富的水资源和良好的水生态，既是最大的优势，亦是最大的责任。

随着经济社会发展，污染不期而至，水环境问题日益凸显。一是河湖水质变差，2017 年，通过摸排调查，导致河湖水质变差的主要原因是畜禽养殖污染及工矿企业乱排，此外，河两岸垃圾堆积，河面垃圾漂浮，沿岸居民苦不堪言。2017 年全县乡镇界河断面水质达标率仅有 83.3%。二是河湖水域岸线侵占破坏严重，侵占河湖水域岸线建房、河道非法采砂破坏原有自然岸线等，面对错综复杂和发展变化的各种水问题，遂川县委、县政府站在战略制高点上，将护水与治山、治林、治田相辅相成，兼顾各个要素，统筹协调打响“五头护水”攻坚战解决水的问题，并借解决问题寻求更高层次的发展，以护水倒逼发展理念转变，倒逼生产方式转型和生活方式改进，以短期阵痛换取长远发展。

二、主要做法

（一）坚持源头防：正本清源，规划设计“水”招牌

作为生态旅游大县，遂川始终坚持保护优先的原则，统筹流域综合规划、矿产资源规划、河道整治、绿色产业以及生态红线等专业规划，将流域内的非金属矿深加工区和建筑石材生产加工区规划入园，统一管理；将遂川江及蜀水干流沿河 1000m，主要支流 500m、水库（山塘）保护范围内划为禁养区规范养殖；将全流域的河道非法采砂全面整治，统一编制河道采砂规划。还开展河道采砂、畜禽养殖污染治理等 14 项专项整治，整治河道非法采砂 107 家，拆除涉河建筑 24 处，严厉打击对水源地污染行为。将工矿企业、畜禽养殖、河道采砂等主要污染源“以退为

进”，退出河库保护范围，进入规划园区、可养、可采区内，推动经济生态共生共建。

与此同时，结合扶贫开发，充分调研生态流域综合治理融入全域旅游，乡村振兴发展的可行性，创建全域乡村旅游的“水”招牌。遂川县启动了左溪河流域生态综合治理项目，对草林圩镇河段水环境进行改善、打造水景观，深化拓展区域红色旅游，并以圩文化为核心，以红色文化、茶文化、民俗文化和度假产品为支撑，全力打造集红色研学、生态观光和休闲娱乐于一体的综合性整治工程。目前完成一、二期建设，涵盖草林浮桥、集结广场、防洪堤提标改造、圩镇污水处理厂建设、沿河灯光带、毛泽东旧址群，毛泽东诗词馆、游客服务中心等内容，把左溪河打造成保平安绿色、有乡愁故事、藏文化底蕴、可持续发展的幸福河流。

（二）坚持地头管：田间湿地，双重保护“水”质量

江西遂川五斗江国家湿地公园位于罗霄山脉中段，贯穿于县域内蜀水，湿地生态资源保持十分完好，生态区位非常重要，对维护县域内水储量及水质量做了重要贡献。近年来，遂川通过严守湿地保有量、组织开展全县湿地资源整治及智慧湿地项目工作等措施，有效保护了该区域内独特的河流湿地生态环境，严守了 3295.77hm^2 湿地保有量，维护了水系生态安全。

除了湿地，田间生态系统建设也是“五头”护水生态框架的重要组成部分。深化农业面源防治，推进国土资源综合治理，一方面通过实施测土配方施肥集中示范、水肥一体化技术应用示范、绿色大米生产示范、绿肥种植示范等，大力推广绿色生产模式，推进现代农业示范区建设，减少农业面源污染；另一方面制定生猪养殖专项整治行动工作方案，关停禁养区内养猪场 236 家，督促规模以上不合格养殖场进行整改，在可养区及限养区 80％以上养殖场配套建设了粪污处理设施，全力整治养殖业对水的污染，保护水质安全。

（三）坚持山头养：护林涵养，筑牢生态“水”屏障

近几年，遂川坚持植树造林、退耕还林、封山育林、管林护林，大力实施“林业＋”工程，鼓励林农发展楠木群原始森林游、高山体验游、茶园观光游等旅游产业，对遂川江、蜀水流域沿河两岸第一层山脊内森林进行封育，禁止商品性采伐。整体推进天然林保护工程、县级森林公园建设等生态工程建设，着力构建生态环保屏障。

遂川拥有全国生态文明先进县、中国绿色名县、中国生态魅力县、国家重点生态功能区、全国生态旅游大县、江西罗霄山大峡谷国家森林公园等“六张国家级绿色名片”，国土绿化率稳定在79%以上。优质的水源受益于优质的山林。为此，践行“护水必先护山”理念，做好“山上涵养，山下再造”文章尤为2重要。

遂川县“十三五”期间完成人工造林16.45万亩，纳入保护天然林47.80万亩、公益林88.3万亩。2020年全县发展林下经济总面积达到15.57万亩，产值达5.92亿元。形成清水下山，净水入库的护山、护林、护土、护水良性循环。

（四）坚持岸头疏：河湖长制，提升城乡“水”颜值

如果说发展绿色产业、推进田间湿地管理、加强森林植被保护为生态文明建设筑起了生态屏障，那么河湖管护则为其注入了永续发展的水能量。遂川县全面推行河湖长制，从“河湖长制”“河湖长治”到“河湖常治”，实现了21条流域面积50km^{2}以上河流，29座水库河湖长制组织体系“全覆盖”，明确各级河长403人，河湖管护人员858人，实行了“掌上河湖”河长版App巡河。同时，将河湖长制工作与脱贫攻坚工作相结合，设置396名贫困户河道保洁员，聘请有劳动能力的贫困户担任保洁员，既扫净了“水路”，又辟出了“脱贫路”。

水路易扫，水污染防治却难，水自源头奔流而下，被沿岸居民、企业反复利用，任何环节疏于治理，都可能让水的“颜值”受损。如何准确掌握污染源的位置并有效治理？遂川县在县界及23个乡镇河流交界处选取出既能反映河流水质状况、乡镇水环境管理水平，又能起到有效预警作用的河流水质监测断面，设立30处水质监测点，建立了水质恶化倒查、污染来源追溯机制，每月对各界河断面水质进行监测、通报。同时，挖掘“无人机+大数据”等技术手段创新巡河模式。在县城饮用水源上游及重点涉水企业安装自动监测装置，24小时对水质进行不间断监测，让污染物无处遁形。

为让河湖长制“落地生根”，遂川县实行问题整改销号制度，要求不达标水质断面所在乡镇依照制度限期整改，直至销号，逐步治理遂川江、蜀水流域水污染问题。近年来，县河长制办公室下发督办单42份，整改销号水污染问题68个。2021年3月，30处界河断面监测点水质全部达标，达标率由原来的83.3%上升到100%，大大提升了水体“颜值”。

（五）坚持户头引：生态治理，留住乡愁“水”文化

在遂川，有两个民俗延续了百年，一是在衙前、五斗江一带，春节前后家家户户都要往河里放生河鱼；另一个是每家嫁女都会带有楠木苗做嫁妆，生了小孩要种植一棵楠木做纪念。世代沿袭下来，河里鱼儿成群，两岸楠木成林，形成罕见的生态景观，这是勤劳善良的蜀水沿线人民群众世代对自然和生态保护的结果。为进一步挖掘水潜力，留住水文化，遂川将水生态文明村建设与美丽乡村建设和农村人居环境整治有机结合，融入水生态相关的知识宣传、文化展示以及保护措施落实，完成了溪口村、良岗村、鄢背村、大桥村、唐虞村、小夏村、马埠村、东垓村、宏山村、衙前村等10个水生态文明村创建并顺利通过省级验收。

“护水必先育人”，优良的水文化需要薪火相传，为了建立全民全域护水机制，遂川将公共卫生、净居文化引进家庭、引进校园、引进课堂、引进教材，提升公共环境保洁意识；采取卫生评比等方式，寓宣传引导于奖惩督促中；挖掘村落、庭院、民俗文化，通过系列连环画宣传的方式，让村民摒弃沿路沿河倾倒垃圾的陋习；成立“河小青”“民间河长”“企业河长”等志愿者队伍，加强对千家万户的宣传引导，着力提升群众公共环卫意识，让全民保护全域水资源。

三、经验启示

（1）水环境问题，表面在水里，问题在岸上，关键在产业和企业。把生态文明建设、水环境保护整治与转型升级紧密结合起来，加快产业结构调整，大力发展生态工业、旅游业和绿色服务业。同时，做好规划，加大保护环境执法力度，对沿河加工、硅矿等企业一律搬迁入园，以绿色发展推动转型发展，加快建设河畅、水清、岸绿、景美河流。

（2）山水林田湖草是一个生命共同体，必须坚持区域共治，统筹好上下游、左右岸、干支流；必须坚持水岸同治，统筹好陆上水上、地表地下，统筹好水资源保护与水环境治理，统筹好河湖生态空间管控与水污染防治。遂川县通过深化农业面源防治、加强湿地生态系统建设、推进国土资源综合治理，加大林业生态建养力度，构筑生态屏障，进而保护水土、保护水源。

（3）治理实施河湖长制，明确党政“一把手”河湖保护管理的第一责任，必然使各级党政“一把手”在推动产业发展的同时，更加注重环境保护、更加注重水生态保护，从而有利于倒逼各地加快产业转型升级步伐，控制和减少污染，以源头治水保障“源头活水”。

（4）护水必先育人，绿色崛起的本质是生态文明的崛起。遂川县加强户头引导，坚持群众主体与人文教化并举，注重打牢群众基础，加大水文化宣传引导，让民众举止文明，提升公共环卫意识，充分发挥群众参与生态治理的主体作用，提升城乡水生态文明。

（执笔人：肖利萍）

聚焦流域综合治理　打造绿色生态长廊

——山东省淄博市持续推进孝妇河全流域综合整治实践*

【摘　要】 20世纪八九十年代，伴随着工农业生产的快速发展和城镇化进程的加快，淄博市孝妇河遭到严重污染，生态被严重破坏。自2014年开始，淄博市委、市政府坚持以人为本、以生态为基的发展理念，以壮士断腕、刮骨疗毒的决心对孝妇河实施全流域综合治理，改善水生态，提升水环境，保障水安全，不断加强流域统筹协调管理，强化河长制工作实效，持续发力、久久为功，推动孝妇河进入高质量发展新阶段，实现了母亲河从臭水沟到生态长廊的美丽蝶变。

【关键词】 河长制　全流域　综合治理

【引　言】 孝妇河作为淄博的母亲河，曾经有过一段灰色的岁月和不堪的过往，污染遍布，淤泥充塞，臭气熏天，两岸百姓苦不堪言。痛定思痛，淄博市下决心对孝妇河实施了全流域系统综合治理。经过数年的不懈努力，如今的孝妇河已是微风吹拂、碧波荡漾，人们沿着河畔绿意葱茏的步道慢走、跑步、骑行，鸟儿在茂密的树间鸣唱，白鹭不时从水面划过，俨然一副水清岸绿、生态和谐的秀美河湖画卷……

淄博市孝妇河全流域综合治理的实践，取得了良好的生态成效，推动了流域产业结构调整和优化升级，对北方相似条件下的水污染治理和生态修复具有很强的示范作用和现实意义。

一、治理背景

孝妇河古称袁水、陇水，是淄博的母亲河，起源于淄博市博山区，流经淄川、张店、周村、桓台等区县，淄博境内河道总长108.6km、流

---

* 山东省淄博市河湖管理委员会河长制办公室供稿。

域面积 1441.8km^2，约占淄博市总面积的 1/4。孝妇河是淄博市境内的主要河流之一，孕育了沿线发达的经济和灿烂的文化，蒲松龄、王渔洋、赵执信都曾生活于此，历史文化气息厚重，人文旅游资源丰富。

曾经的孝妇河，是蒲松龄笔下“柳暗花明，水碧沙清”的生态河流，然而 20 世纪八九十年代，随着工业化、城镇化的快速发展，孝妇河中上游聚集化工、建陶、纺织等高排放产业结构，非汛期基本沦为排污河道，长时间维持在劣Ⅴ类水体，河道内常年不见鱼类，极大地影响了人居环境，迫切需要系统治理。自 2014 年开始，淄博市委、市政府坚持以人为本、生态为基的发展理念，以壮士断腕、刮骨疗毒的决心对孝妇河实施全流域综合治理，持续发力、久久为功，实现了母亲河从臭水沟到生态长廊的美丽蝶变。

二、经验做法

（一）坚持流域系统治理，恢复河道生态健康

一是坚持一体化管理，变“九龙治水”为“一龙治水”。淄博市专门成立了孝妇河水污染综合治理指挥部，抽调住建、环保、水利等部门骨干力量集中办公，统一编制孝妇河流域综合治理实施方案，统筹上下游、左右岸系统规划，统一协调调度、督导推进流域综合治理。沿河各区县树立大局观念、整体意识，设立相应工作机构，形成流域上下联动、左右协调、齐抓共管的管理格局。

二是坚持一盘棋思维，变分段式治理为全流域共治。以治污为基础，突出点源治理与区域治理结合、水污染治理与水生态修复相结合、河道治理与岸上景观塑造相结合，实施全流域系统综合治理，恢复孝妇河流域的多功能作用。2015—2018 年，累计投入资金 100 余亿元，实施了污染点源治理、城镇污水处理厂及配套管网、人工湿地和河道生态修复、水资源循环利用、环境安全防控等 6 大类 46 个项目，新建污水处理厂 3 座，提升改造污水处理厂 6 座，铺设污水管网 88km，封堵排污口 239 处，治理搬迁企业 160 家，整治河道 76.6km，有效解决了水环境和水生态问题。

三是坚持示范引领，变单纯治水为系统性治理。在孝妇河流经主城

区位置高标准建设孝妇河湿地公园，投资21亿元，建设面积6500亩，河道长度7.3km，形成水面约2500亩，蓄水量约500万m^3，集防洪、休闲娱乐、科普教育、健身运动、文化旅游等多功能于一体，园区生态环境优美，设施设备齐全，已成为深受市民喜爱的有品质、有活力、有温度的城市公园。

孝妇河湿地公园一角

（二）实施重点水利工程，保障流域整体安全

2019年8月，受台风“利奇马”影响，淄博市遭遇有资料记录以来的最大强降雨，超标洪水造成孝妇河周村区段两处堤防漫溢决口。为提升孝妇河防洪能力，保障沿河群众生命财产安全，淄博市立即组织实施孝妇河干流治理工程，总投资19.14亿元，治理河道41.79km。探索实施分级法人管理体系，形成以市河湖长制保障服务中心为市级项目法人、各相关区县建设单位为区级项目法人的统筹共建管理模式，市级层面着力强化督导协调调度、强化技术服务保障、强化质量安全监督，全流域统筹协调推进工程建设，各区级项目法人、参建单位积极行动，攻坚克难，不断加大人员、机械、资金投入，全力推进重点项目建设。市、区两级项目法人共同发力，克服了拆迁难度大、施工难度大、工程量大等多重困难，仅用不到三个月的时间，完成土方外运717万m^3、混凝土浇筑19万m^3、石笼护砌22.5万m^3，高标准高品质完成了总投资8.43亿

元的主体工程建设任务，有效保障了主汛期河道行洪安全。通过实施重点水利工程，补齐了工程短板，有效解决了流域水安全问题，治理后的孝妇河全线达到20年一遇以上行洪标准，其中主城区段达到100年一遇行洪标准。

（三）强化河长制工作实效，加强流域统筹管理

一是强化河长履职。市级河长主动巡河调研，定期召开市级河长会议，及时协调解决孝妇河管理保护中存在的突出问题。率先在孝妇河流域实行了河长述职工作机制，采用书面述职和“现场述职＋评议”两种方式进行，河长制工作情况每月通报，年终评议结果全市范围内通报，并与市对县考核相挂钩，进一步压实各级河长及河长制成员单位责任。

二是强化日常管护。督促各级河长及河管员按时巡河，提升有效巡河率，发现问题及时上传淄博市河湖长制管理信息系统，挂号督办、销号管理，紧盯问题解决。组织开展了“守护母亲河”徒步巡河、河道“清四乱”、水质提升百日攻坚等专项行动，有效推动河道管理保护常态化、规范化。

三是强化督导考核。制定《淄博市孝妇河、范阳河管理评价标准》，市级统一对各区县孝妇河、范阳河支流每月开展河道管理评价，从制度建设、组织管理、资源保护、日常运行、涉河项目管理等方面进行考核，2021年上半年累计发现并解决问题51处，保障了孝妇河管理保护的精细化、长效化。

（四）发挥流域整体动能，迈步高质量发展新阶段

在对孝妇河实施水生态、水安全、水环境等综合治理后，为进一步发挥流域整体动能，实现孝妇河流域高质量发展，淄博市委、市政府提出将孝妇河打造上升为城市发展战略，推动淄博进入“拥河发展”新阶段。组织编制了《淄博市孝妇河流域发展规划》，启动实施了孝妇河文化休闲生态观光带项目，治理长度64.7km，面积约$1740hm^2$，总投资64.96亿元，已于2021年4月正式开工，计划2023年年底竣工。主要实施干流沿线道路贯通、景观整治及绿化提升、新建生态公园及原有公园提升改造、滨河界面改造提升、旧城更新示范工程、干流沿线乡村振兴示范工程等6大类49项工程。通过孝妇河文化休闲生态观光带建设，以

“水、绿、路、文”带动“城市更新、乡村振兴和文旅融合”，将其打造为淄博市全域公园城市建设的先行示范、高品质生态走廊，以河带城、以水润城，让“母亲河”焕发新容颜、新生机、新动能。

三、经验启示

（一）坚持流域统筹协调，实施全流域综合治理，全面改善生态环境

淄博市始终坚持流域统筹协调，下大决心、花大力气对孝妇河实施全流域综合治理，由市政府成立指挥部，打破各自为政、相互推诿的部门藩篱，形成“一龙治水”的工作合力，对上下游、左右岸系统规划、统一管理，变分段治理为流域共治，变单纯治水为系统治理。经过历年来的持续治理，孝妇河水质稳定达到地表水Ⅳ类标准，部分河段达到Ⅲ类标准，沿线生物链基本形成，生态群落基本恢复，河道中出现了白鹭、翠鸟、凤头鹛鹛、震旦鸦雀等多种珍稀鸟类，水清岸绿、河畅景美的美丽河湖景象俨然显现。

孝妇河中的白鹭

（二）坚持流域示范引领，打造美丽幸福河湖，提升城市品质活力

淄博市以孝妇河为引领，在全流域综合治理中高标准建设了孝妇河湿地公园，以此为示范带动全流域生态环境质量整体改善和提升，提升

流域治理为群众带来的获得感和幸福感。2021 年，公园内累计开展各项惠民活动 200 余次，全国老年人健步走大联赛、麦田音乐节等大型活动在此举办，也大大提升了淄博的城市品质和活力。同时，以孝妇河湿地公园为调水枢纽，实现了中心城区“八河五湖”的互联互通，常态化进行生态调水，营造了“八河联通、六水共用、清水润城”的优美生态。

（三）坚持流域统筹管理，强化河长履职尽责，促进河湖精细管理

淄博市牢固树立“一盘棋”思想，围绕孝妇河的管理保护，市级河长高度重视、率先垂范，市河长制办公室牵头抓总、统筹协调，各级河长、各河长制成员单位密切配合、相互支持，织密“横向部门联合、纵向市区联动”的河湖监管和保护合力，增强了河道管护的系统性、整体性、协同性。围绕持续改善河湖水生态、水环境，定期联合开展清四乱、排污口整治专项行动，切实保障提升了孝妇河水质和治理成效。

（四）坚持流域统筹规划，发挥流域动能，推动河湖高质量发展

淄博市将孝妇河上升为城市发展战略，大手笔实施孝妇河文化休闲生态观光带项目，由市级层面统一编制流域发展规划，统一设计施工，统筹资金保障，各区县负责拆迁及施工秩序维护，对孝妇河进行整体生态修复和景观提升，将进一步推动孝妇河流域生态文明建设、城乡统筹发展、产业转型升级和城市文化复兴，实现生态空间与城乡空间的有机融合，真正让孝妇河成为造福淄博人民群众的母亲河、幸福河。

（执笔人：宋爱香）

推进流域综合执法改革
探索河流综合治理模式

——湖北省宜昌市黄柏河探索流域水生态保护新路径*

【摘　要】2016年以来，宜昌深入贯彻落实习近平总书记“共抓大保护、不搞大开发”重要指示精神，坚持“绿水青山就是金山银山”发展理念，以推进黄柏河流域综合执法改革和综合治理为抓手，重拳出击、铁腕治河，探索了一条“整体保护、综合治理、系统修复、生态补偿”的流域治理路径。通过出台一部法规严格管控、成立一支队伍综合执法、建立一套机制生态补偿等措施，充分运用法治、行政和市场手段，对流域实行系统治理。经过几年努力，黄柏河流域治理体系不断完善、流域水质持续向好、转型发展显现活力。

【关键词】地方立法　综合执法　水质约法　综合施策

【引　言】2016年以来，习近平总书记先后三次主持召开推动长江经济带发展座谈会，始终强调要把修复长江生态环境摆在压倒性位置，共抓大保护，不搞大开发。近年来，宜昌以黄柏河流域为蓝本，通过地方立法、综合执法、水质“约法”、综合施策等措施，促使流域水生态环境取得显著改善。

一、背景情况

黄柏河承担着宜昌城区及宜东200万人生产生活和100万亩农田灌溉供水的重任，供水区域内经济总量约占全市的80%，被誉为宜昌的“母亲河”。随着流域内城镇化进程加快和上游磷矿资源开发力度不断加大，河流水质不断恶化，上游两座水库相继出现大面积水华，严重威胁到黄柏河供水安全，流域保护问题日益突出。

---

* 湖北省宜昌市黄柏河流域水资源保护综合执法支队供稿。

根据调查，黄柏河流域水资源保护和管理中存在的主要问题主要表现在以下几方面：一是在流域治理过程中，尚有诸多突出问题未能依法解决，传统治理措施只能治标、难以治本，亟需制定地方性法规以理顺法律关系、明确法律职责、强化法律责任，将行之有效的综合治理经验以地方性法规形式固定下来，确保流域保护工作依法顺利开展。二是河流的水资源保护涉及河道管理、水土保持、水污染防治、渔业管理、矿产资源开发、农业面源污染防治、船舶污染防治等方方面面，现行的分部门管理与属地管理相结合的分散型执法体制已不能满足流域水资源保护需要。三是河流的保护涉及上下游、左右岸，如何协调处理好流域经济发展特别是上游地区磷矿开采与流域水生态保护的矛盾，破解地方保护主义，是一项刻不容缓和无法回避的紧迫任务。

宜昌以“绿色决定生死”为纲，把黄柏河的保护放在第一位，科学处理黄柏河水生态保护与磷矿开发的关系，经过不断探索和完善，黄柏河流域综合执法改革和系统治理经验取得阶段性成效。黄柏河流域2020年Ⅱ类水质达标率已达到97.38%，比2016年提高30.1个百分点。柏临河流域正向“示范河”“生态河”“景观河”的目标挺进。黄柏河流域综合治理模式写入湖北省委十一届三次全会决定，荣获第二届湖北改革奖，入选全国法治政府示范市命名亮点展播，并被中央电视台《新闻联播》、新华社、人民日报等中央媒体多次专栏推介，获评宜昌环保奖和宜昌法治建设十大事件。

二、主要做法

（一）开展地方立法，强化治理顶层设计

宜昌市人民代表大会常务委员会按程序历时一年制定出台《宜昌市黄柏河流域保护条例》，于2018年2月16日正式施行。确立了由河长制、联席会议制度和综合执法制度共同构成的流域保护管理机制。制定分区保护、水量分配、岸线管理、清理疏浚等一系列管控措施；规定严于国家标准的排放标准，向流域排放的生产废水必须达到《污水综合排放标准》（GB 8978—1996）一级标准，集中式生活污水必须达到《城镇污水处理厂污染物排放标准》（GB 8918—2002）一级A标准，设置流域水资源保护“高压线”。严控磷矿开采总量和矿业权总量，制定排放总量指

标，开展实时在线监测。流域保护由“有章可循”上升为“有法可依”。

（二）实行综合执法，破解“九龙治水”难题

打破行政区划和部门分工，解决执法能力分散、监管力量不足的难题。争取省政府授权，成立宜昌市黄柏河流域水资源保护综合执法局，集中行使水利、环保、农业、渔业、海事6项行政监督检查、96项行政处罚、14项行政强制职能，跳出了“九龙治水水不治”的怪圈。组建宜昌市黄柏河流域水资源保护综合执法支队，具体负责流域综合执法，核定机构编制32名人员，落实执法专项经费。设立基层执法点，开展驻点巡查，建立“守在河边、一线执法、现场管控”的综合执法常态化监督机制。在全省率先成立市县两级环境保护警察执法机构，加强“行刑衔接”，变过去一罚了之为刑事追责。扎实开展碧水保卫战“迎春行动”、“清流行动”和“清四乱”专项行动，全面取缔违法排污口、河库围栏围网、投肥投粪养殖、不达标畜禽养殖场和经营性采砂。2017年以来，共查处各类违法案件80起，督办整改事项91件，水库围栏网养殖、非法采砂、违法建筑物等历史遗留顽疾得到根治。

（三）实施“水质约法”，建立生态补偿机制

宜昌市委政府出台《黄柏河东支流域生态补偿实施方案》，以稳定达到Ⅱ类水质为目标，市级财政每年专项列支1000万元生态补偿资金，夷陵区、远安县每年分别缴纳700万元和300万元水质保证金，实行断面水质达标情况与生态补偿资金、矿产资源开采指标“双挂钩”。以流域水质指标倒逼企业排放提标升级，以生态补偿倒逼化工企业打造绿色矿山，促进和引导县（区）加快构建节约能源资源和保护生态环境的产业结构，形成流域县区配合、政企融合的强大合力。2018年8月1日，人民日报记者程晨发表《一份独特的补偿方案》，报道充分肯定了黄柏河生态补偿方案，内容十分“接地气”，让人眼前一亮。

（四）采取综合施策，推进流域系统治理

全面履行河长管理职责，建立“四级”河长组织体系和“定期巡查＋定向督办”的常态化工作制度。落实各级河长共42人、企业河长30人、分段分库落实巡查保洁员180人，实现河库巡查保洁全覆盖。编制流域治理保护一河一策，完成干流 162km 河道划界。制定流域生态保护与利用控制性规划，核定黄柏河流域纳污能力，提出纳污总量意见。统筹治水和治山，大力开展绿色矿山建设。控制采矿权总量，整合关闭生产能力 15 万吨每年以下的磷矿企业，禁止新建产能 50 万吨每年以下的磷矿企业；改进开采技术，磷矿回采率平均水平达到 80%以上。制定黄柏河流域水量分配方案，将生态需水纳入水资源调度内容，落实流域内梯级水库和 30 座小水电站生态流量泄放。探索“智慧环保”动态监管模式，实现从企业排污口、支流、干流到水库的全程水质监控。按照山水林田湖草系统治理的思路，市县两级筹措资金近 15 亿元，实施黄柏河流域产业转型、水资源保护、生态修复、污水治理、河道整治等一批重点项目。推进生态文明理念进校园、进课堂、进教材、进农村、进社区、进企业。组织编写《生态小公民》校本教材，开设“生态小公民”课堂，出台生态公民建设方案，推动生态教育由“生态小公民”向“生态好公民”拓展。成立“河小青”志愿服务队、“三峡蚁工”等志愿服务组织，常态化开展义务巡河、清河等实践活动。推进城乡垃圾分类试点，推广使用无磷洗涤用品，开展生态乡镇、生态村及绿色校园、绿色工厂、绿色机关、美丽家园创建活动，引导全民参与，构建社会共治新格局。

（五）推广复制经验，深化改革成果

2020 年，宜昌市委六届十三次全会作出在柏临河流域复制推广黄柏河综合治理经验的决定，黄柏河综合执法局、执法支队正式更名为市流域水生态保护综合执法支队，同时肩负黄柏河和柏临河流域水生态保护职责。2021 年 1 月出台《柏临河流域水生态补偿方案（试行）》，建立流域水质改善状况与生态保护补偿资金和区级河长履职尽责成效“双挂钩”机制。4 月市政府印发《关于在黄柏河和柏临河流域开展相对集中水生态保护行政处罚权的通知》，推广复制黄柏河综合治理经验顺利推进落实，流域综合执法改革正向纵深推进和持续探索迈进。

三、经验启示

（一）推进流域治理，必须坚持绿色发展理念

丰富的磷矿资源一度是“地方支柱性产业”和主要财政税收来源，

环保投入的加大和关闭、转产部分矿产企业，必然带来转型的阵痛，宜昌市委、市政府始终态度坚决、旗帜鲜明，以壮士断臂的决心和力度推进黄柏河流域综合治理，同时建立以绿色发展为导向的流域生态补偿激励机制，让治污者受益、造污者受罚。2017—2020连续三年，夷陵区和远安县两地地区生产总值和公共预算收入持续保持向好向上态势。实践证明，生态环境保护与经济发展不是简单对立关系，而是辩证统一关系。一个地方要实现高质量发展、可持续发展，生态优先、绿色发展既是行动指南，也是必由之路。

（二）推进流域治理，必须牢固树立系统思维

以黄柏河流域治理为例，该流域水生态环境影响因素涵盖了矿产资源开发、河道管理、水土保持、生活污水等方面，必须从众多因子中分清主要与次要、表面与潜在、直接与间接，既要抓关键要害，又要统筹兼顾，坚持岸上水下、上游下游、截污控污相结合，政府、企业、社会共发力，行政、法律、经济等手段齐上阵，统筹山水林田湖草系统治理、综合施策，从根本上保护水环境质量持续向好。

（三）推进流域治理，必须加强体制机制创新

黄柏河流域治理实践证明，在严格遵守上位法的基础上，应发挥地方性法规对流域治理的引领、推动和规范、保障作用；同时，针对部门职能分割、地方地域分割造成的职能交叉、多头执法等弊端，有必要建立和完善流域综合执法机构和环保＋公安执法模式，整合各相关部门职责，实现跨区域跨部门协同执法，从制度层面保障流域治理长效化、常态化。

（执笔人：席祖荣）

五

区域联防联治

担使命　强攻坚　矢志守护一方净水

——潘家口、大黑汀水库“清四乱”专项行动实践*

【摘　要】 潘家口、大黑汀水库承担向天津、唐山两市供水的重要任务，海委引滦工程管理局（以下简称“引滦局”）围绕“保证库区安全，保障清水下泄，保持环境优美”的工作目标，积极开展河湖长制工作。河湖“清四乱”专项行动以来，引滦局准确把握河湖“清四乱”工作重点，直面困难、勇于挑战，以高度的使命感和责任感，扎实推进潘家口、大黑汀水库“四乱”问题清理整治，完成问题动态销号256个，库区面貌明显改善，生态环境持续复苏，水清岸绿、蛙鸣鱼跃的景象从回忆中再次跃入了人们的视野。

【关键词】 “清四乱”　河湖管理　区域联防联治

【引　言】 2018年11月，水利部部署开展河湖“清四乱”专项行动，引滦局紧紧抓住有利时机，严格按照水利部总体部署和海河水利委员会工作要求，全面摸底排查潘家口、大黑汀水库（以下简称潘、大水库）库区管理范围内疑似“四乱”问题，针对存在问题的性质，分门别类建立“四乱”问题台账。充分依托地方河长制工作平台，主动配合制定整治方案，联合开展“清四乱”综合执法，逐项复核整改效果。经过不懈努力，潘、大水库库区管理范围内影响防洪的违建房屋、农家院、码头等“乱建”问题，以及沉积多年的围垦河道、侵占水域等“乱占”问题均得到集中拆除清理，周边村落乱堆、乱弃生活垃圾等“乱堆”问题得到根治。

一、背景情况

引滦枢纽工程位于滦河干流，始建于20世纪70年代，主要由潘家口和大黑汀两座水库构成，是跨流域调水大型枢纽工程，承担着天津、唐

---

* 海委引滦工程管理局供稿。

山两市工业、农业、城市生活及环境用水重任，是津、唐地区赖以生存的水源。潘、大水库建成初期，库区水生态环境自然、和谐、秀美，水库水质一度达到可以直接饮用的程度，工程投入运行以来，已累计向津、唐地区实现安全供水 427 亿 m^3，为社会建设和经济发展作出了巨大贡献。进入 20 世纪 90 年代，随着社会经济特别是养殖业、旅游业的快速发展，水面水产养殖规模无序扩张、周边山体果木种植大量使用化肥农药，导致水库水体氮、磷、钾含量严重超标，当地百姓私搭乱建的农家院、饭店、临时码头等各类旅游设施如雨后春笋般涌现，进一步加剧了水质恶化趋势。天津市曾因水质低劣而多次亮红牌甚至拒绝引调水。到底还有多少“家丑”，怎样化解“老大难”，如何管好“责任田”，成为摆在引滦局面前的一张亟待解答的问卷。河湖“清四乱”专项行动，犹如久旱甘霖，为潘、大水库解决历史积弊、改善生态环境提供了有利契机。

二、主要做法

（一）深入排查，建立清晰的问题清单

库区移民后靠导致的河湖“四乱”问题，成因复杂、解决难度大，长期困扰潘、大水库管理工作。在前期配合地方编制“一河一档”工作的基础上，引滦局按照“不放过一个疑似目标、不错判一个问题”的原则，组织局属相关单位全面走访排查库区管理范围内“四乱”问题点位，针对影响库区水质的问题线索，对水库上游滦河干流及主要支流进行延伸溯源。为逃避清理打击，有的养殖企业将厂址设在较为偏僻隐蔽的库湾深处，有的排污企业偷埋暗涵暗管并利用夜间直排污水，有的施工单位未批先建或利用节假日抢工违法侵占水域空间。引滦局对症下药，工作人员克服骄阳炙烤、山林阻隔、蚊虫叮咬、荆棘挡路等困难，通过加密巡测频次、扩大巡查范围、蹲守调查取证，深入一线采集数据影像材料，实地排查走访附近村民核实有关情况，建立了清晰完整的问题清单。

（二）密切协作，建立准确的问题台账

按照水利部河湖“清四乱”专项行动工作要求，中央直管河湖纳入属地管理，“四乱”问题由地方政府和河长制办公室负责清理整治。引滦

局不断完善流域区域管理相结合的协调联动工作机制，与相关地方政府及有关部门进一步细化协作对接机制，靠前服务，畅通渠道，主动移交问题线索，及时组织开展联合巡查执法，有效遏制问题新增或反弹。在对某板栗加工厂侵占库容问题调查过程中，引滦局主动为地方河长提供问题清单和技术资料，组织二级单位和业务部门对板栗加工厂院落四至范围与水库管理范围进行现场交桩比对，经地方政府主管部门联合认定后，确认侵占大黑汀水库库容问题属实，作为“乱占”严重问题纳入属地“清四乱”台账并彻底清理整治。

（三）严肃认真，依法依规开展问题清理

“四乱”问题清理整治是执法主体与违法当事人的正面交锋，清理整治能否取得当事人认可，直接影响政府在百姓心目中的公信力。腾亿山庄、老蔡农家院、老董农家院等乱建问题排查处理工作中，个别当事人矢口否认违法事实并对问题判定依据提出质疑。引滦局协调有关县河长办、自然资源和规划局等部门，对各处疑似违建开发经营相关手续进行查证，并从库区埋设的界桩入手，对现状地形地貌与库区管理范围界桩、水库最高水位线等进行核实，聘请第三方测绘部门进行检测复核，邀请政府部门及当事人现场旁站，使得当事人最终承认违法建设经营事实。为确保违建拆除工作万无一失，在聘请相关公证部门对涉及餐饮、住宿的设备设施等财产进行公证保全后，引滦局与相关县政府、河长办及有关部门工作人员组成100余人的联合执法行动队，对潘家口水库东坝头始建于2005年的腾亿山庄等多个违章建筑进行了依法拆除，有效避免了法律纠纷的产生。

（四）坚守底线，落实问题闭环销号

河湖“清四乱”是河湖管理保护工作的底线要求，引滦局坚持“四乱”销号底线不动摇，对历史遗留村庄民居、道路侵占库容等重点难点问题，主动上门沟通市县两级河长制办公室，多次召开问题整改现场推进会，对不能立行立改的问题要求制定整改方案，限期完成整改，并将重点难点问题录入水利部“河湖管理督查系统”。同时，引滦局发挥协调督办作用，组织二级单位和业务部门现场旁站，指导基层河长落实整改方案具体要求，整改到位后及时予以复核销号。截至2020年年底，累计巡查发现问题 258 个，实现动态销号 256 个，剩余 2 个问题均落实。

三、经验启示

（一）完善河湖长制工作机构，落实水管单位职责

引滦局于 2018 年调整了推进河长制工作领导小组，进一步明确了责任分工和工作职责，于 2019 年增设了河湖科，明确 3 人专职承担河湖长制日常工作。引滦局修订完善了《潘家口、大黑汀水库巡查制度（试行）》，将巡查工作作为河长制常态化管理的重要抓手，要求二级单位每月对潘、大库区管理范围进行全覆盖巡查，严格履行监督职责，及时将“四乱”问题线索对接乡村级河长，对潘、大水库库区“四乱”问题清单实行动态管理。截至 2020 年底，累计编制印发巡查月报 26 期、二级单位巡查月报 52 期。

（二）主动对接各级河长制办公室，推动落实属地责任

为有效推动解决历史遗留村庄民居、道路侵占库容、库区经营农家乐等涉及库区防洪安全及民生社会稳定的重点难点问题，引滦局在充分征求地方意见基础上，积极争取河北省河湖长制办公室的工作支持，及时组织开展现场调研，督促地方政府深入落实“清四乱”属地责任，充分发挥基层河长整合行政资源的优势，指导有关单位制定切实可行的整改方案，加快推进“清四乱”工作。引滦局及所属二级单位积极配合属地河长制办公室开展地方台账内存量问题清理，在对某侵占库容问题处置过程中，充分发挥水管单位专业特长和技术优势，及时提供日常管护资料、现场勘测数据和初步分析结论，提出整改方案和应急处置措施建议，安排技术人员现场驻场服务并提供必要的后勤保障，有效促进了问题的稳妥解决。

（三）借力协调联控机制，持续巩固治理成果

引滦局充分借力流域区域管理相结合的协调联动工作机制，结合日常巡查发现的问题线索，组织相邻县域乡级河长对易发问题区域和重点部位开展联合检查，并向上下游延伸一公里，针对苗头性倾向性问题，

现场协调问题整改时限、统一工作标准，并组织共同复核销号。引滦局统筹库区安全管理、水污染防治和水域岸线空间管控等要求，2021年组织唐山、承德2市3县10个乡镇，对库区返迁移民经营餐饮旅游、无主废弃零星违建等进行再次集中清理，并对库区上游支流影响行洪安全和水质的问题线索集中交办地方河长办抓紧处置，库区环境面貌得到持续提升。

（四）库区水质显著改善，一方清水畅供津唐

由于潘、大水库水环境持续遭受破坏、水质不断下滑，2017年个别地方拒绝引调滦河水。随着地方政府及水管单位河湖管理保护工作力度的不断加强，河湖“清四乱”常态化规范化的持续推进，水库管理范围及周边村庄生活垃圾实现了物业化管理，水库管理范围内养殖场和经营性违建被集中取缔，水生态得到有效修复，环境面貌焕然一新。2018—2020年，库区总磷、高锰酸盐指数等主要污染物浓度呈逐年下降趋势，2020年潘家口、大黑汀水库Ⅲ类水月度达标率分别为75%和83.3%，实现向天津、唐山两市供水12.76亿m^3，达到2017年度供水规模的220%，有效保障了区域经济社会高质量发展。

（五）加大宣传引导力度，关爱保护河湖久久为功

“绿水青山就是金山银山”的生态文明理念已深入人心，但长久以来形成的不良生活习惯及思维惯性根深蒂固，营造全社会共同关爱保护河湖的良好氛围，还需地方政府和社会各界共同努力，在投入必要的人力和物力的同时，加大水利、生态环境、国土资源、农业农村等方面政策法规执行力度，通过进一步完善奖励激励机制、加大媒体宣传教育、完善乡规民约等多种方式不断规范引导，形成全社会关爱河湖的良好氛围。

四、结语

几年来，经过引滦局和相关地方河长的不懈努力，潘、大水库周边影响水安全、水生态、水环境的突出问题得到有效处置，水库水质持续好转，生态修复效果日渐凸显，库区面貌焕然一新，人民群众幸福感、获得感和安全感显著提升，河湖“清四乱”专项行动成效显著，充分彰显了河湖长制的制度优势。加强河湖管理，保护生态环境，功在当代，利在千秋，需要我们每个人都化身为水的守护者，让“环境美，水常清”成为永恒。

（执笔人：郭旭峰　姚德贵　付立文）

建立信息共享机制
构建区域联防联治新格局

——太湖流域水环境综合治理信息共享*

【摘　要】太湖流域是河湖长制的发源地，是长三角区域一体化、长江经济带等重大国家战略的交汇点，正处于追求更高水平、更高质量发展的关键阶段。在太湖流域水环境治理与管理过程中，由于体制机制方面的制约，存在数据信息分割、信息应用不到位、信息资源浪费等问题，与协同治水要求存在较大差距。太湖流域水环境综合治理信息共享是以“智慧太湖”信息化建设为基础，水环境协同共保为根本，机制创新为突破，互利共赢为目标，需求引领为动力，建章立制为保障，探索建成跨区域、跨部门的水环境信息共享平台，为太湖流域各级河长湖长履职、水资源水环境水生态监管、河湖健康状况评估、省际边界地区水葫芦联合防控等提供了数据支撑和决策参考，是推动河湖长制从“有名有责”到“有能有效”的重要保障。

【关键词】水资源管理　资源整合　信息共享　联防联治　太湖流域

【引　言】《长江三角洲区域一体化发展规划纲要》（以下简称《规划纲要》）提出要加强生态空间共保，推动环境协同治理，夯实绿色发展生态本底，努力建设绿色美丽长三角。太湖流域地处长三角核心区域，总面积 3.69 万 km^2，总人口 6164 万人，分属沪苏浙皖三省一市，在太湖流域率先实现跨区域、跨部门涉水信息共享，打造水环境联防联控、水生态联保共治的“太湖样板”，可为流域内各级河长湖长履职提供数据支撑和决策支持，助力美丽河湖建设，提升水环境治理和管理的现代化水平，为夯实长三角一体化发展生态环境本底打下良好基础。

---

* 水利部太湖流域管理局供稿。

一、案例背景

在太湖流域水环境治理与管理过程中，流域管理机构和省市生态环境、水利（水务）等相关部门单位积累了大量的水环境信息，但由于管理体制机制方面的制约，存在数据信息分割、信息应用不到位、信息资源浪费等问题，各类数据难以最大程度地发挥应有价值。

为突破数据孤岛瓶颈，水利部太湖流域管理局（以下简称“太湖局”）会商长三角区域合作办公室，长三角区域水污染防治协作小组办公室（2021年调整为长三角区域生态环境保护协作小组办公室），长三角生态绿色一体化发展示范区执行委员会，生态环境部太湖流域东海海域生态环境监督管理局，江苏省水利厅、生态环境厅，浙江省水利厅、生态环境厅，上海市水务局、生态环境局，共建共管“太湖流域水环境综合治理信息共享平台”。此举被上海市委书记李强同志称为“长三角水协作信息联通的首次破冰”，要求“建好平台、用好数据”。

二、经验做法

（一）以共建共享为方向，凝智聚力顶层设计

《规划纲要》明确提出：“建设重点流域水环境综合治理信息平台，推进生态环境数据共享和联合监测，防范生态环境风险”。太湖流域上下游地区和相关部门不断统一思想、深化认识、转变观念，在信息共享上逐步达成一致。一是共商共建，规则先行。长三角区域水污染防治协作小组办公室会同太湖局组织编制了《太湖流域水环境综合治理信息共享方案》，参与部门单位共同签署了《太湖流域水环境综合治理信息共享工作备忘录》。二是凝聚共识，统一规划。太湖局在充分利用水利信息化建设成果的基础上，牵头建设水环境综合治理信息共享平台。同时，强化信息资源整合共享顶层设计，将太湖流域水环境信息共享纳入“智慧太湖”总体规划，分步实施、动态更新升级。三是分类分级，逐步完善。具备共享条件的数据先行共享，逐步扩大共享范围，先共享基础数据，同时加强成果分析，逐步完善数据分析、GIS展示等功能。

（二）以问题需求为导向，统筹推进建平台

水环境信息共享并不是简单的数据库“合多为一”，而是要理顺各方对所共享信息的需求，形成分工与协作系统态势，减少资源重复投入，促进共享后的信息发挥整体优势和集成效应，推动水环境综合治理各项工作。一是主动对接摸需求。太湖局联合长三角区域合作办公室、长三角区域水污染防治协作小组办公室，走访苏浙沪生态环境、水利（水务）部门开展需求分析和专题调研，确保数据资源和平台的开发建设满足不同用户的多元化需求。二是规范管理统标准。太湖流域水环境综合治理涉及多地区、多部门，既相互独立又互有联系，需建立健全信息资源共享的标准和技术规范体系，规范数据采集、存储和处理。统筹建设全流域物理分散、逻辑集中、资源共享、动态更新的信息资源大数据中心。目前，平台已初步实现统一的技术标准，包括：信息资源的目录分类、信息采集、共享交换、平台对接、网络安全保障等。三是齐心协力通数据。针对信息共享过程中存在的数据异构、传输不畅等问题，成员单位共同努力，经反复测试、协调，提出切实可行的解决方案。在太湖局建设信息交换中心，各地区、各部门涉水信息统一标准后直接上传交换中心，生态环境部门数据经当地水利（水务）部门政务网中转至交换中心，既节约了太湖局与各地生态环境部门新建专网的投资，又达到了信息交互目的，成功实现涉水生态环境信息的共享。

（三）以互利共赢为目标，履职尽责用平台

信息共享的目的在于数据的有效应用和支持成员单位全面履职。目前共享平台已为河长湖长履职、水资源水环境水生态监管、河湖健康状况评估、水环境综合治理效果评价、饮用水安全保障、重点跨界河湖管理、水环境监测预警、太湖蓝藻监测预警等流域水环境的综合治理与管理决策提供服务。一是效果导向重实用。在统一平台集成不同行业、不同区域的涉水信息，有利于实现跨行业、跨区域、上下游、左右岸数据信息的互补融合，及时全面掌握各方信息也有助于相互理解和信任，形成治水合力；全面精确的水量、水质监测信息汇集于流域平台，辅助水资源配置与调度决策，为落实流域“三条红线”管控提供支持，既最大化发挥了数据信息价值，又提升了流域管理机构协调的科学性和权威性。

二是云上服务求便捷。结合“智慧太湖”建设开发专题应用模块、可视化展示模块，运用云计算技术全面拓展数据应用，已初步实现个性化的数据管理、业务支持功能。三是量质并重显高效。平台实现了重要河道断面水位、流量和水质的同步监测，能够有效掌握断面的污染物通量。用户根据履职需要，利用共享平台提供的太湖流域水环境长系列历史数据和自动监测实时数据，既能实时感知流域水环境的动态变化，又能分析研判水环境的变化趋势。

（四）以规范安全为抓手，建章立制守平台

观念破冰，促进了行动的破冰。强有力的体制机制保障是持续推进信息共享深化细化、提质增效的关键。一是建章立制强管理。秉承“分工合作、共商共建、扎实推进”原则，成员单位商议建立了太湖流域水环境综合治理信息共享联席会议制度，制定了信息管理办法和平台维护制度。二是明确职能压责任。坚持“谁共享、谁负责”的基本原则，构建共享数据“完整性、时效性、准确性”评价机制，督促各方自律。加强平台及数据的安全保障体系建设，开展运行环境维护、系统优化改造维护、业务应用升级改造服务等系统运维和技术保障服务。不断完善信息资源共享安全机制，确保信息系统运行的安全、稳定、可靠。三是循序渐进促升级。信息技术的发展日新月异，信息共享平台的建设是一项长期坚持、不断优化的系统工程，通过定期总结经验、更新需求、挖掘数据、业务培训等方式，持续提升平台的服务功能和共享水平，形成“建好平台、用好数据”的长效机制。

三、启示意义

太湖流域是河湖长制的发源地，在太湖流域探索建成的跨区域、跨部门水环境信息共享平台，为太湖流域各级河长湖长履职等提供了数据支撑和决策参考，是推动河湖长制从“有名有责”到“有能有效”的重要保障，同时也可为研究和解决跨区域、跨行业协同治理和管理问题提供参考借鉴。

（一）机制创新是协同推进水治理体系与治理能力现代化的必然要求

太湖流域水环境治理已有十多年，水环境信息共享需求一直存在却

又难以实现共享的主要原因是部门分割和区域壁垒，要破解水治理与管理这一历史难题，实现跨际融合、系统治理，构建体系完备、科学规范、运行有效的流域综合管理体制机制是非常必要的。2018年11月5日，习近平总书记明确长三角一体化发展为国家战略，《规划纲要》强调要坚持深化改革，破除制约一体化发展的行政壁垒和体制机制障碍，创新一体化发展体制机制。由此也成就了太湖流域水环境综合治理信息共享平台建设的“破冰之举”，成员单位加快推进水信息标准化、部门协作常态化、区域合作规范化，切实提升了水治理体系和治理能力的现代化水平。

（二）“智慧太湖”建设是水环境信息共享的基础

太湖局作为水利部的派出流域管理机构，所辖行政区涉及江苏、浙江、上海、福建、安徽五省（直辖市），自2008年实施国务院批复的《太湖流域水环境综合治理总体方案》起，就开始谋划水环境综合治理的信息化管理和“智慧太湖”的建设，组织开发了流域水环境综合治理信息共享平台，初步实现了基础设施构建、数据资源管理、业务服务支持等功能。长期的监测数据积累和跨界水事协调能力，为在短时间内顺利建成由流域内多区域、多部门协作的水环境信息共享平台打下了良好的基础。同时，太湖局作为流域信息共享与互动机制建设的牵头部门，主动担当作为，拟规则、定标准、解难题、建平台、保运维、守安全，积极推动各部门围绕目标分工协作，为信息平台的共享标准制定、基础设施建设、数据资源管理、专业技术支持等提供了全面服务。

（三）水环境信息共享平台为高质量推进太湖流域水环境联保共治提供强劲内生动力

知易行难，取易守难。水环境综合治理信息共享平台上线运行以来，已实现太湖流域地区代表站、省界河湖断面、入太湖河道、水源地等水资源、水环境、水生态监测数据（水位、流量、水质、藻类、水草打捞量），各县级行政区污染物排放量和规模以上入河排污口排污量、省界水葫芦联防联控等10余类涉水信息资源共享，已共享测站、断面302个，其中实时共享的自动监测站87个，共享时间序列为2016年1月起。平台实现了共享信息的在线查看和地图展示，已为水资源水环境水生态监管、饮用水水源地水量水质监管、太湖富营养化动态评估、太湖治理重大科技问题研究等流域综合治理与管理决策提供了第一手材料和分析数据支撑，为更高质量推进流域水环境的协同保护治理提供了强劲内生动力。

下阶段，结合流域水环境监测标准、评价方法、监管执法的逐步统一，共享平台将会同相关部门持续更新数据需求和扩大功能范围，充分挖掘数据价值，联合发布流域水环境评价信息。强化水安全风险预警能力和突发水环境事故的应急管理能力，构建太湖数字孪生流域，开展溯源分析和动态模拟推演，实现物理流域与数字流域之间全要素、动态、实时、畅通交互和深度融合，助力建设美丽河湖，打造跨区域、跨部门水环境联防联控、水生态联保共治的“太湖样板”。

（执笔人：吴亚男）

锐意改革谋发展 “一体”治水谱新篇

——长三角生态绿色一体化发展示范区联合河湖长制工作纪实*

【摘　要】 长三角生态绿色一体化发展是长三角一体化发展国家战略的先手棋、突破口，同处长三角生态绿色一体化发展示范区的上海市青浦区、江苏省苏州市吴江区、浙江省嘉兴市嘉善县，以联合河长制为平台，不破行政隶属，打破行政界线，通过政府推动、优势互补、统筹协调、合作共赢，在不断推进跨界河湖治理工作实践中，从不同点位向着同一目标展开全方位、多层面的交互式探索，逐步摸索出了一条从“联合”到“融合”之路，把一个抽象化的理论概念变成可复制、可推广的实践成果。

【关键词】 长三角一体化发展示范区　河湖长制　联合　融合

【引　言】 本文从青、吴、嘉三地联合治水出发，分别介绍三地探索从“先行先试”到“联合有力”的河湖长制，通过积极推行“联合巡河、联合管护、联合监测、联合执法、联合治理”的管水治水模式，使三地在交界河湖管理中，摒弃了以往各自为政，实现了水岸共治的良好局面，为推行联合河湖长制实现河畅、水清、岸绿、景美做出了有益、有效地探索。

一、案例背景

同处长三角生态绿色一体化发展示范区的上海市青浦区、江苏省苏州市吴江区、浙江省嘉兴市嘉善县自古是江南水乡，青浦水面率达到18.69%，吴江水面率达到24.4%，嘉善水面率达到14.29%，三地河湖相通、地缘相近、人缘相亲，朱家角、同里、西塘等水乡古镇远近闻名，

---

* 上海市青浦区河湖管理事务中心供稿。

有着得天独厚的水资源和水生态优势，特别是交界区域水网密布、河湖纵横，随着社会经济发展，许多交界河湖水体出现了水质反复、水葫芦泛滥、环境脏乱差等问题，尽管三地都出台了一些治理举措，但由于治理方案、治理技术、治理时间等方面的不统一，导致河湖“反复治、治反复”，根本性的问题始终难以解决，导致河湖环境面貌越来越差。

2019 年 5 月，中共中央政治局会议审议通过了《长江三角洲区域一体化发展规划纲要》，同年 10 月，《长三角生态绿色一体化发展示范区总体方案》获国务院批复，青浦、吴江、嘉善三地被推上了示范区的舞台中心，这为三地展开联合共治探索提供了战略支撑和政策指引。

二、原因分析

在跨界河湖治理实践过程中，由于三地行政区域和管理模式的差异所形成的壁垒，最终导致你治你的、我治我的，难以形成有效合力，同一个河湖、同一片水域、陆域“反复治、治反复”，其根本问题难以解决，普遍存在着责任界定难、规划不统一、信息不通畅、治理不同步、利益难协调等问题，造成了跨界河道管护治理过程中的盲点、难点、痛点，也为基层各部门履职尽责提高了难度、增加了成本、降低了效率。

三、探索历程

青、吴、嘉三地一衣带水。特别是党的十八大以来，三地水务人践行习近平总书记“两山”理论，秉承“忠诚、干净、担当、科学、求实、创新”的水利精神，齐携手、共筹谋，对标“长三角生态绿色一体化发展示范区”新要求，对表打赢“碧水保卫战”，重塑碧水清流的水乡底色新任务，坚持新发展理念，凝聚三地河湖长制工作合力，持续推进水环境治理和水生态保护，走出一条跨区域联防共治、生态文明与经济社会发展相得益彰的新路。

河长制是个全新的事物，联合河湖长制更是一片全新领域。特别是在长三角生态绿色一体化示范区国家战略的大背景中，所呈现出的作用和价值不言而喻。青浦、吴江、嘉善开始从不同点位向着同一目标展开全方位、多层面的交互式探索。

2018年11月，第一届中国国际进口博览会在青浦国家会展中心召开，恰逢水葫芦大面积爆发期，严重威胁下游河道水环境健康，三地集思广益，以水葫芦联合打捞为突破口，签订水域保洁一体化协作框架协议，跨前打捞、联合打捞，当年打捞水葫芦约21万余吨，成效显著，为探索水环境联防联控迈出坚实一步。

2019年初，结合不忘初心、牢记使命主题教育，三地签订“党建引领长三角生态绿色一体化发展示范区协同治水”框架协议，共牵红色纽带、共学红色思想、共建红色驿站、共筑红色阵地，进一步夯实水环境联防联控工作机制。

2019年10月，三地联合举办“长三角生态绿色一体化发展示范区协同治水启动仪式”，向73名跨界河湖相关区、镇、村三级河长颁发联合河长聘书，向三地“党员护河先锋队”授旗，实行“联合河湖长制”，形成更大合力，标志着三地跨界河湖治理由各自作战全面转向协同合作，形成了区域治水一体化新格局。在2019太湖淀山湖湖长协作会议上，水利部魏山忠副部长对三地“联合河长制”给予高度评价，指出“联合河湖长制”的建立是对跨区域河湖协同治理机制结合河长制湖长制的创新实践，是水利助推示范区生态绿色高质量发展的创新举措。

四、主要做法及成效

青、吴、嘉河湖长制从“联合”走向“融合”正由一个理论化概念变成可复制、可推广的实践成果。2020年初，三地河长制办公室在区县和街镇层面积极建立健全“一体联动、务实高效”的沟通协作机制，共同谋划实施“1＋5＋X”工作计划，即制订一个跨界河湖治理方案、深化五个联合工作机制（联合巡河、联合管护、联合监测、联合执法、联合治理）、打造X个建设治理亮点。2020年10月31日，三地联合举办“不忘初心 牢记使命——长三角生态绿色一体化发展示范区协同治水再深化主题活动”，全力构建跨省河湖共建共治共享的生态治理新格局。2021年3月22日，青浦、吴江、嘉善三地河长制办公室共同签发了贯彻落实《进一步深化长三角生态绿色一体化发展示范区河湖长制 加快建设幸福河湖的指导意见》工作任务清单，使“联合河长制”加速向“有实”“有能”转变，持续深化示范区协同治水工作。

（一）联合巡河

2020年8月，青浦、吴江、嘉善联合印发《示范区跨界河湖联合河长湖长巡河工作制度》。制度规范了联合河长湖长巡河频次、内容，建立了存量问题清单制，增量问题工单制的问题处置流程，有效促进巡河效能提升。同时继续提升“空（卫星遥感）、天（无人机航拍）、地（视频实时监控）、水（船舶巡查）”等一体化协同信息监管能力。2021年启动跨界河湖“一河一档”整合、“一河一策”编制和示范区联合河长制信息系统建设，进一步提升跨界河湖问题发现、处置效率。

（二）联合管护

依托水葫芦联防联控平台，跨前打捞、联合打捞，下游打捞量逐年下降，上游打捞量逐年增加，2020年出动1.2万船次、3.7万人次、打捞水葫芦2万余吨；锁定96条蓝藻易聚集问题河道清单，14处环淀山湖蓝藻易聚集区域清单，完成淀山湖水域4处蓝藻围隔布设，2020年7月邀请无锡市水利局、蓝藻治理办公室领导及无锡太湖蓝藻专业化处置团队进行现场观摩指导，着力提升蓝藻防控处置水平。2021年3月，青浦区金泽镇、苏州市吴江区汾湖高新区两地正式签署《雪落漾一体共治备忘录》，启动长三角示范区内首个跨界河湖一体化管养项目，把雪落漾整体水域及岸线8m范围内作为一个整体标的，采用一体化养护标准，实行一体化招标模式，共同招标选取一家专业公司进行整体水域管理养护，从根本上解决各自责任难厘清、河道养护标准不一等问题，力争把雪落漾打造成为长三角生态绿色一体化发展背景下跨界河湖长效治理的新典范。

（三）联合监测

三地围绕“统一监测指标、监测频次、评价标准、评价方法，实现信息共享”的“四统一、一共享”工作目标，联合开展示范区内水文水质和水源保护预警监测，每月编制《示范区水资源水生态简报》。同时加强示范区上下游水文单位协作，积极探索建立符合示范区生态特征的河湖健康评价体系，开展了淀山湖（元荡）暨“蓝色珠链”区域水下地形及底泥勘察测量、淀山湖蓝藻水华调查、骨干河道底泥监测，编制河湖健康状况“蓝皮书”，共同谋划示范区水生态监测以及湖泊蓝藻识别预警课题研究，提升服务示范区“幸福河湖”能力。

（四）联合执法

在太湖局“一湖两河”联合巡查机制的基础上，水政执法机构逐步形成“三纵四横”（四横是青浦、嘉善、吴江、昆山；三纵是区级、镇级、村级）的边界执法网络，同时完善联席会议机制，信息双向告知机制，探索形成省市、区两级的涉水多部门（城管、海事、渔政、生环、水派）综合执法机制，共同打击影响水环境的违法行为。2020 年底，三地联合印发《长三角生态绿色体化发展示范区水行政执法联动协作方案（试行）》，进一步健全了跨界河湖监管制度和执法联合督查制度。2021 年，三地在跨界河湖试点“河长＋检察长”联动模式，通过职能互补，齐抓共管，进一步凝结行政执法和检察监督部门合力，提高依法治水能力。

（五）联合治理

按照“统一规划，分步实施，统筹兼顾，突出重点”的原则，深化水利一体化合作，推动重点跨界水体“一河（湖）一策”联合编制，保障联动实施有方案、有计划、有节点。突出安全、水质、环境要素，分区域统筹推进重点跨界水体综合整治，2020 年三地充分对接，一期 16 个联合治理项目正式签约，高标准打造有亮点、有显示度的示范样板河湖，其中元荡生态岸线贯通工程一期作为首个跨界河湖联治项目，青浦、吴江两地紧密对接，创新审批机制，统筹前期规划，统一设计理念和标准，通过共绘一张蓝图、共商一套标准、共建一批机制、共推一个计划，充分发挥一体化治理、联保共治的示范效应，从开工到完工，前后共 133 天，跑出了示范区建设的新速度，成功保障示范区国家一周年现场会。2021 年，元荡生态岸线贯通工程二期成功保障三省一市举办的长三角重大项目“云开工”视频连线，力争 9 月底完成，在示范区二周年国家现场会前发挥效益。

五、经验启示

流域作为一个生态系统，具有不可分割的整体性，得益于联合河湖长制度的建立，“治河不分家”成为共识，一泓清水三地守护，没有上下游联动、左右岸互动、干支流齐动，联保共治，河道面貌就难以真正实现改观。

建章立制是形成合力的基础，但要想推动联合河湖长制从“有名”走向“有实”，关键还是要把制度落细、让措施落实。青、吴、嘉三地摒弃了以往各自为政，始终坚持问题导向，敢于面向棘手难题求突破，共同摸索出一套行之有效的省际协作“联合河湖长制”，以更高质量的河湖长制工作支撑示范区生态绿色一体化发展，加快建设示范区幸福河湖，为长三角生态绿色一体化发展和跨界水体生态环境保护提供新示范。

（执笔人：万陆林　殷健　赵怡晨）

践行国家战略　加强区域协同
多方联合共护“一江清水”

——江苏省苏州市吴江区“联合河长制”的探索和实践*

【摘　要】吴江集多年水污染防治的探索与实践，在全国首创“联合河长制”，逐渐建立起一种跨界共治共享机制，为全国范围内深化完善河长制湖长制、推动跨行政区域河湖协调衔接提供了创新案例。2019 年，以联合巡河、联合保洁、联合监测、联合执法、联合治理为主要内容的“联合河长制”在长三角一体化示范区推广实施，为高质量建设美丽长三角奠定了坚实环境基础。

【关键词】长三角一体化示范区　联合河长制

【引　言】2018 年 11 月 5 日，习近平总书记亲自宣布长三角一体化发展上升为“国家战略”，随后江苏吴江与上海青浦、浙江嘉善全域纳入长三角生态绿色一体化发展示范区，示范区提出要推动从区域项目协同向区域一体化制度创新迈进，打造一体化制度创新的试验田。长三角地区是长江经济带的龙头也是全国经济实力最强的地区，水网密布，跨界水体众多，共治“一江清水”，是长三角一体化示范区各地共同的愿望与责任。

一、背景介绍

2018 年 11 月 5 日，习近平总书记亲自宣布长三角一体化发展上升为“国家战略”，随后江苏吴江与上海青浦、浙江嘉善全域纳入长三角生态绿色一体化发展示范区，示范区提出要推动从区域项目协同向区域一体化制度创新迈进，打造一体化制度创新的试验田。长三角地区是长江经济带的龙头也是全国经济实力最强的地区，水网密布，跨界水体众多，

---

* 江苏省苏州市吴江区河长制办公室供稿。

共治“一江清水”，是长三角一体化示范区各地共同的愿望与责任。

吴江区是典型的江南水乡，区域内河道纵横交错，湖泊星罗棋布。全区拥有大小河道2600多条，湖泊330多个，水域面积302.33km²，水面率24.4%。吴江与周边地区水系相互连通、交界水域众多，其中与上海市、浙江省有交界河湖50个。一直以来，跨界河湖由于存在行政区划壁垒导致治理过程中出现各种矛盾，上下游左右岸管理职责不清、执法尺度不统一等问题日益凸显，部分河流交界断面水质波动较大，一些跨界污染纠纷长期未得到妥善解决。

2001年11月22日零时，因清溪河[1]由来已久的污染问题一直得不到有效的沟通与解决，终于发生了封堵断河事件。这场声势浩大的“零点行动”唤醒了吴江的一体化治水意识。吴江区积极践行习近平生态文明思想，深入贯彻长三角一体化发展国家战略，改革跨界河湖治理模式，创新实施五大工作机制，成功打破行政壁垒，首创“联合河长制”，315名“联合河长”实现与周边区县所有交界河湖全覆盖，形成了较为完善的区域一体化河湖治理制度体系，开创了多方共赢的区域生态治理局面，河湖水生态得到明显改善。全区区级河湖达到或好于Ⅲ类水质的水体数量从2018年的24个提升为目前的56个，连续13年完成太湖确保饮用水安全、确保不发生大面积湖泛“两个确保”目标，擦亮了“百湖之城”的生态底色，为推进生态治理区域一体化提供了先行示范。

二、主要做法

2018年11月，吴江区与嘉兴秀洲区建立联合河长机制，开创跨越省级行政区划联合治水新模式。2019年，“联合河长制”进一步复制推广，吴江区先后与嘉兴桐乡市、湖州南浔区、上海青浦区、嘉兴嘉善县签署协同治水协议。2020年，吴江区又与昆山市、吴中区实现联合河长互聘。目前，吴江所有交界河湖已实现“联合河长制”全覆盖，“联合巡河、联

---

[1] 江苏省苏州市吴江区与浙江省嘉兴市秀洲区省际界河，江苏地界称清溪河，浙江地界称麻溪港。

合管护、联合监测、联合执法、联合治理”五大机制常态化运行。

（一）建立联合巡河机制，推动巡河制度化

2020年8月，青浦、吴江、嘉善、昆山四地联合印发《示范区跨界河湖联合河长湖长巡河工作制度》，明确联合河长巡河职责、内容、方式、频次等内容，实现了联合巡河的规范化、制度化。联合河长定期开展联合巡河，及时掌握交界河湖水事情况，发现问题现场会商、现场解决，最快速度解决交界河湖问题。

（二）建立联合管护机制，推动管护常态化

建立联合巡查、会商、打捞等一整套河湖联合保洁流程。通过全段委托、上下游分段、轮流养护和经济补偿等多种方式，划分明确交界区域河道、湖泊责任区域。建立专职保洁队伍，将管护责任落实到人，实现河面漂浮物源头互控，打捞设备人员互援，重点区域攻坚互助，上下游、左右岸协调联动。

（三）建立联合监测机制，推动监测互通化

交界河湖统一整合水质监测点，统一明确监测内容（氨氮、总磷等6项）、统一联合监测时间。建立基础信息月报互报制度，实现环境监测数据的互通共享。对涉及跨区域的重大水环境安全信息，做到第一时间通报，提升应急联动能力。

（四）建立联合执法机制，推动执法规范化

按照统一指挥调度、统一队伍建设、统一检查程序、统一执法力度和统一自由裁量的“五统一”原则，构建生态环境统一执法模式。实现环境执法跨界现场检查互认常态化，专业执法巡查队伍每季度至少开展一次定期联合执法巡查，对巡查结果、通报事项逐一研讨，明确解决措施，分头落实整改。

（五）五建立联合治理机制，推动治理科学化

在交界河道治理规划编制过程中，事前进行充分沟通，对河湖问题清单进行全面梳理，统一治理目标和治理标准，共同谋划河道整治内容、整治规模、投资强度、整治时间等事项，对具体问题逐一“立项”，形成治理任务书，河湖治理实现联动化、科学化。

三、取得成效

立足当前，“联合河长制”切实解决了积累多年的区域河湖问题，有效改善了河湖治理局面，有力提升了区域生态环境，协同治水成果逐步显现，主要体现为以下三方面。

（一）形成了一整套共建机制

联合治理机制在跨界河道治理过程中，更多从河湖自然属性角度进行规划，实现治理措施协调同步，探索形成了一整套有效的工作机制。协同青浦、嘉善、昆山，推动建设“联合河长制”信息化系统平台，加强信息共享和协同预警。近年来共开展联合巡河1000余人次，解决大量涉水矛盾纠纷。开展联合执法10余次，有效打击涉水违法行为。多次开展清溪河、太浦河、元荡等联合水质监测行动，共同促进长三角河湖品质提升。

（二）推动了一揽子共治项目

强化系统治理，从河湖清淤疏浚、岸线绿化美化，到岸源污染防治、产业优化升级等全面协同，项目化推进跨界河湖综合治理。编制完成《示范区跨省河湖治理实施方案》，青吴嘉三地实现联合治理项目签约，16个项目总投资约13.15亿元。联合上海市青浦区启动元荡（淀山湖）岸线贯通工程，投资2.4亿元的元荡先导段率先完工，受到国家发展改革委何立峰主任的高度评价。推动“沪湖蓝带”计划，实施元荡、诸曹漾、雪落漾“美丽湖泊群”建设，启动太浦河共保联治江苏先行工程。围绕“长三角原点”，高水平规划建设“水乡客厅”，全力塑造“江南韵、小镇味、现代风”的新江南水乡风貌。

（三）打造了一系列共享成果

“联合河长制”运行以来，区域内河湖生态系统质量和稳定性持续提升，人民群众满意度显著提高。吴江、秀洲共同出资1亿元，携手实施清溪河清淤疏浚，完成清淤10km、土方100万m^3，有效解决了王江泾国考断面不能稳定达标的难题。目前，太浦河、江南运河等重点河湖水质持续稳定达标，2个集中饮用水水源地水质达标率100%。

四、经验启示

（一）河湖治理的制度创新

“河长制”是以习近平新时代中国特色社会主义思想为指导，为维护河湖健康生命、实现河湖功能永续利用而建立起的制度保障。“联合河长制”是从我国国情水情出发，以“河长制”为基础，针对跨界河湖管理保护而创新建立的共治共享机制。青吴嘉三地常态化开展“联合巡河、联合管护、联合监测、联合执法、联合治理”，有效改善了河湖治理局面，有力提升了区域生态环境，示范区河湖从“各美其美”到“美美与共”。实践证明，“联合河长制”是解决我国跨界河湖复杂水问题的有效举措，是完善水治理体系、保证国家水安全的制度创新。

（二）覆盖河湖的组织体系

示范区青吴嘉三地均建立了三级河长湖长组织体系，上千河长湖长上岗履职；两区一县均设立了河长制办公室，实现了对行政区域和河湖的全覆盖。“联合河长制”建立后，各地党政领导挂帅协调、高位推动，打破行业和地域界限，整合行政资源，强化部门协同和不同区域上下游左右岸联防联控，通过强大的号召力，产生高效的执行力和统一的向心力，形成党政负责、河长牵头、部门联动、社会参与的工作格局，跨界河湖管理保护中的一些老大难问题迎刃而解，为“联合河长制”的实施和示范区水环境的提升提供了重要的组织保障。

（三）问题导向的集中整治

河湖是一个有机整体，本身没有行政界线，只有遵循河湖的自然属性，打破治理中的人为割裂，才能取得成效。示范区三地以问题为导向，以目标为引领，对跨界河湖存在的突出问题，精准发力抓落实，集中力量打歼灭战，实行专项整治、集中打击、重点突破、限期完成，特别是河湖“清四乱”行动以及水环境保护重点问题专项整治，包括城市黑臭水体治理、农村人居环境整治，使得一些多年积累的顽疾和陈年积案、困扰当地的老大难问题在短期内得到整治和清零，取得显著成效，河湖面貌大为改观。

（四）值得借鉴的生动案例

长三角一体化发展示范区建设承担着“打破行政边界、不破行政隶属”的独特使命，实现体制机制的改革创新。吴江区以解决水污染的现实问题为切入点，在实施联合河长制基础上，推进河湖治理向社会综合治理延伸，从交界村联合治水护河，逐步发展为示范区三地党建、民生、社会综治等工作共建共治。示范区以联合河长制为纽带，打破区域行政壁垒，推动区域统筹协调和经济社会多方面深度融合，为加快长三角一体化发展、实现从区域项目协同走向区域一体化制度创新提供了可复制可推广的范例和引领。

（执笔人：周莹雅　沈建伟）

共建"河管家" 共管"上下游"

——重庆市潼南区坚持全流域一体化推动川渝跨界河流联防联控*

【摘　要】潼南涪江、琼江贯穿全境，是四川进入重庆的第一站，跨省市河流众多，跨界治水任务千头万绪、复杂繁重。近年来，潼南区坚持"共抓大保护，不搞大开发"方针，以河长制为抓手，携手上下游，坚持全流域一体化理念，建立跨区域联动体系，打造合作平台，组建川渝河长制联合推进办公室，实施生态补偿，开展联合专项治理，着力共建跨界河流"管家"，全面监管上下游水环境质量。

【关键词】全流域　跨界河流　联防联控

【引　言】2016年11月，中共中央办公厅、国务院办公厅印发《关于全面推行河长制的意见》，决定在全国全面推行河长制。2020年1月，中央财经委员会第六次会议明确提出，推动成渝地区双城经济圈建设，有利于在西部形成高质量发展的重要增长极。潼南是重庆西北门户，地处长江上游，与四川资阳、遂宁相邻，河流众多，推进河长制全面落地见效，为成渝地区双城经济圈建设提供强有力的水生态保障，是潼南区义不容辞的责任与担当。

一、背景情况

潼南作为重庆主城桥头堡城市，地处巴蜀腹心，川渝一小时经济圈交汇点，与四川省遂宁市、资阳市相邻，幅员面积1583km^2，辖23个乡镇（街道），总人口103万人，隶属嘉陵江水系，水资源丰富，涪江、琼江贯穿全境，是四川进入重庆的第一站，拥有大小河流136条，水库75

---

* 重庆市潼南区河长办公室供稿。

座，其中包括涪江、琼江在内跨省市河流13条。涪江、琼江属嘉陵江一、二级支流，上游主要是四川省遂宁市、资阳市，下游主要是重庆市铜梁区、合川区，两江沿线常住人口达到800万人以上。

琼江潼南段

若无源头活水，何来清流如许？上下游既休戚与共，治理又岂能孤军作战？2017年以前，潼南全流域“一盘棋”意识淡薄，问题主要表现在三个方面：一是缺乏统一协调机构。跨界河流经多个区域，治理任务点多面广，全流域无统一协调机构，导致统筹协调力度不够，工作缺乏强制约束力，时常出现监督不力，难以形成共治合力。二是缺乏联防联控机制。受行政区域壁垒，上下游处于各行其政、各管一段的碎片化状态，治水管水要求、标准不尽相同，缺乏会商、联络、共享等工作机制，造成信息不畅通、数据不准确、责任认定难等问题。三是缺乏联合监管手段。跨界区域“你中有我，我中有你”，易成为盲区，常疏于管理，上下游缺乏流域性的整体规划、系统治理方案以及生态补偿机制等，治水效果不理想。

全面推行河长制以来，潼南区慎终如始学好用好“两山论”，走深走实“两化路”，严格按照重庆市委、市政府要求部署，充分发挥河长制牵头抓总、组织协调、督促落实作用，坚持问题导向，以水质只能变好为目标，从联防联控入手，建立联动体系，打造合作平台，实施生态补偿，共同开展专项行动，实现了跨界河流强监管的新突破。2017 年以来，先后与四川资阳、遂宁，铜梁、合川等地签订了《河长制领域战略合作框架协议》等 10 余份，跨界河流联防联控机制不断健全。近年来，涪江（潼南段）水质稳定为Ⅱ类，琼江（潼南段）水质稳定为Ⅲ类。2021 年 5 月，涪江（潼南城区段）被评为重庆市美丽河湖优秀案例。2021 年 6 月，琼江（潼南段）被确立为重庆市示范河流首批试点建设对象。

潼南、铜梁、遂宁、资阳四地河长制办公室共同签署
《河长制领域战略合作框架协议》

二、主要做法

潼南区与遂宁市、资阳市、铜梁区、合川区等地，以成渝地区双城经济圈建设为契机，打破行政区域界限，推进全域治理，共建跨界河流“管家”，全面推进上下游水环境质量改善。

（一）建立联动体系，画出一体化治水“同心圆”

潼南区坚持“一体化”理念，摒弃本位主义思想，在上下游河长的示范带动下，各级各部门克服行政区划壁垒，建立多级联动体系，逐步勾画出一体化治水“同心圆”轮廓。

1. 河长示范，联合巡查

各级河长采取走上游、访下游的方式，主动对接相邻市区县，带动部门、镇街集中巡河巡库，互通巡查情况，并鼓励各级河长“多走 1 公里”，采取联合交叉巡河、现场协商解决需共同协商的问题。2018 年 11 月，在川渝省市级琼江河长带动下，潼南区与遂宁市、资阳市、铜梁区开展联合巡河查河。此举在全国属首次。

2. 部门互动，共同规划

启动遂潼一体化发展方案编制，并纳入“十四五”规划范畴，在环境、水利、检察等多部门之间共建涪江流域生态环境保护协作机制，实施流域整治、产业发展等“一张图”规划。与遂宁、资阳等地同步开展“一河一策”修编，均将实施周期由原来的三年调整为五年，编制完成后相互征求意见建议，共同推进方案实施。2021 年 8 月已基本完成涪江、琼江等跨省际河流新一轮“一河一策”修编工作。

3. 公众参与，相互监督

通过公布投诉举报电话、更新河长制公示牌，鼓励争当河流志愿者、护河员等方式扩大公众参与面，并加强与重庆市公众河流环保文化中心协作，不断发动社会广大群众共同参与、相互监督，重点对跨界河流开展调研 8 次，形成琼江流域生态环境及污染调研报告 3 份，发现并解决问题 20 余个。

（二）打造合作平台，搭建协同化治水“连心桥”

2017 年以来，先后通过组建河长制联合推进办公室，开展数据信息互联互通，共设监测点位等方式不断打造合作平台，加强资源共建共享。

1. 共建联合办公室

2020 年 4 月 29 日，川渝两地省级河长制办公室在潼南区正式组建川渝河长制联合推进办公室。联合推进办公室主要负责统筹协调川渝两省市跨界河流全面落实河长制工作，督促检查重点工作落实情况。两省市轮流互派工作人员，组成工作组，联合办公，协调上下游各方利益。这一跨省新机制为全国首创。

2. 共享平台资源

建立多个层级联席会议制度，相邻行政区域定期举行交流活动，组织召开流域水污染防治协作季度联席会，协调推进河长制合作事项。通过创建 QQ 群、微信群等网络信息平台，及时共享跨界河流水质、水情、雨情、险情等信息，实现防汛减灾信息互联互通。

召开推动成渝地区双城经济圈建设川渝河长制工作联席会议
并组建川渝河长制联合推进办公室

3. 共设监测点位

与遂宁、资阳携手合作共建姚市河白沙水质自动站、琼江大安水质自动站，优化跨区县和跨省市断面监测点位，并加强重要水体联合采样监测、重要站点联合比对监测、重点污染源联合监督性监测，共享环境监测数据，共商监测结果运用，严密监控河流跨界断面的水质状况。

（三）实施生态补偿，开设制度化治水“助推器”

按照“超标者赔偿、改善者受益”原则，实施流域水质生态补偿，助力破解跨界治水难题。2018 年，已与铜梁区签署《琼江流域上下游横向生态补偿协议》，实施以来已清算并兑付流域补偿金 394.2 万元。

1. 按照优劣好坏，实施双向补偿

按照水质优劣好坏，以潼南区和铜梁区两区跨界的市控琼江少云中和断面作为考核监测断面，实行“双向补偿”，即流域上下游之间，明确以水质达到功能区要求为基准，凡是交界断面水质达标且上升的，下游给上游补偿；水质下降或不达标的，上游给下游赔偿。

2. 按照改善程度，科学核算补偿

若断面水质当月达到水环境功能要求，且较上一年度水质类别提升的，由铜梁区对潼南区进行补偿；若断面水质当月达到水环境功能要求，且与上年年度水质类别相同的，双方相不补偿；若断面水质当月较上一年度水质类别下降的，由潼南区对铜梁区进行补偿；若断面水质当月未达到水环境功能类别要求的，潼南区对铜梁区的补偿金根据超标因子和超标倍数进行核算。

3. 按照专项管理，强化资金使用

按照“月核算、月通报、年清缴”原则，补偿金每年 12 月前由补偿区划拨至受偿区指定账户。补偿资金仅限用于琼江流域产业结构调整和产业布局优化、流域水污染综合治理、生态环境保护和环保能力建设等。补偿资金使用方向和具体项目均需报市财政局、市生态环境局备案。

（四）开展联合行动，凝聚专业化治水“向心力”

近年来，潼南与遂宁、资阳、铜梁等地开展联合执法、联合保洁、联合专项治理、联合应急，不断凝聚专业化治水“向心力”。

潼南、遂宁联合执法组开展联合执法检查

1. 联合执法检查

与遂宁组建联合执法队伍，多领域开展联合巡查执法，不断地增加巡查频次，扩大执法范围，加强跨界河流非法采砂、非法排污等违法行为跨界检查、联合查处。与遂宁、资阳联合签署《建立涪江、琼江流域生态环境保护公益诉讼检察工作协作机制意见》，深化行政执法和刑事司法衔接机制。

2. 联合专项治理

按照下游协调上游、左岸协调右岸原则，聚焦跨界河流突出问题，联合两地青年志愿者，运用实地排查、交叉检查等多种手段，开展清河、污水“三排”（偷排、直排、乱排）整治、河道“四乱”（乱占、乱采、乱堆、乱建）整治等专项行动18次，打捞、清理垃圾、漂浮物千余吨。

3. 联合应急处置

预警方面，联合开展流域水环境风险排查，对存在风险隐患问题及时发现、处置，对可能引发跨区域水事件做出预警。处置方面，根据预警情况启动应急处置措施，协同开展应急处置工作，做好应急会商研判、应对处置。2020年5月，遂宁市城南污水处理厂设施故障停运致生活污水直排涪江，事件发生后遂宁、潼南环境执法支队开展联合调查，实施同步采样监测，通过两地联合行动，确保了下游水环境安全。

三、经验启示

（一）摒弃本位主义思想，处理局和域的关系

不谋全局者，不足以谋一域；不谋长远者，不足以谋一时。只有坚持“一盘棋”思维，摈弃本位主义的思想，把上下游一体投入到全域治理中，才能有新发展、新跨越、新突破。潼南区以成渝地区双城经济圈建设为契机，推进遂宁、潼南一体化发展，构建多级联动体系，共同设监测点位，联合巡查执法，实施全域统一治理、统一调度、统一管理，共同推进全流域一体化治水管水。

（二）强化合作平台共建，处理好有和无的关系

河流管理工作涉及上下游、左右岸，不同行政区域和行业，需要加强河流之间、区域之间的沟通合作，共建共享监管资源。在市级指导下，潼南区与相邻区域组建联合办公室，打破行政区域壁垒，解决机制不顺、不同步的问题，实现多主体协同、多要素发力，共享水质、水情信息，共设水质监测点位，互通有无、相互借鉴，实现河长制领域共治共建共享新格局。

（三）建立生态补偿机制，处理好优和劣的关系

建立生态补偿机制，不仅能明确纠纷处理的基本途径，还可以平衡上下游利益，增强治理保护水环境的内在动力，推动流域上下游水环境持续改善，充分体现环境公平。潼南区按照“超标者赔偿、改善者受益”原则，建立琼江流域生态补偿机制，依据水质优劣、改善程度以及资金规范管理方式进行奖优罚劣，回答并解决了谁来补、补多少、补给谁、怎么补等一系列关键问题，真正实现以水生“金”。

（四）注重协同联动整治，处理好知和行的关系

河长制其核心主要是在于落实，联防联控关键在于凝聚各方力量，形成治水合力。上下游建立联防联控机制仅是开端，机制发挥实效才是其真正意义所在。潼南区各级各部门站在治水第一线，上下游协同作战，联合相邻区域常态化开展联合巡查、联合执法、联合整治、联合保洁等，不断地完善体制机制，将跨界河流联防联控付诸行动、见诸实效，携手相邻区域做好“水文章”。

（执笔人：李超　陈娇　蒋晋　付艳）

激活“神经末梢”实现水域治理全畅通

——四川省德阳市旌阳区槐香谷小流域治理的创新探索*

【摘　要】旌阳区牢固树立和深入践行习近平总书记“绿水青山就是金山银山”理念，在深入推进河长制的过程中，采取“政府主导＋社会资本投入＋群众入股”三结合的方式，让生态效益、社会效益与经济效益并行发展，有力地提升槐香谷小流域的生态系统，实现了生态与产业的融合发展，为乡村振兴打下坚实的基础。该小流域被评定为四川省水土保持生态文明工程。

【关键词】小流域　系统治理　河湖管理保护　乡村振兴

【引　言】党的十九大报告提出，必须树立和践行绿水青山就是金山银山的理念，坚持节约资源和保护环境的基本国策。为深入贯彻落实党的十九大精神和习近平生态文明思想，推动河长制湖长制从“有名”全面转向“有实”，持续改善河湖面貌，形成治水效果明显、管护机制完善的河湖管理保护长效机制，旌阳区因地制宜，以激活“神经末梢”为切口，畅通河流“大动脉”，实现辖区内石亭江、绵远河、黄土河等12条河流以及18座水库的全面治理，走出了一条生态与产业相辅相成的治水新路径。

一、背景情况

“以前没人管，河里的残渣多，水又混浊，尤其到了夏天，河水臭气熏天。”高槐村村民罗晓华说的河流就是槐香谷的小流域，“有了管河的之后，天天巡到管到，河里一下子就干净多了，环境变好了，产业也发展起来了，来高槐村的游客也多了，我们的收入也增加了。”罗晓华说的“管河的”，

* 四川省德阳市旌阳区水利局供稿。

就是旌阳区2017年全面推行河长制湖长制以来，建立的“区-镇-村”三级河长制湖长制体系所设立的河长湖长，其中在齐家堰河流域共设置区级河长湖长2名、镇级河长湖长8名、村级河长湖长21名（含巡河员）。

槐香谷小流域属于齐家堰河的支流，2017年以前，由于管护不到位，加之沿河村民环境保护意识淡薄，两岸畜禽粪污及生活污水直排入河、生活垃圾乱丢乱弃、柴草乱堆乱积等现象屡见不鲜，整个小流域污染严重，水环境状况“脏乱差”问题十分突出。受2013年“7·9”和2018年“7·11”、2020年“8·11”洪灾影响，流域内树木倾倒、岸坡垮塌，水土流失现象十分严重。

二、主要做法

2017年以来，旌阳区在全面推行河长制湖长制工作中，采取“政府主导＋社会资本投入＋群众入股”三结合的方式，启动齐家堰槐香谷小流域综合治理项目，彻底解决了槐香谷小流域无人管理、水质污染和水环境差等突出问题，激活了河流“神经末梢”，畅通了河流“大动脉”，打造出一条人水和谐共生，河畅、水清、岸绿、景美、民富的生态清洁河流。

（一）政府主导，实现治理与管理相结合

1. 建立常态化“巡查＋整改”机制

制定《旌阳区全面推行河（湖）长制工作日常巡查监管及行政综合执法制度》（德旌河领发〔2018〕8号），明确了“区-镇-村”三级河长湖长巡河频次，区级河长湖长1月1巡，镇级河长湖长1旬1巡，村级河长湖长1周2巡，日常巡河员1日1巡；同时下发《温馨提示》，进一步明确河长湖长工作职责，各河长湖长要统筹上下游、兼顾左右岸实现无缝衔接，更要针对问题整改责任到人、措施到位并督促问题整改销号。

“每天我都要沿到河走上一两趟，遇到小问题就自己处理一下，如果像遇到有大点的垃圾之类的话会立即向村委会报告，他们马上就会派人来清理。”作为高槐村巡河员的伍道辉，已经将这份职责转为一种行为自觉和生活习惯。

在“巡查＋整改”机制运行中，以前没有意识到的槐香谷小流域受

洪水冲刷河岸损毁以及水环境“脏乱差”问题逐年凸显，被村、镇、区级河长湖长逐级上报，受到区总河长高度重视。2018—2019年旌阳区总河长、区委书记亲自对接省、市水利部门，争取资金支持和技术指导，谋划推动槐香谷小流域项目实施，并多次组织专家调研论证，现场指挥调度，解决推进中的问题。区级河长负责牵头组织齐家堰河水质和污染源现状调查，制定水环境治理规划和实施方案，推动重点工程项目落实落地，协调解决重点难点问题，做好工作督查和检查，确保完成水环境治理的目标任务。东湖街道进一步完善全面推行河长湖长制工作方案，设立齐家堰河街道河长湖长3名，高槐村村级河长湖长1名，高槐村村级巡河员3名，编制了齐家堰河（东湖街道段）“目标、问题、任务、责任”四张清单；进一步明确巡河员负责做好河道的日常巡查和管护工作，及时发现涉河违法事件并向上级河长报告，接到群众投诉举报问题时，第一时间赶赴现场调查了解并报告情况，以及根据河道管理实际情况，提出加强河道管理的合理化建议。

2. 建设基础设施

旌阳区大力争取小流域治理项目资金，强化保障本级配套投入，聚焦疏通和拓宽河道关键环节，不断改善河流沿岸生态环境。加快建设污水集中处理站，以及污水管网，形成完善的污水处理体系，将农户与业态污水纳入统一处理，有效杜绝污水直排，出口水质达到Ⅲ类水质以上标准，河湖面貌进一步持续向好。

3. 控制污染源

针对中小河流污染主因，旌阳区制定严格措施，综合施策。坚决对东湖街道辖区内禁养区11户畜禽养殖户全部关停，治理限养区40户，整治高槐村餐饮业3家，将餐饮业主排放的混合废水全部接入高槐污水处理管网系统。大力实施秸秆还田和综合利用，推广水稻、小麦、油菜、蔬菜等经济作物的绿色防控技术4300亩，推进农用地膜等农业生产废弃物回收处理，带动周边村民转变生产生活方式，促进了文明乡风和良好习惯的形成。

（二）社会资本投入，实现产业与生态相辅相成

“我以前一直都在丽江工作和生活。回到家乡后，看到高槐村很美，这里很适合我做音乐，所以决定不出去了，就在这里创业。”民谣小院负责人小黑说。

旌阳区在河湖长制工作体制机制不断完善的基础上，将清洁小流域生态治理与项目包装、社会资本引入、产业发展紧密结合，争取省级财政资金 1200 万元，配套地方资金 401.91 万元，依托 EPC 模式投入 1.1 亿元打造“旌韵高槐”文创小镇，实现小流域治理建设与产业发展相辅相成。

人口的聚集、产业的发展，必然会对生态环境造成影响。过去的种种事例，让人们认为这是一种负面影响。然而今天的槐香谷小流域治理的成功范例正在扭转人们的这种看法。槐香谷小流域的有效治理，河长制湖长制工作的有效管理，让这里的生态环境越来越好，环境的改变让高槐村迎来了乡村旅游发展的机遇，社会资本不断涌入到这里，有力促进了当地的产业发展，带动了群众致富。对政府来说，可以借助旅游收入与社会资本用于当地生态建设和维护。如建成临河观景平台，成为众多游客的“打卡地”；设置专门岗位，负责区域内的清洁卫生，还促进了就业。在高槐村，生态促进产业，产业又反哺生态，两者相辅相成，已形成了一种良性循环，这正是对“青山绿水就是金山银山”理念的生动实践。

（三）群众入股，实现集体经济帮助村民收入增收

旌阳区在河湖长制深入推进中，通过实施槐香谷小流域治理从而带来生态环境的改变，进而吸引社会资本的涌入，形成产业的快速发展，让高槐村的资源“身价”高涨，成了投资者眼中的香馍馍。

高槐村一方面引入社会资本投入；一方面抓住时机，整合自身资源，成立股份经济合作社。吸引不同的村民以劳动力、土地、现有资产、现金等方式入股，成为股份经济合作社的成员，让资金变股金，村民变股民，参与村集体收益分配。

在集体股份经济合作社之下，高槐村成立了劳务、旅游、置业、土地四个股份合作社。四个合作社独立核算，享受不同主体的分红。目前，高槐村集体股份经济合作社有 1100 多名村民入股。2020 年，人均分红 1100 多元。

（四）强化意识，实现共建共治共享

“要不是环境变好了、变美了，哪会有这么多人到我们村来耍哦。”高槐村村民何木芝是一名保洁员，负责槐香谷小流域其中一段水域两岸的卫生打扫。她直言，生态环境的改变让高槐村变成了乡村旅游胜地，让村民的收入大大提高，所以大家对环境卫生很重视。这就是旌阳河长制湖长制从“有名”到“有实”再到“有能”以及不断深入人心达成共识的转变。

青山绿水、鸟语花香，更有山间清风入怀。有时在清晨，山间与河流更有薄雾笼罩，宛如仙境一般。这是当下高槐村的真实写照。从以前的少有人问津，到现在的乡村旅游胜地，这源于旌阳区的精心治理和打造，更离不开广大群众的参与。

如何让村民主动参与河流的治理与管理？旌阳区构建“政府主导、街道主责、村民主体”工作机制，做好政府在规划引导、政策保障、监督管理等方面的重要支撑，发挥街道、村党组织战斗堡垒作用，充分激发村民的主人翁意识，形成整体推进的合力。

生态“红利”激发村民主人翁意识。生态带来的“红利”让高槐村民越来越认识到河湖环境的重要性，他们积极主动的加入环境保护的行列。周边村民主动开展疏幼林管护、保土耕作等，全力支持配合小流域治理；23 名村民成为环境卫生保洁员，对生活垃圾及时清运，实行常态化保洁；经营者、村民积极开展门前三包、垃圾分类，积极参评十佳文明户，提高自身参与环境保护的积极性。东湖街道驻村干部、村民代表、业主代表等组建高槐村自管社，对高槐村的生态环境、风貌打造等进行监督和巡查。通过区、镇、村、组、户五级联动，形成改善生态环境、恢复河湖原貌的思想自觉和行动自觉。优美又干净整洁的乡村环境、村民的环保意识和行为，影响着来这里的一批又一批游客。无论是当地村民，还是来这里的游客，爱护生态环境、维护河湖健康已经成为他们共同的意识和行为。

（五）以小切口撬动大治理，全面实施水治理

槐香谷小流域治理只是全区开展河道治理的一个小缩影，如今旌阳区境内有石亭江、绵远河、黄土河等 12 条河流以及 18 座水库已全部纳入治理范围。

为推进水治理的全面实施，旌阳区深入贯彻落实中央、省、市关于全面推行河长制湖长制的决策部署，紧紧围绕工作要点和四张清单，扎实推进《河湖岸线利用规划保护方案》和《一河（湖）一策管理保护方案（2021—2025）》编制工作。制定《德阳市旌阳区创建河湖管理保护示范县工作方案》，以小流域水生态环境治理为抓手，深入推进河湖管理保护示范县建设。目前，孝泉镇邻姑泉已成功创建省级水利风景区，现正积极创建孝感街道黄土河省级水利风景区，并将创建工作纳入全区总体规划。

经过治理，旌阳区河湖水系防洪排涝、水资源调蓄功能不断增强，河湖水域生态文明建设进一步加强，不断实现每一条河湖水畅安全、河清岸绿、文化承载、富民兴业、幸福和谐。

三、经验启示

（一）将水治理与产业发展相结合，让村民实现新收益

水是生命之源、生产之要、生态之基。河湖是重要的水资源、水环境、水生态和水空间形态，关系百姓生活、地区发展等，管理保护好每一条河流湖泊，就是保障生产之要、优化生活之境、夯实生态之基，是不断增强人民群众获得感和幸福感的重要手段。

旌阳区以全面推行河长制湖长制为契机，强化小流域治理项目与产业发展紧密结合，打造“旌韵高槐”文创小镇。沿河栽植水生植物、乔灌木，极大地提高了植被覆盖，增强了涵养水源、蓄水保土、土壤保持等基础功能，减轻了水土流失，促进了生物多样性和生态系统稳定，有效地改善了区域生态环境，实现了从唯恐避之不及的臭水沟到周边游客流连忘返的生态河流的巨大转变，实现了周边群众经济收入以种植耕地和外出打工为主到在家门口就能当业主致富的新跨越；实现了从乡村生活陋习、村庄环境恶劣到良好生活习惯养成、村容村貌大焕颜以及乡风文明、淳朴民风的巨大转变。

（二）将水治理与乡村振兴相结合，让乡村焕发新生机

旌阳区将生态清洁小流域建设纳入乡村振兴战略五年总体规划，充

分对接“旌韵高槐”文创小镇业态布局，做好顶层设计和具体实践的密切衔接，做到水治理和特色小镇景观打造和谐相融，该做法成为旌阳区推进河长制湖长制，实施水治理的一个成功经验。

旌阳区强化顶层设计，坚持以水定城、严格管控，因地制宜、统筹谋划，结合乡村振兴、幸福美丽乡村建设、水美新村建设等内容同步规划、高位设计，突出引进优势项目作支撑，将河湖突出问题整治作为实现河、湖长效管理保护的首要任务，将水域安全、水域健康、水域优美作为乡村美好、城镇宜居的重要指标，统筹推进综合治理、系统治理、源头治理，不断健全河湖管护长效机制，落实组织体系，狠抓专项整治，实行最严格的水域保护和岸线管理制度，持续用力推进河长制湖长制工作落地见效，走出一条绿色可持续发展的旌阳之路。

（执笔人：何木刚）

六 建设幸福河湖

示范河湖颜值扮靓古都新韵

——凉水河北京市经开区段以河长制为抓手推动幸福河湖建设*

【摘　要】凉水河北京市经济技术开发区段［以下简称凉水河（经开区段）］全长5.4km，围绕“江河安澜的行洪道、水清岸绿的生态道、融入自然的休闲道、科技共享的智慧道”四大定位，建成了责任体系明确、制度体系完善、基础工作扎实、管理保护有效、空间管控严格、管护成效明显的示范河湖，充分展现了“河畅、水清、岸绿、景美、人和”的河流面貌，为周边居民提供了良好的生活环境和接近自然的休憩空间。

凉水河（经开区段）的成功治理，只是北京治水的一个缩影。在首都北京，越来越多的河流正逐步恢复生机。新版北京城市总体规划勾勒出一幅美好的蓝图，未来的北京将是天蓝、水清、森林环绕的生态城市。

【关键词】凉水河（经开区段）示范河湖　河湖管护　生态治河

【引　言】深入贯彻落实习近平生态文明思想，践行以人民为中心的发展思想，坚持人民河湖人民治，治好河湖为人民，积极推进还景于河、还河于民，着力建设人民群众满意的幸福河湖。北京市以河长制为抓手，着力开展“幸福河湖”建设，持续改善河湖面貌，努力打造让人民群众满意的幸福河湖，走出了一条生态优先、系统创新的河湖治理之路。

一、背景情况

凉水河发源于石景山区首钢退水渠，是北京市主要的防洪排涝河道，流经7个区、全长68km，流域面积695km^2，是南城地区最大的排水“动脉”，担负着北京城市防洪体系“西蓄、东排、南北分洪”中南护城

* 北京市水务局供稿。

河的分洪任务。随着城市建设的快速发展，凉水河一度遭受严重污染，沿岸工厂、小区林立，河水污染严重，两岸居民苦不堪言，被市民称为“臭水河”。2000年前后凉水河水质已达到劣Ⅴ类，管理部门经常接到举报。

2013年开始，北京启动凉水河综合治理工程，不断加大凉水河污染治理力度，制定排污口“一口一策”治理方案，采取了铺设截污管线、封堵排污口、设绿道、建公园等一系列措施实施系统治理，水质从劣Ⅴ类达到现在的Ⅳ类，垃圾堆积的河岸带变成了各具特色的滨河景观带。曾经的“臭水河”也变成水鸟的乐园，大批野鸭、白鹭等鸟类来此栖息，河道内还出现了鱼虾。

示范河段所在的经济技术开发区是1991年8月经北京市人民政府批准筹建，示范河段区级河长由北京经济技术开发区管委会领导担任，街道级河长由街道领导担任。亦庄段起点为凉水河滨河公园4号主入口，终点为3号橡胶坝，河段全长5.4km，是经济技术开发区和亦庄新城的中心河段。

根据2019年年底水利部办公厅印发《水利部办公厅关于开展示范河湖建设的通知》要求，凉水河（经开区段）从责任体系完善、制度体系健全、基础工作扎实、管理保护规范、水域岸线空间管控严格、河湖管护成效明显6个方面16项建设任务标准对标对表，合理安排进度、严格落实建设任务。2020年，凉水河（经开区段）通过水利部海河水利委员会的验收，成为全国首批18个示范河湖之一，也是华北地区唯一的入选河湖，经济技术开发区再树“全国标杆”。如今凉水河以更加靓丽的姿态展现在我们面前，实现了建成“江河安澜的行洪道、水清岸绿的生态道、融入自然的休闲道、科技共享的智慧道”的目标，成为全国河湖管理及河长制湖长制工作的“样板”。

二、主要做法和取得成果

凉水河（经开区段）全面落实市总河长令，持之以恒抓好河长制工作，深入推进河湖“清四乱”常态化规范化。不断创新河湖管护体制机制，探索管护手段新模式。结合自身实际，按照“政府主导、属地管理、分级负责、部门联动、全民参与”的原则，扎实推动生态文明建设，让沿河百姓真切拥有治水的获得感和幸福感。

（一）改变理念从“治河”向“治水”转变

治理措施从最初的清淤、治理为主，向生态修复转变。每年由专业机构对河道进行摸底调查，根据河道情况有针对性地制定治理措施，并协调各职能部门合力治理。经济技术开发区城市运行局实行权力下放，利用街道的力量加强日常河道的养护管理，并且在治理模式上进行新的探索。进一步探索河道、公园一体化管理模式，实现从公园到水面的全覆盖管理，确保经济技术开发区水环境的持续改善。

如今凉水河（经开区段）水体主要指标已经达到地表Ⅳ类水标准，部分河段的主要指标已经达到地表Ⅲ类水标准，经济技术开发区内其他4条河道的水质也正在从地表Ⅴ类水向Ⅳ类水提升，真正实现了“碧水穿城”。生态环境提升吸引来200～300种鸟类，其中不乏尤鼻天鹅、燕雀儿、红隼等北京市保护动物，还包括国家二级保护动物角鸊鷉，为生态环境添上了浓墨重彩的一笔。

（二）创新经开区特色河长制闭环管理模式

北京市建立了“发现—移交—督导—整改—反馈—核实”的河长制问题处理闭环机制。经济技术开发区在市级河长制问题闭环处理机制的基础上，探索出自己的管理模式，通过河长信息系统、各级河长巡河、民间河长巡河、专业单位巡河、市民投诉举报等途径收集河道问题后，由经济技术开发区河长制办公室根据问题情况进行移交，移交后河长制办公室参照全市处理时限，跟进案件处理进度，对于办结的案件，除要求提供对比照片外，还安排专业公司对整改情况进行复核，从而确保问题得到妥善解决。

（三）建立水环境区域补偿机制

按照“谁污染、谁治理”“谁污染、谁补偿”的原则，以化学需氧量、氨氮、总磷三项指标为依据，北京市建立了水环境区域补偿机制。上游来水经过本区出境时水质变差，每变差1个水质功能类别，都要按照每断面每月30万元的标准补偿下游区。让产生污染并治理不力的上游区对下游区给予经济补偿，避免了以往“以邻为壑”的局面，激发了各区治污的积极性，形成了上下游各区齐抓共管的工作格局，对推动示范河（经开区段）水环境的治理能力具有重要意义。

（四）建立“河长＋警长＋检察长”协调联动机制

经济技术开发区在全面推进河长制基础上，遵循河湖的生态功能与特性，在现有河长体系的基础上，积极联合北京市公安局大兴分局、大兴区人民检察院经济技术开发区检察处，设置经济技术开发区凉水河示范河段警长和检察长。建立了河长负责、水务牵头、相关部门配合、社会参与的“河湖管理和保护联动执法工作机制”和“关于协同推进水环境水生态水资源保护工作机制”。经济技术开发区城市运行局与大兴区公安局、大兴区检察院建立沟通机制，完善水环境保护联动，形成水资源、水生态、水环境保护的工作合力。“河长＋警长＋检察长”的河湖管理责任体系切实加大统筹解决问题的力度，对于复杂敏感的河湖管理保护问题，发挥各自职能优势，助推问题快速高效解决。

（五）探索生态治理打造人水宜居环境

衡量一个地方生态环境好不好，就看看鸟往哪儿飞、鱼往哪儿游。示范河段以“绿色、生态、智能”为设计理念，构建人与自然和谐的生态系统，创造返璞归真的自然风貌及独特的生态环境，营造人、文、水、绿相结合的新景观。河道周边改造提升形成80～400m不等的滨河景观带，面积约117hm^2。种植法桐、玉兰、早园竹等大乔木、花灌木、地被花卉，种植密度为30株/亩，绿化覆盖率达到90%，形成以植物外形特征为主题的多个专类观赏区。示范河段采用“生态治河”理念，利用绿地的位置优势，建设了生态友好型的岸坡，为岸上的植物生长创造了有利条件。根据生态调查报告显示，凉水河最新出现了7种鱼类、17种鸟以及6个沉水植物物种，还出现了只能在净水中存活的蝌蚪群、米虾以及蜻蜓幼虫，凉水河水生态系统正在不断建立与完善，生物多样性正在不断丰富。

同时凉水河全线建设了亲水步道，实现“一走到底”。骑行路及健步路将公园内的重要景观节点串连起来，观景台、休憩驿站、钓鱼点等便民休闲设施满足了市民亲水需求，如今已成为服务市民生活、展现城市历史与现代魅力的一道亮丽风景线。

智慧跑道

（六）依托科技助力“智慧河道”建设

示范河段充分展现经济技术开发区的科技特色和底蕴，建立了一套完整的智能体系，达到智能化节能的目的。实现公园的智能化管理，同时让游人真正体会到智能公园的便利性，让市民共享科技成果。

智慧灯杆

示范河段河道治理、整治结合海绵城市理念，采用人工湿地技术、河道净化技术、雨洪利用技术等集成创新；巡河道路、骑行路和健步路的施工采用建筑垃圾再生材料；滨河公园设置智慧座椅、智慧路灯、智慧垃圾桶、智能凉亭、智慧卫生间、智慧跑道、自动花粉监测设备、智能安防巡检机器人等智能设备，建立智能体系，实现智能化管理，让民众真正体会到智慧河道的科技化和便利化。

智慧垃圾桶

视频监控系统和智慧管控系统

示范段建立了视频监控系统和智慧管控系统。视频监控系统覆盖河道岸线、重要水工设施、排水口、滨河公园，实现全天候 24 小时监控，发现问题及时通知河长制办公室或属地解决。智慧管控系统基于视频图像智能分析、大数据分析的智慧管控系统，集成示范段视频监控站点，通过 AI 智能图像处理技术自动捕捉目标画面，一旦监控画面里出现污水乱排、岸线乱占、河道漂浮物等，系统自动预警。

三、经验启示

（一）提高政治站位，高位推动示范区水环境综合治理

凉水河（经开区段）通过国家示范河湖验收，充分表明了水利部、水利部海河委员会对北京市深入贯彻落实河长制、水生态治理的肯定。各级河长积极巡河、履职尽责。市级河长多次到凉水河（经开区段）现场调研督导检查河长制工作，示范河段各级河长严格按照《经开区河长制巡河制度》规定和要求进行巡河，环境治理与保护多策齐下，成效显著。

（二）坚持问题导向，有序推进河湖清理整治工作

围绕乱占、乱采、乱堆、乱建的“四乱”问题，经济技术开发区结合全市统一部署展开“清河行动”，示范河段未发现“四乱”问题。“河长制”是北京治水的新转机，目前跨部门、跨区联合执法进展顺畅，河长和警长、检察长协同治理，部分案件直接移送司法，大大提高了对违法排污的震慑力。

（三）强化创新引领，推进示范河段智能化建设

突破水问题，关键要强化科技引领，提升河湖治理成效。科技赋予凉水河（经开区段）全新的概念，依靠视频监控系统和智慧管控系统，清晰全面地了解河道动态情况，提高问题排查和监管效率，充分展现了经济技术开发区的科技特色和底蕴，为打造健康河湖、幸福河湖提供了有力的科技支撑。滨河公园智能体系的建立，让前去游玩的市民在休闲娱乐中真正体会到智慧河道的科技化和便利化，成为造福人民的幸福河，具有示范性，发挥了引领作用。

（执笔人：汤博）

一江清流向京冀

——山西省朔州市以河长制为抓手推进桑干河清河行动的实践*

【摘　要】 随着人口增长和经济社会发展，加之煤炭开采等影响，桑干河存在水资源开发过度、河道干涸、挤占萎缩、水环境差、水污染严重等问题。2018年朔州市确定“生态立市”战略，以河长制为抓手启动桑干河清河行动，逐步形成了“河长主治、源头重治、系统整治、依法严治、合力共治”的工作格局，实现了河流水量增加，河道水流畅通，水生态环境明显改善。全面推行河长制必须坚持高位推动，统筹部署落实；必须坚持源头管控，强化问题导向；必须坚持系统保护，推进生态建设；必须坚持履责担当，加强能力提升。

【关键词】 河长制　桑干河　清河行动　源头治理

【引　言】 朔州市地处山西省北部、晋蒙交界区域，国土面积1.06万km^2。境内河道属黄河、海河两大流域，其中海河流域面积7694km^2，占全市面积的72.2%。全市流域面积50 km^2以上河流85条，其中桑干河为最长河流，境内干流长135.5 km，流域面积7571.3 km^2，占国土面积的3/4，是京津冀晋区域重要水源涵养区、生态屏障和生态廊道。全面推行河长制之初，桑干河总体存在三个突出问题：一是河道不畅。河道及两侧乱占、乱建、围垦，河道缩窄。二是污染较重。每天有3万m^3工业废水、14万m^3生活污水达标排入河流，但超排、乱排、乱倒、乱采时有发生，导致水质不能稳定达标。三是水量较少。生态环境脆弱，河流自然径流逐年减少，最高断流天数达343天。从2018年起，按照“浚河、控污、固堤、绿岸、增水、兴业”的工作思路和“一年治标、两年治本、三年创优”目标，在全市范围内开展了规模宏大的桑干河清河行动，全力将桑干河打造成为一条造福人民的幸福河。

---

* 山西省朔州市水资源节约保护中心供稿。

一、背景情况

随着人口增长和经济社会发展，加之煤炭开采等影响，朔州市境内侵占河道、超标排污、岩溶大泉衰减、水土流失等现象突出，桑干河出境口断面水质常年为劣Ⅴ类。

2018年朔州市认真贯彻习近平生态文明思想及视察山西重要讲话指示精神，忠实践行“两山理论”，大力弘扬“右玉精神”，推进实施“生态立市”战略，围绕打造百公里桑干河生态经济带，以河长制为抓手，以非常之力，恒久之功统筹推进桑干河流域保护工作。经过三年来的工作，桑干河河道及控制范围内的污染企业项目、违章建筑、各类垃圾全部“清零”，入河排污口水质及河流水质稳步提升，桑干河沿岸生态环境得到了明显改善，国、省考断面水质达到年度考核目标，全部消除劣Ⅴ类水体。

二、主要做法

朔州市委、市政府按照山西省委、省政府推进“七河治理”和水污染防治的重要部署，集中开展了以桑干河清河行动为主线的河库“清四乱”、水污染防治和最严格的水资源管理，全面推进桑干河流域综合治理和生态修复工程，形成了“河长主治、源头重治、系统整治、依法严治、合力共治”的工作格局，实现了河道流畅、水量增加、水质改善的目标。

（一）河长主治，层层压实主体责任

一是建立健全责任体系。建立了市级党政主要领导担任市级双总河长，相关市级领导担任市级河流河长，县级主要领导和班子成员担任县级河长，市县水利、生态环境、住建、自然资源等部门负责人担任河长助理的责任体系。先后制定下发了《朔州市全面推行河长制实施方案》《关于进一步深化河长制改革工作方案》。设立市、县两级河长制工作机构，实行巡查工作、考核激励、问责等工作制度。建立起市、县、乡、村四级河长齐抓共管的组织体系。二是主动履职尽责。市总河长坚决扛起政治责任，精心谋划部署，当好“施工队长”，先后主持召开市委常委会会议、市政府常务会议和专题会议研究河长制工作及清河行动30次；

亲自带头，督导、现场办公48次，讲政策、化解矛盾，研究解决具体问题。各县（市、区）级、乡级河长靠前指挥，在一线推进清河行动和水污染防治工作，实现了河长制工作有名有责有实。全市共有各级河长1130名、河长助理76名、河流警长73名、巡河员929名，累计巡河10万余次。市县两级建立了“河长＋检察长”工作联络机制，发出检察建议书34份。

（二）源头重治，推进桑干河清河行动

以深入开展桑干河清河行动为主线，致力实现“一年治标、两年治本、三年创优”目标。一是按照“禁直排、清淤污、拆违建、关企业、停项目、迁村户”目标要求，实现“一年治标”目标。疏浚河道118.3km，整治入河排污口163处，清理淤泥、垃圾、黑臭水体500万m^3，拆除各类违建175处，修建沿河生态道路176.5km，建设堤防73km，7个城市污水处理厂全部进行提标改造和提温增效。二是按照“源头治四水，百日大会战，剿除劣Ⅴ类，水质全改善，清水进北京，确保水安全”的目标要求，实现“两年治本”目标。确定的322项治理工程全部完成，其中，生活污水处理工程51项、煤矿黑水治理任务99项、农牧废水清理任务140项、雨季降水管理任务32项，实现生活污水集中处理、煤矿黑水全面治理、农牧废水普遍清理、雨季降水严格管理，推动桑干河水质全面改善。三是以爱国卫生运动为牵引，深入推进“两下两进两拆”，全面开展城乡环境整治，推进桑干河清河行动由河流向流域的延伸，致力实现桑干河清河行动“三年创优”目标。全市1166个行政村有1137个建立了村庄保洁机制，对已完成的沿河8个乡镇58个村生活污水进行有效的监管。

（三）系统整治，实施生态修复工程

为解决生态修复资金不足问题，全市积极争取上级资金，拓宽融资渠道，加大对重点地区的资金投放力度。一是创新投融资机制。推动桑干河综合治理与生态修复项目发挥政府作用和市场化运作的有机结合，与永定河流域投资有限公司签订了《合作框架协议》，全面启动实施桑干河山阴县、应县、怀仁市段76.44km河道治理工程，太平窑水库、东榆林水库库区治理工程和桑干河灌区故驿片、应县花寨、小清水河村高效节水灌溉工程，工程批复总投资13亿元。二是加大农业节水改造。完成浑河灌区、恢河灌区、南高灌灌区三个中型灌区节水配套改造项目和右玉县牧区节水灌溉工程4个项目，总投资1.06亿元，改善灌溉面积12.2万亩，新增节水能力260万m^3，发展牧草节水灌溉面积1.1万亩。三是推进再生水利用及地下水置换工程。实施神头泉域再生水水源置换工程、神头泉泉域水源保护治理工程等，总投资1.28亿元。四是努力保障生态用水需求。2017—2020年共向桑干河补水6.22亿m^3，引黄河水补水量达4.34亿m^3，本地水补水量达1.88亿m^3，出朔州境水量达4.13亿m^3，不断流天数由原来30天实现全年不断流，提高了河道的自净能力，改善了两岸的水生态环境。

（四）依法严治，坚守生态保护红线

一是严格执行“三条红线”。2020年用水总量4.8亿m^3，万元工业增加值用水量降幅和万元GDP用水量降幅分别为13.9%、24.6%，农田灌溉水利用系数达0.541，完成年度水资源消耗总量和强度控制目标任务。二是组织开展“携手清四乱、保护河库生态”百日会战行动，共发现整改“四乱”问题118处。三是实施水污染防治百日会战“亮剑”执法行动，先后执法检查600多次，排查工业企业127家，查处违法企业21家，设置标志牌127个，排查小作坊554家，发现问题及时整改。同时新建13个断面水质自动监测站对上下游县（市、区）间的排污进行考核。四是落实河库划界资金2049.3万元，全市85条河道管理范围划界工作全部完成并进行了公告。

（五）协同共治，形成强大工作合力

一是市人大先后出台《关于实施“生态立市、稳煤促新”战略建设“塞上绿洲、美丽朔州”的决议》、《关于加快桑干河（朔州段）综合治理与生态修复的决议》和《朔州市饮用水水源地保护条例》；市政协组织委员视察督导桑干河清河行动，就桑干河流域湿地生态修复积极建言献策。二是团市委牵头，市河长制成员单位和中煤平朔集团有限公司等企业团委率先组建18支“河小青”突击队总队，积极致力于“投身清河行动 共筑碧水蓝天‘河小青’巡河护河在行动”；市直各部门组织11000多人次参加七里河市区段义务劳动990多次，形成了党政群团企业协作推动、全民参与清河行动的局面。三是多家中央、省级和市级媒体对清河行动进行了大量的跟踪宣传宣传报道，市级以上媒体重点报道510篇，大型深度系列报道387篇。中央电视台、山西卫视作了《治水攻坚战，还绿桑干河》的深度报道；山西日报专题报道《为唤桑干碧波来》；新华网发表《一江清流向京冀——桑干河“复活”记》，将《桑干河“清河行动”周年记》纳入“壮丽70年 奋斗新时代”系列报道。

三、经验启示

（一）坚持高位推动，统筹部署落实

河长制的核心是河长责任制，只有抓住河长这个“关键少数”，形成一把手抓、抓一把手的压力传导，推动各部门认真履职尽责。朔州市以市委、市政府文件出台《桑干河清河行动实施方案》，明确了各个阶段的工作任务。成立了以市委书记、市长双总河长为总指挥，市委常委、政法委书记和分管相关工作的3名副市长任副总指挥的桑干河清河行动指挥部，设立了以市政府办公厅牵头的综合协调组、以市委组织部牵头的督导考核组、以市委政法委牵头的执法保障组、以市委宣传部牵头的宣传报道组4个工作组，高规格的组织领导机构确保了清河行动顺利进展。

（二）坚持源头管控，强化问题导向

唯有源头清水来，才能孕育生命，才能呵护健康，才能永续发展。朔州市严控源头污染，深入排查入河污染源，加强工矿企业及工业聚集区水污染防治，加大农村生活垃圾及生活污水整治，统筹治理城镇生活、畜禽养殖、农业面源等污染，严查非法设置入河排污口，努力从源头上防控河湖污染。持续开展“清河行动”“清四乱”等专项整治行动，大力整治非法采砂、工业生活污水直排乱排、固废乱堆乱倒、河床河道乱垦乱占等问题，发现一起查处一起，不留余地、不留死角，彻查彻改、一抓到底。

（三）坚持系统保护，推进生态建设

水污染问题反映在河湖，但根子在岸上，不能“头痛医头，脚痛医

脚”，必须树立一盘棋思维，坚持水岸联治、标本兼治、系统治理，牢固树立山水林田湖草“生命共同体”理念，大力打造百公里桑干河生态经济带，加快推进流域生态综合治理项目，实现区域流域水环境统一治理，河湖生态统一建设。通过市场化的办法，推进水污染、水环境、水生态综合治理，与乡村振兴、城乡环境综合整治等重点工作结合，在提升河湖管理保护水平的同时促进地方产业转型。

（四）坚持履责担当，加强能力提升

保护江河湖泊，与每个人都息息相关，尤其是各级河长要切实肩负起职责，全市各级河长按照河长制等有关要求，坚持巡河督导、坚持督察督办。各部门树立全局思想、强化协作配合，在种好自家“责任田”的同时，加强与其他地区、部门的协调配合，着力构建上下联动、左右协作、纵向到底、横向到边的良好工作格局，形成工作合力。

（执笔人：李文　崔丽娜）

幸福松花江　水美东极城

——黑龙江省佳木斯市打造东北特色国家级示范河湖*

【摘　要】 自全面推行河湖长制以来，佳木斯市深入贯彻落实党中央、国务院和省委、省政府关于河湖长制工作的决策部署，河湖管护各项工作成效显著。2019 年，水利部将松花江佳木斯段列为全国第一批开展示范河湖建设的 17 个河段之一，经过一年的建设，2020 年 11 月，黑龙江省松花江佳木斯段示范河湖建设以高分成绩通过国家验收，打造成为全国河湖示范样板，创建了高质量建设亲水景观的示范、冰雪旅游与绿色农业的示范、强力清理整治“四乱”与河湖长效管护的示范、地域水文化传承弘扬的示范等河湖长制示范样板，对北方地区的河湖管护起到了积极的示范带动作用。

【关键词】 河湖长制　示范河湖　幸福河湖

【引　言】 全面推行河湖长制是以习近平同志为核心的党中央做出的重大决策部署，是加快生态文明建设的重要举措。党的十九届五中全会通过《中共中央关于制定国民经济和社会发展第十四个五年规划和二〇三五年远景目标的建议》，要求“强化河湖长制，加强大江大河和重要湖泊湿地生态保护治理”。这是党中央对全面推行河湖长制工作作出的深化部署安排，标志着河湖长制改革进入新阶段。为深入贯彻落实习近平生态文明思想，持续改善河湖面貌，按照水利部关于开展示范河湖建设有关要求，黑龙江省松花江佳木斯段建成国家级示范河湖，让松花江成为造福人民的幸福河，让更多的人民群众享受到幸福河湖建设成果。

一、背景情况

佳木斯市位于黑龙江省东北部，地处三江平原腹地，境内拥有黑龙

---

* 黑龙江省佳木斯市河湖长制办公室供稿。

江、松花江、乌苏里江三大水系，是中国最早迎接太阳升起的地方，素有“东极新天府，快乐佳木斯”之称。松花江是佳木斯人民的母亲河，过去一段时期，在只注重经济发展忽视环境保护的发展模式下，乱采乱占、围垦河道等现象普遍存在，人水矛盾凸显，母亲河遍体鳞伤、黯然失色。自全面推行河湖长制以来，佳木斯市委、市政府高度重视河长制湖长制工作，按照省总河湖长1号令、2号令要求，切实解决河湖“四乱”等突出问题，集中力量啃下了一大批“硬骨头”，在全省起到了积极的示范带动作用。2016—2020年连续五年松花江佳木斯段干流水功能区达标率100%，水质稳定在Ⅲ类水体，改变了松花江千疮百孔、满目疮痍的面貌，冰天雪地的松花江展现别样柔情，“东极之冬”呈现冰雪视觉盛宴，传递着人民群众美好生活愿景。

2020年5月，佳木斯市河湖长制工作获得国务院《关于2019年落实有关重大政策措施真抓实干成效明显予以督查激励的通报》表彰激励，获得4000万元奖励资金。2019年11月，水利部将黑龙江省松花江佳木斯段列入全国第一批17个示范河湖建设名单，是东北地区唯一国家级示范河湖。松花江佳木斯段示范河湖全长87.5km，利用一年左右时间，初步实现了“防洪保安全、优质水资源、健康水生态、宜居水环境、先进水文化”目标，在河湖长制工作上做了有益探索。

二、主要做法

佳木斯市立足“大三江一体化”，实施“一盘棋统筹、一平台管理、一张网布局”，努力探索幸福河湖的实现形式，将松花江佳木斯段建设成为防汛安澜河、生态安全河、农业命脉河、冰雪旅游河、文化传承河，使“东极之城”焕发水美生机。

（一）强化机制建设，一盘棋统筹推进

坚持高起点谋划，高标准定位，高规格推进，高效率落实，不断健全完善河湖长制各项工作机制，河湖长制制度优势得以充分发挥。

1. 构建四级河湖长组织体系

实行各级党政主要负责同志担任河湖长的“双河湖长制”，设立四级河湖长3037名、河湖警长164名、河湖检察长15名，构建了“河湖长＋

河湖警长+河湖检察长”“三长”工作机制，河湖长制实现全覆盖。

2. 健全完善各项工作机制

在河湖长制6项制度基础上，创新出台了联席会议、港口污染物接收转运联单制度等6项制度、2项办法，制定印发《佳木斯市河湖长履职细则》《松花江佳木斯段示范河湖水质监测预警制度》等，压实责任，细化流程，捋顺机制。健全完善部门联合执法机制，设立检察院驻河湖长办协调联络室，强化“两法”衔接。与双鸭山等地建立跨区域联防联控机制，形成纵横相连、部门联动、区域和水域相接的管护格局，全面落实党政同责，制度保障实现了新提升。

3. 充分发挥河湖长制办公室作用

各级河湖长制办公室充分履行组织协调、调度督导、检查考核职能，逐级分解任务，层层压实责任，各成员单位密切配合，分工协作，形成“河长湖长牵头抓总、河湖长办督办协调、各部门密切协作”的工作格局。各成员单位各司其职、密切配合，组织联合执法行动，召开部门联席会议，对涉河湖违法违规等行为进行专项整治。

（二）强化河湖管护，一体系协同治理

知水，而能谋水。佳木斯市委、市政府牢牢扭住河湖长制这个“牛鼻子”，坚持“水岸同治、区域共治、两岸共管、重在江南”，把松花江国家级示范河湖建设作为民生工程、民心工程，不断提升流域水安全保障能力。

1. 夯实河湖管护基础工作

全面完成117条河湖岸线保护与利用规划及334条规模以下河湖划界工作。编制完成新一轮“一河（湖）一策”方案166个，更新市县河湖“一河（湖）一档”301册。持续加大河湖长制培训力度，组织对全市县级河湖长和河湖长办工作人员统一培训，2020年，累计培训1000余人次。

2. 建设河湖管理信息化平台

以转型创新为导向，以安全实用为前提，创新巡河模式，设立33个监测（控）点，实现河湖动态监控。充分利用无人机等高科技设备，加强对人工巡河难度大的巡查盲点以及重点河湖段进行高频次巡查，全面提升河湖长制信息化、智能化水平。开展河湖健康评价，建立河湖健康档案，以示范河湖建设为切口，构建“一张图”，打造“一体系”，搭建“一平台”，推动示范河湖管理迈向智慧化新台阶。

3. 严格水域岸线空间管控

2018年，佳木斯市率先开展以清砂场、清违建为重点的“清河行动”，提前打响专项整治攻坚战，清理废弃砂场79处，拆除重点河湖违建547处，有力遏制了非法采砂行为。2019年，持续开展“清四乱”系列专项整治行动，整治完成规模以上河湖“四乱”问题985个、规模以下244个、涉河湖违建别墅17栋、非别墅类违建75个、松花江私设围堤38条。2020以来，再次开展“清四乱”“回头看”及“清四乱”巩固提升专项行动，对“四乱”问题进行常态化清理整治，巩固工作成果。

（三）实施重点工程，全方位整体提升

统筹资金2.5亿元，精心实施18项重点工程，构建起河湖健康的水生态体系，让群众看得见青山、望得到绿水、赏得了美景，留得住乡愁。

1. 安全的松花江——“防汛安澜河”

以江河安澜为前提，实施英格吐河左回水堤达标建设工程、堤防防浪林新建及更新抚育工程等，使松花江段有完善的防洪排涝体系，能够外御洪水、内排涝水，保一域平安。

2. 健康的松花江——“生态安全河”

以生态完整为基础，实施滩地生态修复、废弃砂场生态修复、退耕还湿工程等，做到水域不萎缩、功能不衰减、生态不退化，护一江清水。

3. 润泽的松花江——“农业命脉河”

以农业灌溉为支撑，实施汤原县振兴灌区抽水站引渠疏浚工程、星火灌区续建配套与节水改造工程等，打造“百里绿色稻米长廊”，为黑龙江省粮食压舱石的战略地位提供水利保障，润万亩良田。

4. 富饶的松花江——“冰雪旅游河”

以冰雪旅游为牵引，发挥地域优势，结合三江湿地生态长廊、沿江景观带等建设项目，打造冰雪园区、冰雪景观，举办冰雪旅游、冰雪娱乐等活动，将“绿生态”和“冷冰雪”变成经济发展优势，富一方百姓。

百里绿色稻米长廊

外滩公园冰雪旅游

5. 历史的松花江——“文化传承河”

以传承发展为要义，弘扬知青精神、抗联精神、北大荒精神，打造滨水滨岸地带系列文化广场，接续重塑流域水文化，彰显多元文化活力，传一脉精魂。

三、取得成效

松花江佳木斯段国家级示范河湖建设，为佳木斯市的经济发展和生态改善带来了新机遇。一是生态效益。河湖面貌持续改善，人民群众生活质量得以提升，展现出舒朗大气、宜居宜业、活力时尚、文明健康的佳木斯市新形象。二是社会效益。河道综合治理有效降低了洪水灾害对人民生命财产造成的损失。水文化宣传培育赋予了松花江灵魂和生命，社会文明程度得到提高，逐步实现人与自然和谐共处。三是经济效益。通过打造“百里绿色稻米长廊”，发展绿色农业，打造特色水生态品牌，增加经济效益。

松花江国家级示范河湖佳木斯城区段

四、经验启示

在示范河湖建设的探索实践中，佳木斯市针对松花江大江大河的特点，因地制宜地开展了独具特色、饶有成效的工作，积累了宝贵经验，希望能为北方地区河湖管护提供参考借鉴。

（一）习近平生态文明思想是建设示范河湖的根本遵循

以习近平生态文明思想为遵循，积极践行习近平总书记“冰天雪地也是金山银山”理念，聚焦新发展阶段，正确处理生态环境保护与经济社会发展关系，切实扛起流域管理职责，把生态保护工作摆在重要位置，走出一条以河湖生态环境改善带动经济社会转型发展的路子，推动区域经济高质量发展。

（二）强化党政领导是推动河湖长制工作的高效途径

推动示范河湖建设，必须坚持党政同责，发挥党政负责同志“关键少数”作用。佳木斯市成立了由市委书记、市长担任组长的示范河湖建设领导小组及指挥部，高位聚能，举旗定向，先后多次组织召开各类会议，签书立状、压实责任。省水利厅侯百君厅长、韩福君副厅长、魏邦记副厅长等厅领导多次调研指导，市总河湖长多次对示范河湖建设做出批示，2020年以来，市领导先后40余次现场巡查，对发现的问题及时推进整改，办结销号后亲自赴现场检查，有效推动工作落实。

（三）创新体制机制是助推河湖事业高质量发展的重要保障

只有坚持创新发展，不断深化完善河湖长制，才能不断满足人民日益增长的美好生活需要。佳木斯市将恢复性司法理念融入河湖执法监管体系，建立司法介入和助推机制，推进网格化管理，延伸河湖长制制度触角，打通河湖管护“最后一公里”。推广补植复绿、增殖放流，建立生态环境损害赔偿机制，形成良性的河湖生态系统治理格局。构建国土空间管控一张图，建立智慧管理平台，集成天上看、地上查、网上管，实现河湖问题全过程动态管理。

（四）坚持以人为本是贯穿河湖长制工作的精神内核

坚持制胜先治“乱”，求胜先求真，拿出“以钢牙啃硬骨头”的决心，清理群众反映强烈的重点难点问题。突破就水治水的片面性，在破中求立，坚持打击违法犯罪和促进生态修复相结合，在砂场、违建等清理整治后的滩地上进行生态修复，建设亲水乐水景观设施，还绿于民，还湿于民，在考虑经济发展的同时，兼顾民生需求，切实维护了人民群众根本利益。

（执笔人：李清波）

黑臭河道的“蜕变” 点睛乡村振兴

——以浦东新区张江镇毛家宅河幸福河湖建设助力乡村振兴为例*

【摘 要】 环东中心村位于浦东新区张江镇，毗邻张江科学城和上海自贸区张江片区。村域面积 4.06km^2，河流数量众多。随着城市化、现代化进程的快速推进，水生态破坏日趋严重，村域内毛家宅河等多条河道出现劣Ⅴ类及黑臭现象，对周边居民生活环境造成较大影响。2017 年来，张江镇严格按照市、区河长办部署，成立镇河道环境综合治理指挥部和河长制办公室，率先建立“政府河长＋民间河长”的“双河长制”，广泛宣传发动，严格科学管理，坚持水岸共治、作美水生态，充分拓展景观、休闲、文化等功能，极大提升了当地人居环境，共绘河畅水清岸绿景美、生态安全和谐共生的新画卷，以建设幸福河湖为抓手，提供有力的水环境支撑，助力乡村振兴建设。

【关键词】 黑臭 河长制 幸福河 乡村振兴

【引 言】 河流是人类社会文明的发源地，人们常把河流比喻为母亲，是因为河，滋润了一片土地，哺育着一方人民。习近平总书记指出：要把解决突出生态环境问题作为民生优先领域，要深入实施水污染防治行动计划，基本消灭城市黑臭水体，还给老百姓清水绿岸、鱼翔浅底的景象。张江镇通过推进河道消黑消劣工作，结合环东中心村特色地理和自然资源，将建设幸福河湖和乡村振兴战略深度融合，依托生态园、乡村人才公寓建设，结合生态清洁小流域建设，打造集观光旅游、生态宜居相融合的乡村振兴之路，让群众充分享受河道治理带来的幸福感、获得感、安全感。以下以张江镇环东中心村毛家宅河为例，介绍幸福河湖的具体举措和实践成效。

---

* 上海市浦东新区张江镇河长制办公室供稿。

一、背景情况

毛家宅河位于张江镇环东中心村毛家宅村内，总长度521m，覆盖了队内35户村民，涉及人口300余人。曾经的毛家宅河清澈见底，但随着人口增加和城镇化进程的加快，河道开始出现严重的污染问题，污染主要来自三个方面：一是内源污染负荷，前期对毛家宅河进行水质、底泥进行检测，通过分析发现，河道内积累在底泥表层的氮、磷、重金属等物质严重超标，这些物质从底泥中释放出来重新进入水中，形成二次污染；二是面源污染加剧，农田中的泥沙、农药、农村禽畜粪便与生活垃圾等污染物，通过灌溉和冲刷直接注入河道，加大了河道的污染；三是点源污染猖獗，城市快速发展进程中，环东中心村毛家宅作为典型的城乡结合部，私搭乱建占道，生活污水治理不足，最终对河道周边环境形成了一个恶性循环。

二、主要做法

（一）聚焦赋质提标“双引擎”，巡河护河“动”起来

一方面，坚持内生核心驱动。建立“政府河长＋民间河长”双河长制，“政府河长”以全覆盖为原则，由镇党委、政府主要领导担任总河长，分管领导担任副总河长，其他镇领导和各村（居）负责人分别担任镇级、村级河道一级河长三套班子领导及属地村（居）负责人分别任总河长、分管河长和二级河长，使全镇315条段水体和37个小微水体都有了“家长”。“民间河长”面向社会招募，目前民间河长已达119人，既有个人，也有企事业团队；既有本地居民，也有来沪白领和外籍人士。2019年，民间河长潘小英被授予“助推绿色发展 建设美丽长江”全国引领性劳动和技能竞赛“长江经济带最美护河（湖）员”，2020年，民间河长Aiza被提名为全国“寻找最美河湖卫士”活动候选人。另一方面，坚持外力监管驱动。建立“镇河长办＋第三方”考核监督制，加强河道养护，实现对养护管理的“精”和“细”，强化河长巡河考核监管，确保河长制各项工作落实到位，巩固治理成果。2020年来共计发现问题814件，有效整改776件、整改率达95%，使实现水青岸绿目标有了具体抓手。

（二）聚焦赋力提效“双统筹”，河岸景色“美”起来

一方面，抓好全过程系统治理。一是以“拆”治顽疾。重拳出击攻难点对毛家宅河两岸开展“五违”整治，拆除沿河违章建筑 269.30m^2。二是以“建”补功能。坚持“先截污纳管、再疏浚改造”的系统性治理理念，累计截污纳管 305m，疏浚土方 11352m^3，疏拓河道 280m，疏浚河道 501m，新建箱涵 1 座，新建护岸 369m。三是以“管”促长效。通过“三个一”措施，即养护单位每日一巡查、双河长制每周一检查、镇河长办每月一考核，全面落实综合治理长效监管机制。四是以“美”造环境。整治后根据居民需求编制美化便民方案，用生态美景滋养人、用一流环境吸引人、用生动细节温暖人，累计新增河道两侧绿化 7572m^2。五是以“用”惠民生。拆除后的空地改造成富有特色的山水墙画、错落有致的休闲绿地、方便有序的停车位，已然成为居民们家门口的公园、河岸边的绿地。

另一方面，抓细全方位综合管养。河道环境是最公平的公共产品之一和最普惠的民生福祉之一，需要常态管理、共同呵护。张江镇紧扣建设和管理并重原则，通过强化科技支撑，对水土监测、河湖健康、生态护岸、面源控制等加强控制，全面实行设施、绿化、保洁、轮疏、水质“五位一体”市场化综合养护，切实有效提升河道长效养护管理水平。

（三）聚焦赋能提升“双推进”，河道治理“活”起来

一方面，全力构建一体化智慧监控体系。运用高科技手段，在毛家宅河等 18 条重点河道设立水质监测点和监控探头，对河道全面推行移动水质监测系统和无人机航拍监控，实现河道水质关键指标的自动采集、自动传输、自动预警和河岸沿线违法违规行为的智能发现、实时监控、有效处置。实现了“全方位的空中拍”＋“全流域的地面巡”＋“全时段的水下测”水环境综合监控体系。另一方面，全速打造一站式协调服务平台。加强基层河长队伍建设，着力推进村（居）精细化水平，2020 年完成 12 个村（居）河长工作站建设任务，搭建河长和村居民之间互动的平台，打通河长工作“最后一公里”，实现小问题不出村，大问题不出镇的全民治水目标，提升全民爱水护水意识，使河道治理工作迈上新台阶。

三、取得成效

“河长制”的建立提升了河道治理的能效，在改善乡村面貌方面发挥了重要作用，有力有效助力了环东中心村乡村振兴建设。毛家宅河被评为上海市第二届“最美河道”系列的“最佳河道整治成果”，环东中心村更是荣获了“全国文明村”“全国绿化千家村”“全国生态文化村”等称号，镇河长办荣获首批“上海市河长制标准化街镇”、被水利部授予“全面推行河长制湖长制工作先进集体”称号。主要体现如下。

1. 改善了农村水环境

“最臭河道”华丽转身的背后，是一整套高效运转的河道治理体系，统筹推进水资源、水生态、水环境、水安全系统治理，综合治水试验，是一项从水利建设到管理的全方位系统治理工程，也是新时代水利改革发展的创新举措。其中的体制机制和经验做法，为后续辖区内的河道治理提供了样板方案。

2. 提高了村民幸福感

治理河道的同时，两岸违建也一并拆除，取而代之的是休闲景观步道，划分整齐的停车位，古色古香的休闲凉亭和休闲椅，围着篱笆的小菜园、小花园、小果园，现在村民走出家门，就是口袋公园，这一系列便利的微空间，提升了村民的获得感和幸福感，让乡村变得更加生态宜居。

3. 彰显了政府执行力

对村民关心关注的水环境水生态问题，积极开展河道整治攻坚战，从“最臭河道”，将其打造成“幸福河湖”，充分体现了政府迎难而上敢于啃“硬骨头”的“钉钉子”精神，各级河长切实履行“河长”监管、保护、协调等职责，全镇上下以最大的决心，最硬的举措，最严的责任和最强的监督抓好毛家宅河的治理工作，改善了村民的人居环境，成为乡村振兴建设的支撑点，有效提升了政府公信力。

四、经验启示

（一）压实河长责任是前提

河长制不是挂名制，而是责任田，河长制的任务能否有效落实，关键在河长。因此，各级河长要认真按照上级有关决策部署要求，既要挂帅又要出征，要统筹好各部门的力量，切实做到重要工作亲自排、亲自问、亲自跟、亲自办，狠抓各项工作落实，推动治理工作不断取得新成效，这就能一级带动一级，压实河长制责任，坚持以问题为导向，因河施策，补齐短板，不断提升治理工作水平。

（二）落实系统治理是关键

水生态修复应以人为本、因地制宜，与推进乡村振兴战略、人居环境建设有机结合，通过摸家底、建机制、强保障、抓治污、水污染、严格考核等措施，紧紧围绕以“拆”治顽疾、以“建”补功能、以“管”促长效、以“美”造环境、以“用”惠民生六大举措，构建绿色生态水网，打造生态安全水系，保护河流水生态，加强河流保护管理，健全长效机制，努力实现人水和谐，使之成为利民之水、安民之水、惠民之水。

（三）抓实社会参与是根本

河道的长治久安，人人都是参与者，没有局外人。要重视抓好全社会动员，将全民治水这项工作做深、做细、做实，让民间河长更有用武之地，让广大市民共同尽责出力，引导和激励大家以自觉行动，净化河流、美化家园。要让各方面有序参与监督，努力在全社会营造良好的治水氛围，才能实现河畅、水清、岸绿、景美的环境，坚决打赢护水爱水“保卫战”“攻坚战”“持久战”。

一条河流，不仅是一个城市生活的基础，更是一个城市历史的见证，“十三五”期间，张江镇党委、政府在市、区的指导支持下，深化落实“河长制”，提高巡河覆盖率、公众参与率和及时处置率；加快落实“河优质”，提高治河的精深化、精细化和精准化；有效落实“河长治”，提高清河障、清河面和清河岸力度，打造河道安全线、生态线和风景线，以河长制为关键点，广泛宣传发动，严格科学管理，河长制工作取得了一些成绩，助力了张江科学城建设。“十四五”期间，张江镇作为上海市先行建设生态清洁小流域建设镇之一，将继续深入贯彻落实国家生态文明建设理念及新时期治水思路，深化完善河长制，以生态清洁小流域建设为抓手，坚持集中连片、系统治理、区域推进，加快推进“河湖通畅、生态健康、清洁美丽、人水和谐”的生态清洁小流域建设，努力建设与张江科学城相匹配的生态宜居张江里，为建设幸福河湖水系和卓越的全球城市提供自然基础。

毛家宅河整治前后对比照

整治前	整治后

（执笔人：马晓俊　李寒青）

运河三千里　醉美是淮安

——江苏省淮安市河湖长制创新推动大运河文化带建设*

【摘　要】 2020年以来，江苏省淮安市全面推行河湖长制工作，将“清净运河水”“做美河两岸”作为运河生态廊道建设的首要任务，统筹做好“两违三乱清四乱”（简称“234”）整治，强力推进生态修复、水质提升、长效管护等工作，为打造“运河三千里 醉美是淮安”的幸福河湖打下坚实基础。河湖长制在大运河文化带建设中的淮安实践，亮点在于整合各级各方力量，充分运用现代科技手段，推动河湖长制见实效、见长效，夯实大运河文化带建设“水支撑”。

【关键词】 “234”整治　生态修复　水质提升　文化带建设

【引　言】 习近平总书记2020年11月在江苏考察时强调“共同保护好大运河，使运河永远造福人民”。大运河文化带建设是党中央、国务院做出的重大战略决策。本文全面总结2020年来江苏省淮安市以河湖长制为抓手，创新推动大运河文化带建设动态过程，着力从体制机制、措施手段、长效管护等层面梳理淮安的创新经验，介绍该市高水平建设大运河文化带、打造全域生态美丽幸福河湖品牌的卓越成果。

一、背景情况

大运河淮安段曾是运河沿岸重要的漕运枢纽和运盐要冲，享有“运河之都”的美誉。作为大运河沿线重要城市，淮安市深入贯彻习近平生态文明思想，聚焦“千秋淮扬”文化高地定位，创新推行河湖长制，坚决打赢打好碧水保卫战，高标准推进大运河文化带建设，先后启动中国水工科技馆、板闸遗址公园等多项标志性建设项目；围绕“五园三带十点”

* 江苏省淮安市河长制办公室供稿。

大运河淮安段国家文化公园展示体系，推动清口枢纽、洪泽湖大堤、清江大闸等五个核心展示园及里运河、高家堰、通济渠淮河口三个集中展示带建设，聚焦钵池山公园、明祖陵等十个特色展示点提档升级，串联起大运河淮安段的全新景观，为古老运河重新注入新的时代气息，全力打造“运河三千里 醉美是淮安”生态美丽幸福河湖品牌。

2020年5月，淮安市河湖长制工作荣获江苏省政府真抓实干、鼓励激励通报表扬；8月，该市河湖长制工作经验被水利部录用为全国典型案例；同年该市“大运河文化带建设”个性化指标获“省考”满分。2021年5月，淮安市水利局被表彰为全国全面推行河长制湖长制工作先进集体。

二、主要做法

（一）突出专项整治打好“歼灭战”，坚决夯实“醉美淮安”水支撑

淮安市强化政治责任，坚持生态优先，深化河湖治理，全力开展大运河沿线“234”专项整治，以硬功夫啃下硬骨头。

1. 高位推动

市委市政府主要领导、分管领导多次调研推进“234”整治工作，由市委常委、市委组织部部长任京杭大运河市级河长，牵头落实京杭运河沿线“234”整治任务，亲自会办、督办水利部“清四乱”交办的大运河LNG加气站违建项目，在全省率先完成销号。

2. 攻坚克难

充分发挥各级河湖长统筹协调作用，联合水利、生态环境、交通、住建、农业农村等成员单位，及时消除痛点、堵点问题。淮安区开展重点河道整治“百日攻坚”行动，多次组织联合执法，强力拆解里运河3500吨位餐饮趸船1只；拆除水利部河湖中心暗访交办的华辰公司混凝土搅拌厂、液化气站和违建房屋，总计1.61万m^2，为大运河绿色航运示范区建设扫清障碍。

3. 重点重抓

梳理排查大运河沿线“234”问题共693件，全部完成问题整改销号验收。淮阴区采取河长主责、属地管理、联合执法等举措，在全市率先

完成“234”问题清零工作。清江浦区重视发挥“黄金水道”作用，坚持疏堵结合，及时做好复岸、复绿、复原工作，集中开展河道整治，共拆除违章建筑21800余m^2、清除违章种植5100余m^2。

（二）紧盯水质提升打好“攻坚战”，牢牢守护“醉美淮安”水环境

淮安持续深化大运河系统治理、源头治理、综合治理工作，不断提升水环境质量。2020年，京杭大运河全年水体水质状况均为优。

1. 明确“三长一体”融合

大运河实行河湖长、断面长、网格长“三长一体”管护机制，“三长”由同一名党政领导担任，全面加强河湖管护、断面水质达标、面源污染管控等工作。“三长融合”在推进大运河治理保护中，形成点线面全覆盖、多行业协同抓、各要素聚焦管的“淮安实践”“淮安模式”。

2. 创新“三级联动”管护

积极开展大运河周边区、镇（街）、村（居）三级跨界河道联防共治精准管护创新工作试点，通过建立源头管控、系统治理、协调联动、综合保障、监督反馈的河湖管护五大工作机制，形成三级跨界河道联防联控、共治共享的精准管护模式，有效解决河湖管护“最后一公里”问题。

3. 实现“三区共治”局面

重点抓好清江浦区、淮安区、淮阴区三个大运河岸线行政区的黑臭水体综合整治。清江浦区投资6.8亿元，实施驳岸整治、景观提升、生态修复等工程，构建人水和谐的城市河湖生态景观空间。淮安区投资30亿元实施黑臭水体3P项目，征收房屋2000多户，建设河西片区污水管道达23km，完成21条黑臭水体综合整治。淮阴区累计投入2400万元，完成孙大泓、崔大泓“两泓”城区段5.8km整治提升项目。

（三）狠抓生态修复打好“保卫战”，全面彰显“醉美淮安”水文化

淮安依托河湖长制平台，统筹各县区、各部门力量，扎实推动运河沿线生态修复，深化文旅融合，彰显运河水韵之美。

1. 强化生态修复

做好水生态的保护修复文章，全面落实省市总河长1号令要求，实施水环境整治提升行动，积极推进国家水系连通及水美乡村试点建设。全市累计投入资金1.5亿元，先后高标准完成京杭运河、洪泽湖、古淮河等重点河湖生态修复项目。淮安区加强大运河淮安区段植被修复和生态管理，维护水域和通航环境；淮阴区积极开展运河沿线增绿复绿、生态修复等，不断优化运河水生态环境。

2. 美化沿河景观

系统谋划推进大运河文化带“百里画廊”建设，打造一轴（淮上美丽轴）、两区（水立交运河水利枢纽风景区、五河口生态文化旅游示范区）、一洲（如意洲），划分为两点（西河口、东河口两大城市郊野公园）、四心（清江大闸、漕运城、山阳湖、盐晶堡）、五片（生态休闲区、宜居活力区、国潮运河区、展示交流区、乐居悠活区等五大展现生态人文活力的片区），谋划车行、人行、船行、骑行“四行”系统提升，展示古老运河的美丽风姿。

3. 深化文旅融合

系统化谋划推进大运河文化保护、传承、利用工作，实行重点保护和差别化开发利用，深入挖掘大运河“百里画廊”沿线特色文化资源，精心打造淮安夜间文旅消费集聚区。举办央视中秋晚会、淮安马拉松、大运河文化带城市非遗展等特色活动，规划建设文化独特的运河文化长廊、体验多元的滨河休闲公园、生态连续的生态文明绿带、产业高效的产域展示平台，建设中国水工科技馆、板闸遗址公园等项目，编制运河旅游精品线路，促进生态和文化、旅游功能融为一体。

4. 标化绿色航道

结合大运河文化带建设规划，实施绿色现代航运示范区建设，绿化沿岸 165 万 m^2、提升堤顶道路 7.2km、亮化 14 座重点桥梁、美化临河建筑物立面等。新增设港口粉尘在线监测设备、防尘和岸电设施、船舶污染接收装置，改善大运河淮安段水生态环境，全力打造大运河绿色航道“淮安样板”。淮安船闸至九龙湖公园约 16km 被列为全省 4 个绿色现代航运示范段之一。

（四）强化长效管护打好“持久战”，全力确保“醉美淮安”水安全

围绕市委市政府“绿色高地 枢纽新城”战略部署，淮安突出京杭运河南水北调主通道、大运河文化核心区、绿水城市主要滨河带功能定位，抓好运河空间长效管护。

1. 推行“一河长两助理”联动机制

大运河河长配一名技术助理、行政助理，河长助理协助河长开展巡河、调研等工作，提出治河建议。河长通过实地查看、专题会办、专项督查等形式，常态化开展日常巡河治河护河行动。

2. 明确河长湖长闭环履职机制

研究制定河湖长管水体、管河道、管堤岸的责任，治违建、治乱排、治侵占的任务，保河畅、保水洁、保岸绿的目标，实现了河湖治理保护谁来干、干什么、怎么干、干成什么的闭环工作机制。

3. 构建综合平台落实机制

强化市纪委监委污染防治平台、“河长制＋检长制”等“监管平台”作用，推动河湖部省交办问题整改；强化河湖长制工作精准化、智能化、可视化和模块化管理等“信息平台”作用，提高河长制工作的质效；强化无人机巡查、视频监控、遥感监测等“科技平台”作用，提高河湖长巡河质效。

4. 建设智慧河湖管控机制

建立“天、地、水”智慧河湖管理体系，通过“天眼”工程，利用卫星、遥感、无人机等空间技术，加强对大运河空间动态监控；通过“地探”工程，选取典型河道节点，安装数字高清视频监控，强化大运河问题实时跟踪管理；通过“水控”工程，科学配置水质监控设备，及时掌握运河水质变化情况。

三、经验启示

（一）精准施策推行河湖长制，是建设美丽运河的基础

习近平总书记对建设大运河文化带作出重要指示，大运河是祖先留给我们的宝贵遗产，是流动的文化，要统筹保护好、传承好、利用好。淮安市将全面推行河湖长制和大运河文化带建设紧密结合，统筹做好水资源保护、水域岸线治理、水污染防治、水环境治理工作，建设高品位的文化长廊、高颜值的生态长廊、高水平的旅游长廊，着力让运河水韵之美成为“江苏美丽中轴”的最佳诠释。

（二）靶向发力推动问题解决，是建设生态运河的关键

推动大运河文化带建设，首先要治理和保护大运河水生态，推动突出问题解决。淮安市以河湖长制为平台，在关键要害处靶向发力，大力推进“234”工作，聚焦问题清单，重抓问题销号，推动问题解决，持续保护和改善大运河水生态，服务一江清水北送，让老百姓用上清洁干净的水，享有河畅、水清、岸绿、景美的生态生产生活环境，不断擦亮生态“底色”，提升运河“气质”。

（三）因水制宜推进文旅融合，是建设文化运河的重点

按照文旅融合发展思路，淮安市大力推进“百里画廊”建设，串联起大运河的全新景观；开展马拉松、龙舟赛、非遗展等特色文体活动，促进购物消费、体育休闲、淮扬美食、文化创意等特色产业集聚升级。大运河文化带建设坚持“以水为媒”“以水定产”“以水兴业”的理念，使大运河文化带成为“高颜值的绿色生态带、高品位的璀璨文化带、高水平的全域旅游带”，全面凸显运河水韵之美、文旅之美、精神之美。

（四）统筹协调推广综合治理，是建设幸福运河的保障

大运河文化带建设是一项复杂系统工程。淮安市依托河湖长制平台组建大运河文化带建设领导小组，建立跨地区会商小组、部门联席会议以及跨区域实施“河湖联防联控，多方共治共享”等多层面的保护管理协调机制，注重把握规律，运用系统思维，整体谋划推进，共同下好大运河文化带建设“一盘棋”，绘就“兴水利民”的生动画面。淮安市将坚持综合型、可持续、高质量的治理，落实全社会、多方面、各要素的保障，全面打造幸福运河新品牌。

（执笔人：牟汉书　杜壮壮　王会莲）

幸福是一条流淌的河

——浙江省衢州市柯城区以河长制为抓手建设幸福河的探索与实践*

【摘　要】 随着全面小康进程的不断深入，衢州市柯城区“两溪”河湖水环境问题突出，防洪标准低、河道采砂严重、河道水质恶劣等问题凸显。2014 年以来，柯城区以河长制为抓手，创新提出“全流域综合治理”，推动各种生态要素协同治理；建立“数字＋”河长，推动迈向科技治水新模式；探索河湖管控疏浚新模式，实现河湖管护资金造血循环。“两溪”流域防洪能力大提升、生态大变样、水岸大乐园、产业大转移、农民大增收。治理河湖水生态环境，必须从流域整体出发；推动河长制走实走深，必须加快数字化转型；建设富民幸福河湖，必须创新长效管护机制，推动水利建设迭代升级。

【关键词】 全流域综合治理　河长制　河湖管控疏浚　产业富民

【引　言】 2019 年 9 月 18 日，习近平总书记主持召开黄河流域生态保护和高质量发展座谈会并发表重要讲话。会议指出，当前黄河流域存在的一些突出困难和问题，“表象在黄河，根子在流域”。以河长制为抓手开展“全流域综合治理”，目的是贯彻高质量发展理念，统筹推进河流和流域“一盘棋”治理，形成水资源、生态保护和经济协同发展的战略布局，实现“母亲河”向“幸福河”的美丽转身。

一、背景情况

石梁溪、庙源溪发源于衢州市柯城区北部山区，流经石梁、九华、万田、七里 4 个乡镇，是柯城区的两条主要溪流。石梁溪主流长

---

* 浙江省衢州市柯城区水利局供稿。

33.3km，流域面积 109.6 km^2；庙源溪主流长 22.8 km，流域面积 82.8 km^2。“水清石沘沘，林横山兀兀”[1]。蜿蜒秀美的两条溪流被衢州人称为“两溪”，沉淀着世居百姓的“乡愁”，连接了当地社会历史和未来。

在 2014 年以前，“两溪”流域河湖水环境问题突出，主要表现在以下三方面：一是防洪标准不达标。“两溪”沿岸多为 20 世纪 60—70 年代保留的土坝，局部是 20 世纪 90 年代后建设的浆砌块石护堤，堤脚防冲能力不足，部分堰坝损毁破坏程度严重，沿线防汛巡查通道不畅，具有极大的汛期安全隐患。二是河道过度采砂。早年因缺乏河湖管理保护的意识，河沙滥采现象严重，河流生态环境脆弱，一年到头，除了雨季，河道里基本见不到水。三是河道水质恶劣。“两溪”流域是柯城区生猪养殖的集中区域，生猪存栏量和出栏量占全区 50%以上，河道中随处可见养殖废水、病死猪，水质一度跌到劣Ⅳ类，为猪瘟、口蹄疫等疾病的传播提供了温床，更一度成为省级挂名“黑臭河”“垃圾河”。河湖生态的无序破坏，直接造成当地农村地区发展基础薄弱，城乡发展出现失衡，2013 年全区 GDP 总量仅达到 139.23 亿元，距离 2020 年建成全面小康还有较大差距。如何在河湖整治上破题，既要“绿水青山”，又要“金山银山”，成为了水利部门的一大难题。

“两溪”整治前

2013 年，浙江省委、省政府作出了治污水、防洪水、排涝水、保供水、抓节水的“五水共治”决策部署，以治水为突破口，倒逼产业转型升级。柯城区区委区政府积极响应号召，将“两溪”治理作为实践“绿

[1] ［宋］唐士耻：《两溪》。

水青山就是金山银山”的重点工作，把美丽河湖建设作为“五水共治”主战场，以河长制为抓手，全国首创“全流域综合治理”，为衢州城市后花园建设串起幸福水网。

二、主要做法

以机制为抓手、以问题为导向、以富民为目标，深化河长制工作，生动践行“绿水青山就是金山银山”的发展理念。

（一）强化河长制引领“河长治”，全流域“建”起来

“两溪”全流域均属于柯城境内，不存在跨区域河道整治矛盾，摆在各级河长面前的问题是如何整治河道，才能在建设四省边际中心城市中最大程度地发挥“两溪”流域的生态优势。柯城区作出了众多探索，创新提出“全流域综合治理”模式。

为保障治水成效，柯城区明确“书记一条，区长一条”双总河长牵头统筹，整合各部门资源，在对流域自然、人文、历史、旅游、产业等要素调查的基础上，统筹考虑上下游、左右岸进行分段水系功能定位，实现水利、交通、城建、环保等不同条块的涉河基础设施同规划、同建设，确保将“两溪”流域建设成集“健身、旅游、休闲、文化”为一体的生态绿带。

在治理中，柯城区将保障防洪安全放在首位，探索“空间换堤”“软包硬”堤岸建设新理念，通过湿地修复、退堤、植物补种、便民设施的建设，合理新建加固防洪堤 29.25km，加固并生态化改造堰坝 34 座，新建防汛巡查道路 38.43km，实现河湖资源保护利用，既补齐了防洪薄弱短板，又恢复和改善河湖水生态环境 ，形成一堰一景。同时，从单一岸下治理探索水岸同治，全力打好全流域实施生猪禁养、全流域截污纳管、全区域河道禁采、全辖区洁水养殖、全覆盖落实三级河长制等组合拳，退养生猪 33 万头，占全区消减总量的 61.5%，将水质污染源头消灭于岸上，水质合格率达到 100%，实现“黑臭河”向“风景美”转变。

2021 年，柯城区持续深化“两溪”做法，将推动全区实现全流域美丽河湖创建。

石梁溪麻蓬堰

庙源溪鲶鱼堰

石梁溪司马堰

石梁溪坎底堰上游

（二）数字化推动河长制升级，全流域“管”起来

在以河长制为抓手进行“两溪”的建后管护中，我们发现，人工河湖监测呈现“网格化水平不足、自动化水平偏低”、耗时长、成本高等情况，难以保障河湖健康实时反馈、实时评估的需求。

如何保障河长制从“有实”到“有效”，柯城区以数字化推进河长制提档升级工作，积极探索智慧系统在河湖管理方面的应用，在全省率先全域打造乡镇交接断面水质自动化监测系统。

如何构建水域动态监测“一张网”？柯城区在全区 15 个乡镇（街道）的交接断面新建水质自动监测站 20 个，基本实现辖区乡镇（街道）交接断面水质自动监测全覆盖；在全区工业园区探索“互联网＋治水”新路径，在线上搭建了雨水排水口水质在线监测系统和污水排放流量在线监测系统两大系统，实现水质监测、配水、预处理的全过程自动化操作。同时在污水处理设备、企业排污口等重点部位安装自动监测和摄像监控设备，监测流程通过平台全天候 24 小时管理监控，确保问题早发现、早预警、早处置，切实保障河长履职常态化、高效化。

水质自动监测站

（三）创新河道管控疏浚模式，全流域“通”起来

全面推行河长制，目的就是管好护好“两溪”治理成效，以治水引领周边产业转型升级。但“巧妇难为无米之炊”，“两溪”管护每年至少需要花费资金200万元，国家财政补贴负担沉重，难以有效保障山常青、水常绿、花常开。

河湖疏浚作为河湖管理一项重要工作，是建设幸福河的必要措施之一。为突破水利发展制约，柯城区大胆创新“政府管控、国企主导、循环利用、反哺水利”的河道疏浚砂综合利用模式，用“四招”强化河道疏浚全链条管控。一是科学编制《柯城区河道疏浚规划（2020—2030年）》，为河道的疏浚实现依法、科学、有序管理奠定基础。二是规范河湖疏浚管理程序，通过明确疏浚组织程序、规范化管理疏浚料，避免私自乱采挖、过度疏浚的情况发生，确保堤防、堰坝的安全。三是成立国有独资公司统一运营，通过对疏浚料进行统一深加工获取合理收益，并规范全区砂石市场。四是资金反哺水利，基于砂石资源价值开发的市场化运作，实施“资源融资再建设”，发挥国企运营在水利投融资领域的渠道作用，逐步降低财政依赖度，实现水利工程建设管理造血良性循环。

截至2021年1月，柯城区已在石梁溪坎底堰、海龙堰等堰前位置开展河道疏浚，获得经营性收入400余万元，并为寺桥水库项目建设成功融资15亿元。

石梁溪下村堰疏浚前（左）后（右）对比

（四）打通乡村振兴“任督二脉”，全流域“富”起来

河流清了，两岸美了，村民又该如何依靠“绿水青山”获得“金山银山”？柯城区借治水东风，擘画全流域水旅游图景。通过深挖整理沿溪两岸的祭春文化、佛文化、金庸文化等资源，依托“庙源八景”和“石梁九景”辐射带动周边，打造“流域引客、景区留客”的“两溪”流域乡村休闲游产业带，走出一条具有鲜明乡域特色的发展之路。例如，七里乡借治水建设生态家园，引导传统农家乐向养生养老、度假休闲的新型业态发展，落地“七里云舍”大型民宿项目；万田乡荷塘村引入台湾宜兰民宿，打造异域风情的民宿圈；九华乡依托山佛寺景区和亚洲最大的大荫山丛林穿越项目，形成高端农家乐带。

如今，秀美的“两溪”串联起了一众文旅亮点，“运动汽车城”“奥陶纪高空极限乐园”“飞鸿神网谷”等成功引入，治水 2.2 亿元的投资，已撬动产业发展投资超过 300 亿元。2021 年“五一”，柯城区主要乡村旅游接待游客 10.03 万人次，收入 653.72 万元。这里，兴水富民的故事变成现实。

大荫山丛林穿越

七里农家乐带

三、经验启示

（一）治理河湖水生态环境，须从流域整体出发

山水林田湖草是一个生命共同体，河湖治理必须追根溯源、系统治疗，增强各项举措的关联性和耦合性，推动河湖全流域的协同作战。柯城区以河长制为抓手，创新开展“全流域综合治理”，实现了“两溪”流域防洪能力大提升、生态大变样、水岸大乐园。

（二）推动河长制走实走深，须融入数字化技术

河湖管理是水治理体系的重要组成部分，推动河长制工作高效、常态，必须坚持以数字化引领科技治水新模式，利用“数字＋”，加强数字水利建设，大力发展基础数据库建设和信息化综合管理平台建设，助力水域标准化管理。柯城区利用原有的河湖信息化管理平台，融入“数字＋河湖监管”理念，打破“信息孤岛”，推进河湖治理体系和治理能力现代化。

（三）建设全流域幸福河湖，须创新长效管护机制

创新长效管护机制是推动“美丽河湖”向“幸福河湖”迭代升级，构建多元参与、良性互动的水治理体系的助推器。只有切实转变河湖综合治理理念，破解治水资金难题，才能从根子上解决河湖管护问题。柯城区以进行河湖疏浚工作为契机，创新河道管控疏浚模式，以治水拓展水工程与水域空间的综合功能，增强水生态产品供给能力，推动建设美丽乡村。

（四）建设水利旅游风景区，须构建生态“转化”产业链

维持河流健康、支撑流域经济社会高质量发展是幸福河建设的内涵要义。只有充分做好流域产业转型和产业填充工作，推动多种生态产业形式有机聚合，才能真正提升流域内人民的安全感、获得感、满意度。柯城区以“两溪”治理为契机，构建区域绿色产业新体系，成功探索出“两山”转化新通道。

（执笔人：张凌燕）

传承弘扬水文化　让山水自成诗境

——安徽省宁国市方塘乡全域推进示范河湖建设激活乡村振兴“水”动力*

【摘　要】方塘乡地处安徽省宣城宁国市西部，位于大型港口湾水库库区上游，是典型的生态之乡，茶叶、食用菌、经济林果、生态养殖等产业发展迅速，板桥原始森林、落羽杉湿地、千年铁瓦寺等旅游资源得天独厚，是皖南川藏线上的一颗明珠。随着全域旅游发展，传统产业及人口集聚带来的农村面源污染问题逐渐凸显出来。

全面推行河湖长制以来，方塘乡牢牢把握生态优先的原则，集聚力量、集中投入，持续推进河湖环境整治，对境内潘茶河、板桥河、上坦河、葛村河进行整治，将河湖长制元素和水文化融入沿岸风景，以“防洪保安全、优质水资源、健康水生态、宜居水环境、先进水文化”为目标，全域创建河湖长制示范点，并以点串线带面，建成河湖长制示范乡，开创河湖长制工作新局面。

【关键词】河道治理　河湖长制　示范河湖建设

【引　言】方塘乡深入践行“绿水青山就是金山银山”的生态理念，认真落实安徽省、宣城市创建河湖长制示范点工作要求，以“特色、典型、人文、引领”为目标，结合河流特性和人文特色，打造了一批具有导向性和可复制性的示范河湖，为乡村振兴建设注入新活力。

一、背景情况

方塘乡地处安徽宣城宁国市西部，位于长江一级支流——水阳江上游大型水库港口湾水库库区，总人口近1.5万人，过境游客多，境内主要

---

* 安徽省宁国市水利局、宣城市水利局供稿。

河流有上坦河、潘茶河、葛村河、板桥河全部汇流到宁国城区水源地——港口湾水库，直接关系水质安全、水生态环境保护和居民供水安全。以前境内部分河道堤岸倒塌、河床干枯、杂草丛生、农村污水乱排、岸边乱搭乱建、乱堆乱放现象多，严重影响了河道行洪安全、水环境质量以及农村人居环境。自全面推行河湖长制以来，方塘乡根据境内的水生态环境实际情况，以河定治理之策、施治理之措，积极推进控源截污、内源治理、生态修复、补水活水、长效管理五大工程，持续开展“皖南川藏线”整治等专项行动，结合生态清洁型小流域治理，建设了一批“河畅、水清、岸绿、景美、人和”的示范河湖。同时，实施“河湖长制＋”模式，由单纯的治河，向全流域美化、优化发展，“加出”全域美景、推进全域旅游、助力乡村振兴，让“半亩方塘一鉴开，天光云影共徘徊”的诗意水景在方塘乡成为现实。

方塘乡潘茶河治理前后对比

二、主要做法及成效

自全面实施河湖长制以来，方塘乡以习近平生态文明思想为指导，深入践行绿水青山就是金山银山的发展理念，着眼更好发挥河湖长作用，进一步健全责任明确、分级管理、监管严格、保护有力的河湖管理保护机制，以“特色、典型、人文、引领”为目标，加快建设造福人民的幸福河，推动河湖管理保护再上新台阶。

（一）四河同治，铺开全域河湖生态画卷

方塘乡多措并举，整合生态清洁型小流域治理、美丽乡村建设、移

民后期扶持等项目政策，累计投入2000余万元，采取清淤疏浚、清障拆违、水系连通、生态修复、岸坡整治、污水纳管等工程措施，合计清淤疏浚9.7km，修建护堤3.6km，河岸绿化8710m^2，新建护栏、游步道1790m，新修道路2080m，建成河湖长制亲水长廊4处，河湖长制主题生态、旅游公园3处，建成人工湖、观景台、景观坝16处，并配套建设文化公厕、卵石壁画、亮化工程等基础设施，以河流的自然风光为基础，将水利工程、河湖长制元素与自然、人文融合，打造集防洪、灌溉、农饮及旅游等功能为一体的公园式河道。如潘茶河融入千年铁瓦寺、白云禅寺的禅宗文化；板桥河披上原始森林的“神秘纱衣”；上坦河重现上坦古村的徽古文化。对于跨境河流汀溪河板桥段（板桥河），还与宣城市泾县开展联防联控，对接“水墨汀溪”、建设AAA景区。落实全方位、全链条综合治理措施，有力维护了河流自然生态健康，形成全域山水林田湖草良性循环的生态系统。

（二）多方聚力，共护河湖水系生态底色

聚焦河流长效管护，方塘乡积极推进各方力量齐参与的全员护河湖格局。一是党政领导，强工作体系。各级党政主要领导亲自“挂帅”，建立、建强三级河湖长工作体系。共有市（县级市）、乡、村级河湖长各3名、8名、10名，设有河湖长公示牌40块，“上牌明示”河湖概况、治理目标、河湖长的姓名、职务、联系方式、职责以及举报投诉电话等信息。各级河湖长累计巡河湖6400余次，发现河湖问题100余个，且全部立行立改。二是民间参与，严监督管护。聘请社会投资人担任企业河湖长，退休老党员、人大代表等担任民间河湖长，“两长”共同参与河湖监督、管护。企业河湖长在经营旅游项目时，自觉管护好经营区域内河段；民间河湖长除了参与巡河巡湖工作外，还对其他管护人员进行监督，解决了乡、村河道监管缺人的问题。三是网格管护，实分段责任。分级分段设立河湖管护员，责任到网格。全乡共有河湖管护员49名，由乡村保洁人员兼任，负责河湖日常保洁、管护，支出费用由财政承担；宁国市水利局设立水库专项管护资金，对水库水面、大坝、溢洪道及水库周边生态环境进行专项日常管理。四是部门联动，活工作机制。建立健全“河湖长+河湖警长、生态检察官”工作机制。四级河湖警长制畅通了“执

法、司法”工作环节，不断完善重点水域日常监管巡查机制。河湖警长将巡河巡湖、出警率结合起来，多频次、多河段开展日常巡查，同时开展以打击非法捕捞为重点的联合执法行动，已开展巡查300余次，夜查执法行动70次，查处涉河湖案件16起，打掉3个在长江禁捕区域实施“捕、运、销”一条龙的非法捕捞犯罪团伙，抓获涉案人员8名。设立环青龙湾（即港口湾）生态环境保护检察官办公室。生态检察官立足职能、延伸生态触角、辐射库区周边，为保护水生态环境提供坚强司法支撑。截至2021年4月，已发出检察建议书10份，提起公益诉讼8起，对破坏河湖周边环境的违法行为形成极大震慑。各方“齐参共抓”的河道管护长效机制，有力促进了流域生态文明建设，保护了方塘河湖水系的生态底色。

方塘乡板桥河治理后美景

（三）“河湖长制+”，让绿水青山成金山银山

方塘乡依托特有的山水美景、江河湖泊和水库水利工程景区等资源，做足“水文章”，着力打造“水清岸绿、鱼翔浅底”的流动水景观，全力推进旅游发展提质增效，生动地实践着把绿水青山变成金山银山，通过境内河流的生态保护和治理建设，打造集观光、康养、休闲于一体的度假目标地，给广大群众带来实实在在的福利。创建示范河湖时注重发挥

地方特色，做到既改善人居环境，又与美丽乡村、生态旅游、发展经济深度融合。如在原有落羽杉湿地公园、板桥自然保护区的基础上，成功打造“皖南川藏线最美方塘段”自驾廊道、以“世京园”为代表的民宿集群等，完善“快进漫游、便捷乐享”的旅游综合服务体系。河湖长制示范点不仅串起绿色生态“珍珠链”，更由线达面、创成美丽环境风景带，拓宽了“河湖长制＋全域旅游”“河湖长制＋生态农业”的思路，走出了一条河系治理与乡村振兴和谐相融之路，让老百姓共享青山绿水带来的“真金白银”。全乡农家乐民宿达116户，户均纯收入每年超过20万元，2020年度全乡旅游综合收入更是突破6亿元，初步实现了“产业兴旺、生态宜居、乡风文明、生活富裕”的目标。

落羽红杉

三、经验启示

（一）保护挖掘河湖文化，治出健康水生态

水文化建设是水利现代化建设的重要任务之一，是推动水利事业发展的精神支撑。方塘乡始终以“上善若水、以水育人、以文化人”作为水文化建设的出发点和落脚点，目前，潘茶河、板桥河已创成宣城市级示范河湖，上坦河、葛村河正在提升改造中，全力打造“河湖长制＋全域旅游”示范点建设，建成全省第一个河湖长制主题公园，并重点保护和

提升“水上喀纳斯”落羽杉湿地公园，在重要节点通过湿生乔木＋湿生灌草合理搭配，多节点打造红杉林景观小品，让水中的落羽杉与蓝天碧水青山相映成境。

方塘乡以河湖长制为抓手，以创建河湖长制示范点为切入点和载体，根据水利部提出的“防洪保安全、优质水资源、健康水生态、宜居水环境、先进水文化”工作目标和宣城市提出的“特色、典型、人文、引领”的具体目标，在实施生态小流域治理的基础上，结合美丽乡村建设、农村人居环境整治、农村“三大革命”、农田水利“最后一公里”等重点工作，整合项目资金，实施生态美化、生态优化的水旅结合、农旅结合治理工程，打通水利、农业、交通、公安、检察等各部门职责界限，贯通河湖建设、治理、管护等各工作环节，推进河道综合整治，提升生态环境质量。在治理中根据河流特性和人文风貌，因地制宜融入河湖长制主题元素，创建“移步换景，步步见景”的示范河湖，并充分发挥好示范河湖引领带动作用，整体提升河湖管理能力和水平，努力打造全域幸福美丽河湖示范乡。

（二）建立机制长效管护，护好宜居水环境

添一抹古韵悠悠，取一抔人文浓浓，方塘乡不断巩固推进河湖长效治理和管护，把为沿河居民打造安心、舒心、贴心的宜居水环境作为创建示范河湖的出发点和落脚点，作为最普惠的民生福祉和公共优质生态供给品。以宣城市、宁国市为参照系，以“五高”为标准，即：党委政府高度重视，河长办主任高配置，目标考核高分值，工作经费高投入，工作推行高起点，高规格全面推行河湖长制工作，建立市（县级市）、乡、村三级河湖长责任体系，由乡党政主要领导担任总河长，党委副书记、分管乡长担任乡河长办主任，不断完善河湖长会议、工作联动、河湖长述职、督察督办、考核激励等基本制度，为全面推行河湖长制工作、提升河湖管护能力提供有力制度支撑。在筑牢工作体系、健全管护制度的基础上，结合港口湾水库生态保护专项执法、“皖南川藏线”沿线河道环境提升等专项行动，建立常态化巡查机制。同时，积极拓宽河湖长制工作面，将河湖长设立由党政领导扩大到人大、政协相关领导，形成党委领导，政府主导，人大、政协协助，部门联动，社会公众参与的全面推行河湖长制工作体系和格局，实现人人护河、人人受益。

（三）创新模式振兴乡村，共享生态新福祉

方塘乡河流蕴养了丰富的旅游资源，无论是晨雾朦胧中的红杉落羽，还是有天然氧吧之称的板桥原始森林，或是古韵悠悠的千年铁瓦寺，都吸引了大量的游客。通过政府搭台，构建“河湖长制＋”的生态模式、“公司＋村集体＋农户”的经营模式，将自然资源转化为绿色产业资源，发展集农家乐、民宿、高端旅游为一体的全域旅游，形成良好的生态产业体系，打通“绿水青山”向“金山银山”的转化通道，使老百姓在家门口就能创业就业，享受好山好水的红利，不断推动示范河湖创建与发展乡村经济、实现乡村振兴的互促共进同提升、深度融合同频振，为推动示范河湖创建和实现乡村振兴相结合探索了一条有益尝试之路。

（执笔人：刘江玲　徐守宏　丁国锋）

示范河湖引领　打造幸福河湖

——福建省莆田市以木兰溪创建示范河湖引领幸福河湖建设*

【摘　要】 按照习近平总书记提出“节水优先、空间均衡、系统治理、两手发力”的治水思路和“造福人民的幸福河”的伟大号召，深入贯彻“两山”理论，2019年莆田对标示范河湖创建指标，坚持重在保护、要在治理，以打造造福人民的幸福木兰溪为目标，实施强产业、兴城市“双轮”驱动，统筹保护和发展，从源头治理开始，协同推进流域山水林田湖草沙综合治理、系统治理和一体化保护以及高质量利用，建设节水、生态、洁净、安全、文化、智慧的“六水木兰”，持续提升河湖治理体系和治理能力现代化，全过程监管并拧紧责任链条，高水平保护并构建管控体系，创新以治河为纽带的全流域治理模式，全方位协同并推进莆田高质量发展超越，打造人与自然和谐共生的美丽中国幸福河湖样本。

【关键词】 木兰溪　示范河湖　幸福河湖　系统治理　安全担当

【引　言】 作为习近平生态文明思想实践样板的木兰溪所在地，莆田立足新发展阶段，贯彻新发展理念，服务和融入新发展格局，以木兰溪示范河湖创建为引领，以打造全域幸福河湖为目标，一体推进新时代木兰溪流域持久水安全、优质水资源、健康水生态、宜居水环境、先进水文化、智慧水管理、绿色水经济等高质量保护与治理工作，探索“荔林水乡”河湖长制工作有名有责有能有效“四有”模式，提升百姓幸福指数，率先打造美丽中国的河湖治理典范。2020年11月，南部片区木兰溪高分通过全国首批示范河湖验收，木兰溪流域综合治理模式入选国家生态文明试验区改革举措和经验做法推广清单。木兰溪，见证了一座城市、一个流域在中国共产党领导下的沧桑巨变。

---

* 福建省莆田市水利局、水利部宣传教育中心、河海大学供稿。

一、背景情况

木兰溪发源于戴云山脉，是福建省“五江一溪”之一、闽中最大河流，横贯莆田全境并独流入海，是莆田人民的母亲河。

木兰溪虽以溪命名，却是一条桀骜不驯的河流。历史上，因受集水面积大、岸线弯曲、流程短、落差大、河口潮汐、下游地势低洼等影响，木兰溪洪灾、旱灾、潮灾频发。每逢汛期，农田房屋时常受淹，企业选址避之不及，群众流离失所甚至背井离乡……百姓安危受困于此，经济发展受限于此，城市兴盛受阻于此。

1999 年 12 月，习近平总书记在闽工作期间，亲自擘画、亲自推动木兰溪整治工程。20 多年来，莆田持续实施了流域防洪防潮排涝、安全生态水系建设、中小河流治理、节水型社会建设示范区及达标县、水生态文明建设试点城市、全域城乡供水一体化试点市、黑臭水体治理示范城市、农村生活污水治理试点市、水系连通及水美乡村建设试点县、综合治水试验县、东圳水库水环境综合治理、蓝色海湾整治、河湖“清四乱”、污水零直排区试点等一系列建管工程，下游从过去安全泄洪量仅 $1000m^3/s$、70 个建制村几乎年年遭洪灾，到 2011 年彻底改变了福建全省设区市中唯一“洪水不设防城市”的历史、城市防洪标准提高到 50 年一遇、实现洪水预警，特别是 2016 年 14 号台风“莫兰蒂”，木兰溪洪峰流量达 $3140m^3/s$，木兰溪防洪工程经受住了考验、没有泛滥成灾，实现了全流域安全生态、绿色发展、产城融合发展、人与自然和谐共生的目标，书写了美丽中国生态文明建设的生动样本。

2014 年、2017 年相继出台《莆田市河长制实施方案》《莆田市全面推行河长制工作方案》；2021 年 5 月，莆田市河长制办公室获评全国全面推行河长制湖长制工作先进集体。

2019 年 11 月，木兰溪入选水利部首批示范河湖建设名单。

2020 年 3 月，水利部高度肯定了莆田市委市政府坚持变害为利、造福人民的目标要求，一张蓝图绘到底，以木兰溪全流域系统治理为统揽，加快水利改革发展，打造了全国生态文明建设的木兰溪样本，为新时代治水提供了可资借鉴。12 月，福建省委书记尹力在莆田调研时强调，要深入学

壶山兰水、荔林水乡

习贯彻习近平生态文明思想，牢记习近平总书记当年提出的“变害为利、造福人民”，坚持一张蓝图绘到底，让木兰溪成为造福当地人民的幸福河。

2021年1月，木兰溪流域东圳水库获评国家水情教育基地。3月，实施木兰溪综合治理写入国家“十四五”规划和2035年远景目标纲要。6月，木兰溪治理写入《中共福建省委关于学习贯彻习近平总书记来闽考察重要讲话精神谱写全面建设社会主义现代化国家福建篇章的决定》，并作为中国共产党百年奋斗历程成果，亮相中国共产党历史展览馆。

二、主要做法

莆田深入贯彻落实习近平总书记来闽考察重要讲话精神和治理木兰溪的重要理念，坚持问题导向、目标引领、水岸同治、项目带动，以实施河湖长制的规范化、常态化、清单化、数字化、示范化、现代化的“六化”为抓手，打造木兰溪示范河湖、幸福河湖，并以示范河湖木兰溪综合治理带动莆田全域幸福河湖建设。

（一）严格管控河道空间，构建多元河长监管体系

严格管控木兰溪空间。划定干流管理范围、岸线及河岸生态蓝线，完善生态保护红线、永久基本农田、城镇开发边界等控制线，留足两岸生态绿线，实施两岸建筑退距工程，实现岸线资源节约集约利用，构建“控制线＋退距线＋发展线”多规合一体系。

造福人民木兰溪

首创流域多元河长体系。干流县级河段长均增设县区委书记为第一河长，55条流域重要支流、小流域增设县级党政主要领导为第一河长。发动商会、老协会、记者、乡贤、志愿者等民间力量为河长，开创流域企业河长、乡愁河长、网络河长等先河，搭建“行政＋流域＋民间”多元河长组织体系，以首创的河长日为抓手，走出从一河多长齐心护河的有名，到挑起担子压责任的有责，再到示范河湖善作为的有能，以及水患频仍变捷报频传的有效，具有莆田地域特色的河湖长制“四有”之路。

（二）实施大系统治理，创新流域运管模式

着眼大空间，实施大系统治理。成立以市委书记、市长为组长的木兰溪全流域系统治理工作领导小组，高位推动“保护＋治理＋开发”系统治理模式，即立足城市发展布局、资源、生态等禀赋，坚持节水优先、系统治理、一体推进理念，统筹流域上下游、左右岸、干支流、点线面、潮汐变化规律、自然－生态－社会等，完善木兰溪流域系统治理规划，明确流域治理方向、目标、思路，确保一张蓝图干到底。

创新木兰溪投、融、规、建、管、养、监一体模式。探索政企合力的“专项＋清单”项目管理模式，将流域河道生态治理、智慧流域系统、水生态安全、生态廊道等项目整合打包，设立木兰溪下游水生态修复和治理工程大专项，总投资29.69亿元，成为全国首批水生态修复与治理示范项目、国家150个重大水利工程，形成了“多个渠道引水、一个龙头放水”的水生态修复和治理的资金投入新格局。

（三）建立数字智慧平台，拧紧责任各环链条

数字赋能、科技智力。利用卫星遥感、视频监控、无人机、无人船、App等技术手段，建立智慧河长、生态云平台、水质自动监测站、视频监控等，构建“看水一张网、治水一张图、管水一平台、兴水一盘棋”的新体系，破解治水难题，开启“互联网＋大数据”治水护水新模式。

制度为要，机制为根。创新“三图＋三统＋三单”守河作战路径、“管人＋管河＋管事”智慧河长监管体系，建立“立法＋执法＋司法”多维生态法治护航、“巡察＋监察＋督导”专项监督、“市域＋部门＋云端”跨界协同河湖管护等机制，探索“地方＋高校＋最美家乡河联盟”产学研绿色发展模式，实施“流域＋水库＋区域”叠加补偿办法，推行机械智能化、管理智慧化、作业精细化的三位一体的水岸协同保洁机制，有效维护木兰溪健康。

（四）统筹保护与发展，保障区域高质量发展

从资源安全、环境安全、流域安全和社会安全角度，统筹流域生产、生活、生态空间，明晰城市“东拓南进西联北优中修”的发展战略，出台《打造人与自然和谐共生美丽莆田行动方案》《莆田市城市功能与品质提升暨拓展新城区三年行动计划》等，优化木兰溪南岸永久基本农田布局，跨木兰溪南进建设高铁新城，攻坚一溪两岸木兰陂、玉湖、白塘湖等片区连片发展。坚持新发展理念，优化产业布局。按照“龙头企业—产业链—产业集群—制造基地”思路，加快木兰溪沿岸产业集聚化、产业链现代化、创新链数字化，构建流域高质量发展的现代产业体系，通过孵化产业、转型升级，重点布局5G、区块链、物联网等龙头产业，打造集气电、风电、光伏于一体的新能源产业集群，推动特色优势产业与互联网平台深度融合，形成木兰溪两岸珍珠链式产业链，有机植入“最美家乡河”文化元素、价值内涵，将优质生态资源转化为绿色发展新动能，做实做优做强做长生态产业链，提升产品效益和附加值，助推乡村振兴，力争到2025年食品、工艺美术、鞋服、电子信息、新型材料、新能源、数字经济、生命健康等沿溪产业产值突破1.69万亿元。

三、经验启示

（一）坚持党的领导，淬炼不变的初心和恒心

20 多年来，省市历届党委、政府落实“党政同责、一岗双责”，领导莆田人民，弘扬工匠精神，久久为功，一张蓝图绘到底，接续推进木兰溪综合治理，建设新时代高质量发展的幸福木兰溪，滋养为人民谋幸福初心、永葆恒心、淬炼灵魂，锻造了牢记宗旨的担当精神、系统治理的科学精神、无惧困难的斗争精神、久久为功的奋斗精神等宝贵精神财富。

龙舟文化

（二）坚持人民至上，把人民关心的问题摆在首位

习近平总书记指出：良好生态环境是最公平的公共产品，是最普惠的民生福祉。莆田以此为引领，坚持共商共建共享的理念，始终以人民为中心，把群众关心、社会关注的河流问题作为提升群众幸福指数的重要指标，把木兰溪综合治理作为“头号工程”，发动全市人民共同参与、共同建设、共同享有，让每个人都是木兰溪生态文明的宣传者、践行者、奋斗者、受益者。

（三）坚持大系统思维，铸就幸福河湖大安全

木兰溪治理从全局谋一域，树立大时空、大系统、大担当、大安全的理念，统筹发展与安全，以水定城、以水定地、以水定人、以水定产，从历史纵深思考河流变迁，从多重系统构成谋划河湖治理，从文明传承

挖掘地域水文化，从战略性布局打造幸福河湖样本，夯实基础，实现高质量发展的使命与担当，是习近平同志从前期论证到科学决策、从亲自擘画到全程推动、从亲自奠基到建立生态样本的生动实践。

（四）坚持科技引领，建设智慧幸福河湖

莆田坚持科技赋能治水，探索木兰溪在创建示范河湖、打造幸福河湖中的新方法、新手段。研发流域系统管理智慧平台，在地面、天上监测管理的基础上，利用 RS 技术，绘制集成自然、生态、社会元素一张图，编织天空地三位一体的智慧木兰，实现全流域实时监管，提高灾害应对能力。联合高校，成立河海大学木兰溪生态河湖研究院、莆田学院木兰溪综合治理研究院，精准发力，开展健康河湖、美丽河湖、幸福河湖等重大关键技术攻关。

（五）坚持建管并行，推动示范河湖可持续发展

莆田以全面提升水安全保障能力为目标，坚持投资一体化带动治理一体化，以城带乡、以大带小，推进集中连片，探索流域投资、融资、规划、建设、管理、养护、监管一体模式，逐步建立流域高品质建设、专业化管理、信息化监测、一体化运维等，巩固示范河湖创建效果和幸福河湖建设成果，推动新阶段木兰溪高水平、高质量、可持续发展。

（执笔人：林国富　刘晓晨　夏继红）

以河养河　探索水生态价值实现新路

——江西省抚州市宜黄县实施河权改革　建立“以河养河”长效管护机制的做法与启示*

【摘　要】 宜黄县自2016年实施河长制以来，紧盯“河畅、水清、岸绿、景美”的工作目标，综合施策，积极推进，但在实际工作中，存在政府投入大，执法监管难，群众参与少和自我管理不到位等难点、堵点，为切实改变这种现象，打通河长制最后一公里，积极探索在明确河道资源所有权归国家所有的前提下，推行市场竞争机制，将河道分段，以竞拍方式承包到户，发出全省首张“河道经营权证”，引入承包人加强对河道卫生、水生态环境和渔业资源等方面的保护，不仅让“沉睡”的乡村河道资源成为村集体和百姓增收的经济“活水”，还有效地实现了政府单一河道管理向群众参与河道保护转变，建立“以河养河”的长效管护机制，走出了水生态价值实现新路。

【关键词】 河权承包　以河养河　水生态环境改善

【引　言】 水生态环境持续改善是河长制工作的首要任务，本文通过对江西省宜黄县实践通过将河道分段，以竞拍方式承包到户，发放“河道经营权证”，引入承包人加强对河道卫生和水生态环境的保护，解决了政府单一管理河道向群众主动参与河道保护的转变，进行分析探讨，期望为同类型问题的解决提供一定的借鉴参考，望相关部门和人士提出宝贵的意见和建议。

一、背景

宜黄县是典型的山区县，境内水系发达，河流众多，有大小河流216条，其中流域面积为10km^2及以上的有46条，从2016年5月开始，将

---

* 江西省抚州市宜黄县人民政府供稿。

上述46条河道全部列入河长制管理范围，由县委书记兼任县级总河长，县长兼任县级副总河长，落实县级河长5名，乡级河长124名，村级河长113名。在河长制推行过程中，由于政府单一管理河道存在以下弊端：一是投入大，据统计每年用于发放河道保洁员工资就高达200万元，加之购置和维修河库保洁器械，如保洁机动船只、橡皮艇、机械燃油等累计每年达到300万元；二是监管难，纳入河长制管理范围的河道涉及全县12个乡镇、113个行政村，人口约11万人，县、乡、村三级河长又均是县、乡、村三级干部兼任，除开展河长制工作外，还要承担繁重的经济发展、社会稳定和脱贫攻坚等中心工作，巡河监管与中心工作相冲突，导致监管难，监管不到位；三是效果不佳，由于河道资源属于国家，少数村民把河道当成垃圾丢弃场，有时刚清理干净，就会出现村民向河道丢弃垃圾。为克服这些弊端，走出一条河长制管理新路，宜黄县积极探索推进河道经营管理权改革试点工作，5个乡镇成功开展河道经营权改革试点，改革总河长130km，增加了村集体经济70.45万元，使“河道绿水”变为“经济活水”，“绿水青山”变成“金山银山”。

二、主要做法

（一）推行三权分离，开展依法确权。积极推行河道所有权、管理权和经营权等“三权”分离的权责划分模式。一是精准甄别。在明晰河道所有权归国家的前提下，将河道资源管理权的归属进行分类，依据不同的归属类别明确相应的管理主体。具体明确县城规划区范围内河道管理权由县水利局行使；其他河道由所在乡（镇）、村协助县水利局行使河道管理权［行政村配合乡（镇）开展工作］。二是依法确权。在确认河道经营权方面，将权利授予当地乡（镇）政府，采取竞标的形式把河道承包给集体或个人，通过发包方与承包方签订承包合同的方式，取得河道资源承包经营权，并由县政府颁发经营权证。承包方根据具体情况可以是本地村民、村集体、群众组织、股份合作，还可以通过招商引资引进外地客商。对于一些河道边界划分存在争议的，由县水利局牵头组织乡、村干部和村民代表进行协商确定，并签订边界确认书。三是规范经营。明确承包人对所承包河道的合法经营依法享有自主权，但所经营的项目需向该条河道管理权方提出申请报备，经河道管理权方同意后方可实施经营，涉及河道开发建设的同时报县水利局批准。明确承包人经营义务和职责，承包人必须在保证农业生产生活用水和防洪需要的前提下合法经营，并依法履行所经营河道渔业资源、砂石资源、水生态环境的保护责任，当发现超出承包人经营管理权限的人和事，承包人必须及时上报当地乡镇政府进行协商处理。

（二）创新机制体制，规范河权管理。紧紧抓住河权管理中的难点堵点，突出体制机制创新，着力保障河权改革规范有序推进。一是建立准入与退出机制。按照“政府主导、多方参与”的原则，通过竞标方式，进行公开公正公平竞争。首先召开村民代表大会，拟定河道承包方案，张贴竞标公告，通过竞价确定承包业主；然后签订承包合同，发包方与承包方签订河道经营权承包合同，明确甲、乙双方的权利与义务，约定各自应遵守的条文，合同签订后正式移交管护权。由于河道资源具有生态性，过渡或者不当开发利用均会对水生态环境产生重大影响，故承包经营期限原则上不超过 10 年，具体由发包方、承包方、村民代表商定。同时，对承包方在承包期间的经营行为进行实时监管，定期对河道的环境生态等进行指标检测评价，不合格者予以强制退出。二是探索权益流转机制。在合同有效期内，允许河道资源承包经营户将河道经营权进行抵押贷款，承包经营者在不违反国家法律、行政法规相关规定的前提下，经管理方批准同意后，可以采取转包、转让、出租等方式实现承包经营权的流转，承包经营权流转后，仍按原承包经营合同的约定行使权利和承担义务。以梨溪镇为试点将辖区内 48.6 千米的河道划分为六段竞拍承包出去，竞拍总价 55.5 万元，并将竞拍所得的 80%全部返还给各村，县政府于 2020 年 8 月为承包户颁发了全省首张河道经营权证，承包户获得河权证后，根据县里出台的相关政策，向银行成功抵押贷款 30 万元，真正实现资源变资产，资产变资金。三是健全长效管护机制。充分发挥河长制的深层次作用，理清县、乡、村三级河长在河权改革中的职责。乡、村两级河长加强对本辖区内已实施经营权承包的河道监管，引导承包经营户加强水生态环境、渔业资源等方面的保护，对超出经营范围的行为实施监督，积极帮助河权承包户落实辖区内相关优惠政策，如周边土地流转在相同条件下的优先权政策，及时化解河权承包户与周边村民之间产生的矛盾纠纷。县级河长落实县级各有关部门对河权承包户的激励和监管措施，如银行积极探索利用河道经营权证实施抵押贷款，保险公司积极探索实施河道经营设施开展保险业务；水利部门申报实施河道治理项目时优先将改革河道纳入申报范围；生态环境部门对改革河道实施水质加密监测等。

（三）分类开发经营，释放改革红利。注重坚持“因地制宜、因段施策”的原则，将立地条件作为河道分类开发的着力点，积极探索河权改革“变现”方式。一是开发乡村休闲旅游。对周边资源较为丰富、经营开发价值较高的河段，大力实施“水旅融合”，通过拓展投资渠道、加强基础设施建设等措施，积极开发乡村休闲旅游项目。如依托桃陂镇歌坪村“江西省水生态文明村”“江西省村镇类生态文明示范基地”“江西省水利风景区”等金字招牌，将该村5km歌坪河段承包给经营户，通过引入游船画舫，完善水上娱乐等功能设施，并在周边建设度假屋、民宿等，逐步打造成了一个集休闲养生度假为一体的美丽乡村生态旅游示范点，2020年该示范点接待游客15万人次，创造旅游综合收入1690万元；二是发展渔业水产养殖。对立地条件一般、短期内难以获益的河道，在承包期、承包资金上进行适当调控，鼓励引导承包人率先开展河道治理工作，加强对河道的清洁维护，着力提升河道水质品质。在此基础上，指导承包人大力发展石斑鱼等经济价值较高的水产养殖产品，并免费开展养殖技术指导，为实现增收提供有效服务；三是打造田园综合体。积极引导承包户根据河道水质、地势及沿岸风景、农耕等实际状况，规划河道综合开发方向，打造生态农业、绿色产业、观光休闲的田园综合体。梨溪镇河道承包户在河面开展生态竹排漂流观光、野钓等休闲活动，河岸周边养殖石斑鱼，种植三叶青、丹参、铁皮石斛、藏红花等中药材，周边土地流转种植葡萄、猕猴桃、草莓等经济作物的田园综合体。

三、经验启示

（一）政府主导，规范经营

充分发挥政府在河权改革工作中的主导地位，在明晰河道所有权归国家所有的基础上，落实政府管理权，明确政府在河道管理工作的权力和义务，有效规范经营权，积极引导河道承包人依照承包合同进行合法经营，切实为承包人解决承包过程中碰到的实际困难，并在承包期间内开展全过程监管，一旦发现承包人有违规行为，及时给予制止或强制退出。同时，在江西全省首批实施农业水价综合改革全城推进，建立健全了农田水利工程运行管护，农业水价形成，县级财政精准补贴和农业节水激励等四项机制，对农业用水实行总量控制和大力发展高效节水农业产业，农业面源污染大大减少，对全面改善河道水环境也起到了重要作用。

（二）创新机制，保障运行

一是引入可进可退的市场竞争机制，通过竞价确定承包人，然后签订承包合同，移交管护权，承包方在承包期间的经营行为实施实时监管，河道环境实现常态监测，不合格者予以强制退出。二是探索权益流转机制，在合同有效期内，允许承包人将河道经营权抵押贷款，经发包人批准同意后还可以转包、转让、出租，实现河道承包经营权流转；三是健全长效管护机制，充分发挥河长制效能，各相关“河长”积极引导承包人履行管护义务，将承包经营权收益用于河道生态修复，农田水利基础设施建设等，达到“以河养河”长效管理。

（三）多方发力，保护为主

在做好河段承包工作的同时，进一步落实“河长”“承包户”主责，加强了河道管护力度，有力保障了改革任务顺利推进。同时县生态综合执法大队、乡镇生态综合执法中队加大巡逻执法力度，不定期开展联合巡查执法，切实维护试点河道的开发与管理秩序。通过引导承包户加强对河道的卫生、水生态环境和渔业资源等方面的保护，实现由以前的单一由政府对河道的管理，变为群众参与河道的保护，达到“河畅、水青、岸绿、景美”的河道管理目标。

（四）打通通道，释放红利

在实施河权改革过程中，注重坚持“因地制宜，因段施策”的原则，实施河道分类开发，对周边资源较为丰富、经营开发价值较高的河段，鼓励和支持实施“水旅融合”。对条件一般，短期内难以获益的河道，在承包期，承包资金上进行适当调控，引导承包人率先开展河道治理，提升河道水质，再发展石斑鱼等经济价值较高的水产养殖产品，同时允许承包人将经营权证进行抵押贷款，筹集开发资金，进行多形式多渠道开发经营，有效拓宽水生态资源变现通道，让改革释放更多红利。目前，已实施改革总河长 130km。通过改革，一幅既留得住绿水青山，又能获得金山银山的生态文明新画卷正在徐徐绘就。

（执笔人：江永霞）

建设水美乡村　助力乡村振兴

——山东省枣庄市薛城区周营沙河美丽示范河湖建设典型案例*

【摘　要】山东省枣庄市薛城区不断创新工作模式，以周营沙河美丽示范河湖创建为契机，在生态提升的同时打造沿岸配套产业，统筹做好河湖治理中城市与乡村的关系、河湖保护与利用开发的关系，在“乡村振兴·齐鲁样板”的引领下，紧锣密鼓谋划实施“山水林田大会战”项目，全力打造人水和谐的幸福河湖样板，切实将乡村“绿水青山”生态资源转化为“金山银山”发展动能，让人们看得见山、望得见水、记得住乡愁，为乡村振兴不断注入活力。

【关键词】生态治理　美丽幸福河湖　人水和谐

【引　言】近年来，山东省枣庄市薛城区坚持以习近平生态文明思想为根本遵循，不断创新工作方式，推动河湖长制建设从“有名有实”到“有力有为”转变，以周营沙河美丽示范河湖创建为契机，统筹山水林田湖草综合治理，将水生态修复和产业发展有机融合，探索出一条“活水、净水、亲水”的美丽河湖建设新途径，全力打造人水和谐的幸福河湖，实现了因水而美，因美而富的“水美经济”，为乡村振兴、绿色发展、生态宜居提供了有力的水环境支撑。

山东省枣庄市薛城区周营沙河属于淮河流域季节性河道，发源于枣庄市薛城区南常境内黄风口，流经沙沟镇、周营镇，于周营镇铁佛村东流入峄城区，最后流入韩庄运河，主河道全长 25km，流域面积 102km^2，其中 13.7km 在薛城区境内，流域面积 48km^2。

周营沙河原为杂草丛生、垃圾成片、污水横流的“臭水沟”，严重影响沿河村民们的生活，河道两侧无交通道路，当地村民出行“晴天一身

---

* 山东省枣庄市薛城区城乡水务局供稿。

土、雨天一身泥”，同时河湖水体存在不同程度污染、生态结构过于单一、河道枯水期长期断流，令人头疼不已。

周营沙河治理前后对比

周营沙河治理前后对比

近年来，薛城区突出顶层设计，狠抓水资源保护、水生态修复、水污染防治等主要任务，坚持随地就势与宜水布局，整体推进与分级实施相结合，把生态治理和水安全放在突出位置，对周营沙河进行全面生态整治，建设文化广场、亲水平台、生态护坡、拦蓄工程等，两岸植被茂盛，景色优美，与沿岸运河支队记忆馆、铁道游击队沙沟受降纪念馆等红色教育基地相得益彰。随着水生态系统的全面修复，昔日泥沙淤积的周营沙河，华丽转身为生态湿地，河道绿水盈盈，河岸芳草萋萋，河面白鹭低飞；漫步河流两岸，抬头绿意盎然，低头水流潺潺，心灵与河流共波澜，生机与静谧皆拥享，一幅人和水美的画卷正徐徐展开。

周营沙河沿岸红色教育基地

2020 年 4 月，枣庄市政府在薛城区召开全市河湖长制工作暨重点水利工程现场会。省内外水务系统多次到周营沙河学习乡村美丽河湖生态治理经验，淮河委员会调研组到周营沙河观摩调研，在官方网站宣传推广治理经验并展播周营沙河美丽河湖宣传片《建设幸福河湖 打造城乡秀美水系》，2020 年 12 月，周营美丽示范河湖高标准通过省级验收，“美丽河湖”“水美经济在薛城”“现代生态水网”等工作多次被《中国水利报》专题报道；该区的具体做法如下。

周营沙河夏日景象

一、规划+提升　画生态水系新蓝图

科学规划方案，完善城乡水网，编制《薛城区现代水网规划》《薛城区河湖库水系连通生态保护系统》《智慧水利管理系统》《周营沙河人工湿地提升方案》等专项规划，合理布局河湖治理体系，对村内外河道沟塘进行高起点规划，投资1.09亿元，精心实施河湖库水系连通工程，形成“一站 、两线、三片”总体布局，实现区域内水资源优化配置。全力构建人水和谐的美丽幸福示范河湖，规划打造水域面积170亩、岸线长度3700m的白楼湾湿地公园，形成12km景观河道，完成蓄水300余万m^3，目前该湿地公园已被评为国家3A级景区。委托杭州园林设计院进行优化提升，深挖薛城水文化，以现有水系为中心、两侧绿带为重点、历史文化为点缀，把治水工作与美丽乡村建设、乡村振兴等结合起来，多策并举留住天上水、盘活过境水、引进外来水，打造沿河靓丽乡村风景线。以山水为媒、以“九顶山下，十里水乡”为主题，依托沙河内流域圣土山、凤阳湖和圩子沙河，打造水清岸绿、景美人和的乡愁景象，为水生态治理划定新蓝图。

周营沙河景观节点打造

二、保护+修复　绘水清岸绿新画卷

加强南四湖重点流域污染防治，全力打好河湖保护攻坚战，高位推动河湖长制，把打造美丽示范河湖作为建设幸福河湖和提升河湖管护水平的关键手段。紧盯河湖问题，实行台账化、清单化闭环管理模式，2021年以来，周营沙河各级河湖长开展巡河400余次，开展河湖问题再排查54项，目前已全部完成整改。坚持两手发力，开展水生态修复行动，一手抓污染减排，精准发力、强力治污，把污染物的排放总量减下来，突出源头治理，推进城乡污水处理。建成城区污水处理厂2座，日处理能力8万m^3，污水集中处理率达98%。投资1.46亿元对小沙河进行分段分类整治，累计治理小沙河东西支黑臭水体9.1km，铺设污水管网7.1km，安装强化耦合膜生物反应水处理系统80套。今年总投资约8600万元，铺设污水主管网8km、雨污混流改造60个老旧小区、安装智能截留井2个，目前已全部完工，城乡水环境质量极大改善。一手抓扩容，抓好镇域内小微水体生态系统的保护和修复，增强生态系统自净能力，努力打造健康自然的河道岸线，扩宽河道1.5km，共实施水系治理32km，清淤300m^3，实现新增蓄水240万m^3，新增结构调整面积1.5万余亩，实现了生态保护和经济发展的双赢。经水污染全方位防治，周营沙河水域生态不断优化，生态的自然性和完整性得到修复，水质稳定达到了Ⅲ类水标准。

三、生态+产业　写绿色发展新篇章

积极打造林水相依、河清岸绿的水利生态体系，在历年治理的基础上，结合“乡村振兴特色镇”创建，疏浚河道、筑堤建坝，加强周营沙河段内小营水库生态环境提档升级，以湖面为主要依托，利用水位高差促流，释放水体活力，保障水体常年流动，在枯水期增加生态引水量，从上游小营水库引进活水，加强水体置换。整合高效农业、农耕文化、红色文化等，依托十里湾美丽乡村片区建设，建设白楼湾湿地公园，积极构建水利绿化样板，水系两岸建有千亩梯田花海、环湖彩虹绿道，河流下游建设景观坝6座，修建桥梁5座，建设景观路、环湖绿道10km，规划沙滩、石滩、泥滩、烽火台等景观节点10余处，目前水生植物品种丰富，生物多样性得到了有效保护。不断推进生态资产向生态产业转化，推动生态建设与农业、文旅等产业发展深度融合，先后实施盈亮农业生态园、禾佳欢生态园、牛山三生果蔬合作社、王楼润群等产业项目17个，坚实的水源基础助力打造了白楼湾现代农业示范区、十里湾现代农业示范园，直接带动河流沿岸新增农业结构调整面积8000余亩，土地“亩产”效益相比传统种植增加8000余元。同时，配套建设运河支队记忆馆、沙沟十里湾研习社、跨河观光桥等实物载体，推动田园变花园、村庄变景区，每日前来观光游客突破2000余人次，生态优势转化为发展动能。自党史学校教育开展以来，省内外共200多家单位前来接受红色教育。周营沙河美丽幸福河湖的创建，将水生态修复和产业发展成功融合，实现了因水而美，因美而富的“水美经济”，探索出一条保护河湖、生态建设、绿色发展的共赢之路。

周营沙河景观节点打造

周营沙河沿岸举办农民丰收节

四、工程＋治理　建生态文明新样板

全力构建全域生态水网体系，加强科学运行调度，积极发挥水利工程最大作用，始终把生态安全和防洪功能放在首位，统筹考虑河库关系，先后投入资金 20 亿元，实施河道综合治理等重点水利项目，累计完成生态河流治理 140km，形成水面面积 3459 亩，增加拦蓄量 502.7 万 m^3，有力促进了生态水系建设。持续开展“美丽河湖＋”建设工程，今年按照“山水林田大会战”部署，对河道进行清淤、疏浚，修建水利设施，加快推进水利工程标准化管理，实施总投资 600 余万元的 5 座小型水库除险加固工程；积极谋划薛城区引湖入薛、小沙河拦蓄、大沙河邹坞段拦蓄、水系连通及水美乡村等项目。匡算投资 40 亿元、谋划上报 10 余项工程作为 2020—2025 年南四湖生态保护和高质量发展规划重点项目支撑。加快实施薛城区河湖库水系连通工程，截至目前，已铺设管道 14km、清淤疏浚 13km，完成蓄水库、泵房及管理房等主体工程建设，全部完工后可改善有效灌溉面积 11.6 万亩，恢复有效灌溉面积 2.5 万亩，有效补充生态用水、灌溉用水以及回补地下水水源地，同时，每年向南四湖提供 1 亿 m^3 的优质的水资源，为加快打造生态美丽、水利安全、产业兴旺的南四湖做出贡献。

五、智慧＋管护　树生态保护新标杆

大力推行“智慧水务”建设，利用基层防汛预警系统，有效监控河道水位水量，实行无人机智能化、精准化 360 度巡河，降低巡河难度，提高巡河效率。在满足水利工程防洪、行洪建设要求基础上，结合河道特点，借助现代科技对全区河道水库等水网、水生态进行综合分析，提出保护开发和综合治理方案，目前已取得《河湖库水系连通生态修复保护系统》计算机软件国家版权，正在编制智慧水利平台泵站自动化管理系统，基本完成水系连通智能控制系统开发。以河湖长制为抓手，持续开展清违清障专项行动，进一步完善水污染防治联席会议、联合执法、督导考核等制度，推动河湖长制建设从有“实”到有“能”转变，不断巩固河湖治理成果。充分发挥“河长＋警长”“河长＋检察长”作用，全力构建河湖管护长效机制，大力推动全民治水，构建群策群力、共建共享的行动体系，开展“共青团”“小河青”等项目，累计组织4500名青少年参加到爱水、护水的队伍中来。强化舆论宣传，今年以来，结合“世界水日”“中国水周”和水法规宣传活动，共发放宣传单3000余份，张贴《监督水利事》宣传海报500余份，营造了良好的社会舆论氛围，形成“守河有责，全民参与”大局。

青山行不尽，绿水去何长。枣庄市薛城区将持续坚持“绿水青山就是金山银山”的发展思路，积极构建“护水兴水、治水管水、用水活水”的大水务格局，创新打造水美乡村样板，让百姓切实体会到临水而居、择水而憩的获得感和幸福感，为乡村振兴生态宜居提供有力的水环境支撑。

（执笔人：李君）

坚持“六治”同发力　一河碧水方复来

——湖南省长沙市推进浏阳河流域综合治理实践*

【摘　要】浏阳河知名度较高，流经距离长，跨越区域多，随着经济社会发展和城镇化水平的提高，污染负荷严重、截污治污能力不够、枯水期生态流量不足等问题日益凸显。长沙积极践行习近平生态文明思想，创新管理机制，围绕“截污、提标、调水、监管”八字治水方针，通过系统治理和综合治理，促进浏阳河治理体系和治理能力现代化，持续改善河湖面貌和水生态环境，不断增强人民群众的获得感、幸福感和安全感。

【关键词】浏阳河　河长制　流域综合治理

【引　言】河长制实施以前，河湖治理是“九龙治水”各自为政，但部门职责交叉导致相互推诿扯皮，河湖问题无法得到根本解决。长沙以全面推行河长制为契机，探索形成了“河长领治、部门联治、上下齐治、大小统治、三口同治、全民共治”的浏阳河治理模式，解决了“九龙治水”带来的困局，为流域综合治理积累了经验。

一、背景情况

浏阳河位于湖南省东部，是湘江右岸一级支流，全长224km，干流全长137.1km，流域面积4244km^2。从20世纪80年代开始，随着经济高速发展，浏阳河沿岸迅速被造纸业、化工企业所包围，大量工农业废水和生活污水排入浏阳河，污染负荷严重、污水治理设施不配套、枯水期生态流量不足等问题日益凸显。

为了保护湘江水环境，浏阳河被定义为城市排污的主要受纳水体，承担着长沙城区67%的污水处理厂排放尾水，长善垸、湘湖等10个较大

---

* 湖南省长沙市水利局、长沙市河道湖泊事务中心供稿。

污水处理厂的尾水均排向浏阳河，污染物排放总量大，再加上浏阳河上游的株树桥水库引水工程投用后，上游来水水量大幅下降，河水的稀释自净能力大大降低，总磷、氨氮等污染物进入浏阳河之后的累积浓度依然较高。

随着污染问题的出现，浏阳河治理从未中断，但“九龙治水”管不好一条河，比如，河流水质的监测是由生态环境部门负责，污水处理厂及配套管网建设由住建部门负责，河道综合整治管理由水利部门负责，餐饮业污水则是由城管部门，农村面源污染又是农业部门负责……河湖问题本就根源复杂、积弊深重，治愈绝非一蹴而就，“九龙治水”各自为政，部门职责交叉导致相互推诿扯皮，河湖问题无法得到根本解决。

2016年中共中央办公厅、国务院办公厅印发《关于全面推行河长制的意见》，为浏阳河治理提供了制度依据，在政策上指明了方向。

二、主要做法

（一）坚持河长领治，强化顶层设计

1. 强化组织领导

浏阳河全面建立五级河长组织体系，省委常委、长沙市委书记任省级河长，分管河长制工作的副市长任市级河长，5名县级河段长由各区县（市）常务副区县（市）长担任，30名乡级河段长由乡镇（街道）党（工）委书记或镇长（主任）担任，102名村级河段长由村（社区）书记担任。浏阳河成为全省唯一一条不跨地市却由省级领导担任河长的河。

2. 坚持以上率下

自河长制实施以来，浏阳河五级河长切实按照省第1号总河长令要求开展巡河，省级河长带头巡河，靠前指挥，开展巡河7次，市级河长密集调度，开展巡河35次，在省、市级河长的领导和带动下，县级河长巡河240余人次，乡、村两级河长巡河28000余人次，通过巡河促问题整改，有效解决浏阳河各类突出问题1200余个。

3. 注重精准施策

问题在水里，根子在岸上。针对浏阳河纳污量大，生态流量不足等问题，长沙精准施策，2017 年在全省率先编制并出台浏阳河“一河一档”及“一河一策”，印发河长制六项制度，并在实践中逐渐形成“截污、提标、调水、监管”的治水方针，市直相关部门、沿线各区县（市）围绕“八字”方针深入推进浏阳河流域综合治理工作。

（二）坚持部门联治，形成工作合力

1. 强化联合执法

编制《浏阳河执法监管专项方案》，建立以市级河长为主导，市水利牵头，市生态环境、市住建、市城管、市农业农村等部门及属地政府共同参与的执法监管体系，对重点问题进行联合执法，发现违法行为第一时间处理。2020 年，浏阳河流域开展联合执法 8 次，查处涉河违法行为 30 起，查处率 100%，形成打击涉河违法行为的高压态势。

2. 强化督促指导

通过河长制的统筹，长沙切实强化各职能部门在各自行业领域的督促指导作用。如组织市住建、市生态环境等部门对浏阳河排水设施运行、入河排污口整治、水质不达标等工作开展 25 次联合督查调研，定期会同市生态环境局召开水质会商会，加强水质超标断面原因分析，并提出对策建议。

3. 强化监测监管

出台《关于进一步加强浏阳河流域排水设施监督管理的实施办法（暂行）》《浏阳河城区段排口溢流污水监管办法》等文件，切实强化排口监管；建设水质自动监测站 27 座、水文监测站 4 座，强化水质、水量监测；利用卫星遥感高科技手段进行监测，出具《浏阳河河长制实施情况遥感监测简报》8 期，发现并整改问题 216 个；编制浏阳河岸线保护和利用规划，对砂石实施全线禁采。

（三）坚持上下齐治，因地制宜施策

1. 上游实施生态涵养

出台《长沙市大围山区域生态和人文资源保护条例》《长沙市株树

浏阳河沿线建设27座水质自动监测站

桥水库饮用水源保护条例》《浏阳河管理条例》从源头开始保护浏阳河；探索实施浏阳河流域生态补偿机制，印发《浏阳市水质达标提升生态补偿奖罚方案》，2019年在浏阳市出境断面（金牌村国控断面）水质达Ⅱ类基础上，长沙市对浏阳市给予了1000万元的生态奖补；按照《浏阳河枯水期水资源调度方案》，严格执行“电调服从水调”的原则，通过实施沿线大中型水库的综合调度，确保了榔梨控制站生态流量保证率达到100%。

2. 中游实施控源截污

采取“全截污、全收集、全处理”的治理方式，千方百计减少污水下河。2017年以来，浏阳河流域配套建设污水干支流140余km，沿线所有乡镇污水处理厂均达到一级A排放标准，在浏阳河干流500m退养的基础上，完成浏阳河禁养区畜禽规模养殖退出，退养户数2493户，退养面积42万m^3，累计补助资金4856万元。

3. 下游实施综合整治

全面开展城区污水处理厂扩容提标工程建设，2018年以来，流域新增污水处理能力每天35.9万吨，新增污水提升能力每天46万吨；全力推进两岸堤防达标工程和风光带建设，主城区段已全部达到100年一遇的防

全省首家达到地表水准Ⅳ类排放标准的乡镇
污水处理厂——江背工业园污水处理厂

洪标准，中上游段也已达到相应防洪标准。结合两岸堤防工程建设，打造滨水步道 57.4km，两岸居民生活环境得到极大改善。

（四）坚持大小统治，实现治理全覆盖

1. 抓干流系统治理

以“一河一策”为基础，对浏阳河逐年铺排综合治理任务。2018 年以来，长沙市本级在浏阳河累计铺排年度任务 181 项，并纳入市对各区县（市）的年底绩效考核内容，充分发挥考核“指挥棒”作用。另外，切实加大治理资金投入，安排各类资金共 70 余亿元，形成长效、稳定的经费保障机制，保障浏阳河系统治理的资金需求。

2. 抓不达标支流治理

针对一些常年不达标，水质经常为Ⅴ类及劣Ⅴ类的支流，通过向相关县级河长下发市级河长批示抄清、水质警示函、交办督办函以及约谈等形式，督促县级河长开展整改。2018 年以来，市级层面共下发各类批示抄清、交办、督办、警示函 85 份，有力有效整治一批水质不达标支流，全面消除Ⅴ类及劣Ⅴ类水质情况。

3. 抓小微水体治理

在重点治理大江大河的同时，聚焦小微水体管护。以“让水留下来、活起来、净起来、美起来”为目标，将小微水体纳入河长制管理，对小

微水体进行划片分区，设立片区河长 5462 名，实现全市所有小微水体管护责任全覆盖、监管无盲区，达到“无垃圾、无违建、无淤积、无损毁、无污染”的良好效果，并建成小微水体管护示范片区 8 个。

（五）坚持三口同治，实施系统治理

1. 强化入河排口提质增效改造

为切实减少溢流污染，长沙对浏阳河入河排口实施提质增效改造，全面提升排口截污能力，对 44 处排口实施末端改造，解决前池滞留污水和初期雨水直排问题，达到“晴天污水不下河，小雨天减少污水溢流，大雨天不影响防洪排涝”的效果。

2. 强化入河排污口审批及整治

针对入河排污口，从事前监管做起，做到应审尽审，对不符合要求的入河排污口一律不予批准设置，从源头控制污染源排入浏阳河。同时加强原有入河排污口排查整治。出台《长沙市湘江及其支流入河排污口排查整治专项行动方案》，按要求开展入河排污口整治。

3. 强化河口及两岸水景观营造

长沙以高品位营造水景观为目标，强化浏阳河支流入河口及两岸水景观营造，如今“三馆一厅”、婚庆文化园、月岛公园、国际会展中心等建筑与浏阳河相得益彰，成为了“网红”打卡地。

浏阳河之秋

（六）坚持全民共治，常态管护呵护

1. 营造浓厚宣传氛围

流域综合治理的成效和先进做法先后得到人民日报、中央电视台、人民网、中新网等主流中央媒体报道80余次。水利部连续两年在长沙开展全国“美丽河湖”网络主题采访活动、“逐梦幸福河湖”采访活动，并对浏阳河全线进行深入采访。

2. 引导民间河长履职

据不完全统计，浏阳河流域的民间河长有142名，不局限民间河长的选聘范围，创新特聘了“道德模范”“中国好人”为“民间河长”，以精神文明建设助推浏阳河河长制工作，营造出人人爱河护河的浓厚氛围。

3. 畅通举报投诉渠道

通过设立河长制监督举报电话、微信公众号等方式，进一步拓宽、畅通公众参与管河护河的渠道。对投诉举报的问题，及时进行交办，督促相关责任单位按时限整改并及时向投诉人反馈整改情况，切实提升问题处置效率。

三、经验启示

（一）坚持绿色发展、生态惠民，是河长制全面推行的出发点

长沙践行绿色发展理念，将生态文明建设与经济发展同部署、同推进、同落实，把解决人民群众关切的河湖水质改善问题放在突出位置，统筹解决好河湖治理问题，打造生态河、安全河、景观河、幸福河，切实提高人民群众的安全感、获得感和幸福感。

（二）坚持党政负责、部门联动，是河长制有效实施的着力点

长沙将河长制工作作为党委、政府重点工程强力推进，逐级压实河长主体责任，充分发挥统筹协调作用，强化绩效考核评价，推进河长制工作从多头管水的“部门负责”，向“首长负责、部门共治”方向迈进。

（三）坚持统筹推进、系统治理，是河长制落地见效的关键点

长沙坚持系统化治理，统筹考虑水环境、水生态、水资源、水安全、水文化和岸线等多方面的有机联系，兼顾左右岸、上下游、城市乡村等方面，对“小微水体—支流—干流”实施全方位系统治理。

（供稿：曹彪　孙沅　尹慧　尹丹霞　张波泉）

守护母亲河　共建幸福河

——广西河池市宜州区以河长制为抓手打造美丽幸福下枧河*

【摘　要】 绿水青山就是金山银山，宜州美丽生态金不换。多年来，河池市宜州区坚持生态优先、绿色发展，以全面推行河长制湖长制作为生态文明建设的重要抓手，强化护水责任、完善治水举措、营造爱水氛围，坚决守护好母亲河一方碧水。

【关键词】 河长制　创新　美丽幸福河

【引　言】 河池市宜州区全面启动河长制以来，坚持以习近平新时代中国特色社会主义思想为指引，以保护水资源、防治水污染、改善水环境、修复水生态为主要任务，积极创新，勇于作为，敢于担当、履职尽责，不断改善生态环境，做实做好河湖治理保护工作。宜州区下枧河荣获全国“最美家乡河”荣誉称号，水质常年保持Ⅱ类水质标准，是宜州人民的美丽幸福河。

一、背景情况

下枧河，是刘三姐故乡——广西河池市宜州区的母亲河。下枧河发源于广西九万大山，在宜州区境内 37.5km，年径流量 $12.84m^3$，流域面积 $455km^2$，下枧河流经宜州区祥贝乡、刘三姐镇、庆远镇三个镇域，是广西重点景区河流。下枧河山水秀美、文化底蕴深厚、人水和谐，2017 年荣获全国“最美家乡河”称号。随着经济的快速发展，下枧河凭借优良生态环境和独特自然风光，逐渐成为人们旅游休闲的首选，带动了餐饮、休闲、康养的蓬勃发展，也给生态环境带来了污染和破坏。游客随手扔下的垃圾到处都是，村民设置的网箱、地笼随处可见，电鱼的群众

* 广西河池市宜州区河长制办公室供稿。

一批接一批，还有乱排乱倒的农家乐，都在不断破坏着下枧河的生态安全，虽然政府部门加强了监管执法力度但成效有限。

全面推行河长制工作启动以来，宜州区党委、政府牢记习近平总书记“像保护眼睛一样保护生态环境”的深刻教诲，坚决贯彻党和国家、上级党委政府推行河长制的工作相关要求，积极探索创新河长制工作新思路，做实做好下枧河治理保护工作，下枧河水质常年保持Ⅱ类水质标准。绿色、环保、健康的发展理念，为下枧河两岸民居带来了荣誉和新的发展机遇，下枧河畔祥贝乡古文村罗村屯等4个屯列入“美丽广西”乡村建设贡献奖名单，刘三姐镇小龙村入选住建部第四批美丽宜居村庄示范名单。

二、主要做法

（一）党领民治、全民参与，保护河湖生态环境

1. 创新“党领民治双提升”工作机制

宜州区在下枧河流域创建河长制“党领民治双提升”工作机制，把基层党支部与河长制“双提升”工作融合，充分发挥河长在促进河道全面综合治理中的先锋模范作用，示范带动各级党组织和党员积极投身河长制工作，形成基层党组织引领带动、党员发挥模范先锋、实现全域治理、全民积极参与的下枧河河道保护治理工作局面。同时，坚持把“党领民治双提升”工作机制融入党建工作始终，把河湖保护治理纳入“新时代讲习所”学习教育常态化制度化的重要内容，各基层党组织利用主题党日、理论宣讲等时机开展河道保洁、污染防治等志愿服务活动。实现全民参与，才可使河长清、岸长绿，基层党建水平在提升，水环境面貌在不断改善。河长制工作启动以来，宜州区共组织3941名党员开展巡河护河工作。县、乡、村三级共有5万多人次参与河道清理保洁活动，河道环境质量显著提升，下枧河水质常年保持Ⅱ类水质标准。

2. 创新村民自治、全面治水模式

宜州区将“河长制”纳入村规民约，让人人都扛起治水、管水的责任，调动民众共同管护河流的环保意识，引导村民逐步摒弃陋习，提高

群众爱河护河意识，形成了人人爱河、人人护河的良好氛围。在宜州区刘三姐镇小龙村，小龙村村委会通过召开民主生活会讨论，结合乡村实际情况，制定出台了《小龙村村规民约》，将河长制工作纳入村规民约中。“严禁向河流排污、丢弃废物废料、倾倒垃圾、不准在临江河边宰杀畜禽”“严禁在下枧河道电鱼、毒鱼、炸鱼，从事网箱养鱼。如有违者按处罚500～2000元罚款，情节严重交上级有关主管部门处理”等多条村规民约张贴在村委会宣传栏，制成宣传单发放到各家各户。简短精悍的村规民约，把基层“河长制”工作简单明了地展现出来，对村民进行潜移默化教育，从源头上控制污染破坏生态环境行为，让每个村民都自觉担当起管河治河的责任，以此助力“河长制”的落地见效。

（二）落实责任、强化执法，维护河湖生态安全

1. 强化河长履职尽责

坚持采取强有力措施督促指导各级河长履职尽责，2020年，印发督办函、督办单28份，河长制工作通报4期，印发河长制工作黑榜通报2期，对履职不到位乡镇进行黑榜通报。通过压力层层传导，各级河长主动作为、履职尽责，努力当好河流管理保护领队，坚决落实常态化巡河制度，及时发现和解决河流管理保护的突出问题，做到守河有责、守河担责、守河尽责。

2. 强化部门联动执法

多次协调组织乡镇、水利、生态环境、自然资源、农业农村等相关部门联合对非法采砂、非法捕捞、涉河违章建筑等涉河违法行为进行严厉打击。2020年，累计出动执法车辆60车次，开展水路巡航执法25次，责令停业整顿砂石加工厂6座，收缴电鱼机7台、推进器2个，立案查处违法电鱼人员1人，有效维护河道管理秩序。累计清除非法养殖网箱27500m^2，拆除违法乱建建筑2000m^2，清理建筑和生活垃圾200余吨，拆解清除“三无”船舶6艘。通过多次河道专项整治活动，涉河违法行为明显减少，河道水环境和秩序得到明显改善。

（三）创新宣传、提升监管，打造河湖生态屏障

1. 创新宣传教育

先后开展“青少年爱江护河专题教育活动”“河长制进校园主题活

动”“共护母亲河、绿色伴我行”保护母亲河行动等宣传教育活动，大力宣传河长制，提高群众保护生态环境意识。2021年，积极创新宣传教育新模式，宜州区河长办、宣传部、团委、水利局、教育局、科协等6部门联合印发《关于深入开展新一轮“水情教育”工作的通知》，创建“河池市宜州区水情教育基地”，通过开设丰富多彩的水情教育课堂，围绕水状况、水政策、水法规、水常识、水科技、水文化等六个方面对中小学生进行宣传教育（每年28期，每期300～800名学生），实施小手拉大手模式，以点带面，构建“人人参与、人人受益”的全民水情教育体系，增进全社会对水情的认知，增强全民的水安全、水忧患、水道德意识，提高公众的水资源节约保护意识和应对水旱灾的能力，从而在全社会形成爱水、护水、节水的良好氛围和人水和谐的社会秩序。水情教育基地每年可对一万多名学生进行水情教育培训，从而带动一万多个家庭提升水生态保护意识和水文化素养，激发广大民众爱江护河的热情，有力推动宜州区河长制工作再上新高度。

2. 打造智慧监管系统

打造“互联网＋智慧水利”监控平台，利用高清拍照、大数据、物联网、人工智能等新技术，建设集河道监管、岸线保护、采砂管理于一体的综合监控管理系统。监控平台通过在下枧河重点河道、重点区域、采砂船舶安装视频监控设备，利用专线将监控视频传输到监控中心，在监控中心进行人工智能分析，实现对重点河道、重点区域、采砂船进行24小时全过程不间断的实时监测和预警，使河道监管水平和执法效率得到有效提升。

3. 以“三二一”模式增强爱河护河意识

通过组建三支队伍、落实两个责任、开展一个活动来增强爱河护河意识。“三支队伍”就是各级河长队伍、水行政执法队伍和志愿者队伍，宜州区在建立完善区乡村三级河长队伍的同时，通过政府购买服务方式聘用40名河库协管员，配合水事执法部门开展河湖巡查工作，查处水事违法行为，同时，在机关学校、村社区和相关社会团体中组建“爱护会唱歌的河”志愿者参与爱河、护河行动。近五年来，全区共组建各级各类志愿者队伍106个，5600多人参与。“两个责任”就是河长的监管责任和经营者的管护责任，在推进河长制工作中，宜州区不仅注重强化各级河长的监管责任，而且还注重强化涉河企业、经营者的管护责任，对于涉河从事经营活动的企业和经营者要求其对所涉及的河段、库面进行管理、保护，签订承诺书，履行保护河库责任。“一个活动”就是每个月开展一次“爱护会唱歌的河”集中宣传活动，让活动进校园、进社区、进厂矿、进村屯，进一步增强全面爱河护河意识。

三、经验启示

（一）以人为本，服务群众，坚持绿色优先生态发展

良好的生态环境事关民生福祉，事关经济社会可持续发展，保护好发展好生态环境就是造福人民造福子孙后代。经济发展绝不能以牺牲生态环境为代价，经济发展和生态保护不是对立的，而是相辅相成的。我们要秉承在发展中保护、在保护中发展的思维，始终践行绿水青山就是金山银山的理念，更好地构筑起经济生态和环境生态。宜州有着良好的生态环境，在经济高速发展的今天，多少前车之鉴告诉我们“先污染后治理”的做法是不可取的，我们要时刻铭记血的教训，扎实做好生态环境保护工作，坚持以人为本，服务群众，打造人水和谐的生态格局。

（二）政府牵头，民众参与，打造人水和谐生态格局

“保护河流为人民，保护河流靠人民”，河长制意在保护河流水环境、促进绿色发展、建设生态保护长效机制。而水环境治理，问题在水里，根子在岸上，岸上涉及千头万绪、千民万众、方方面面、时时处处。因此做好水生态环境保护工作，不仅要靠政府牵头，河长带头，更要依靠广大民众，让民众参与到生态环境保护中来，共同根治，在全社会形成“人人是河长、人人护家园”的良好氛围和人水和谐的生态格局。

（三）强化担当，履职尽责，构建上下联动长效机制

河长和部门是河长制的主力军，宜州区建立县、乡、村三级河长体系，明确 22 个河长会议成员单位，各级河长和各单位各部门高度重视河长制工作，按照责任分工，提高认识、压实责任、强化担当、履职尽责，把河长制各项工作落到实处。做好河湖定期巡查，生活污水、工业废水、

弃土弃渣、倾倒垃圾、水土流失、抽砂采石、侵占河道等问题专项整治。构建推行河长制工作的高效运行机制，加强党政同责、部门协同、上下联动，形成齐抓共管的工作格局。对各项重点工作中遇到的具体问题及时研究解决，切实把工作责任压实压到位，确保河长制工作推进见实效。

（四）创新思维，智慧治水，推动生态环境持续向好

推动生态环境持续向好，要在思路上明方向，在充分尊重规律、紧密结合实际，注重治水的科学性、系统性、精准性的基础上坚持创新思维。要严控生态空间，杜绝源头污染，完善基础配套，实现整治污染与转型升级互促、发展与保护双赢；要在投入上多元化，坚持政府和市场同步发力，科学解决好资金投入问题，学会算好总账、算好大账，努力抓好这项利国利民的实事工程；要充分运用物联网、互联网＋、大数据、云计算、智能分析决策等高科技手段，实现智慧治水，改善河长治河传统工作方法效率低的问题，为各级河长、各单位各部门、社会公众提供多元服务和智能化决策指挥系统。

（执笔人：韦魏）

建设嘉陵江绿色生态走廊
筑牢长江上游生态屏障

——四川“印象嘉陵江”造福南充城的实践*

【摘　要】近年来，南充市各级党委政府对满目疮痍的嘉陵江岸线进行了全面改造升级，以砂石资源经营管理体制改革、河湖“清四乱”专项行动、城乡污水垃圾处理设施建设等水环境治理措施为抓手，深入实施嘉陵江治理保护工程，实现了从千疮百孔到秀水长滩，从漫滩芦苇到生态桑园，从湿地长廊到水鸟林地的根本转变，按“山水相依、洲城相映”的城市建设理念，让越来越多的青山绿水代替了钢筋水泥。山清水秀，物足民丰，深厚的文化底蕴，蓬勃的现代气息，“印象嘉陵江”是300km嘉陵江赋予南充人民的最可贵的生态资源，更是南充呈现给世界的一张靓丽名片。

【关键词】印象嘉陵江　湿地公园　河湖长制　生态走廊

【引　言】嘉陵江把柔美的身段留在了钟灵毓秀的四川南充，流淌着悠悠的三国文化、红色文化、春节文化、丝绸文化、生态文化，演绎着川东北的美丽风情。一曲古韵东逝水，魂牵梦绕嘉陵江。钟情她的每一滴水，更想做她的一朵浪花，永远依偎在她的怀里，这一定是南充人和到过南充的人的梦想。

嘉陵江，长江上游支流，发源于秦岭北麓的陕西省凤县代王山。干流全长1132km，干流流经陕西省、甘肃省、四川省、重庆市，在重庆市朝天门汇入长江。四川省广元市昭化区以上为上游，昭化至重庆市合川区为中游，合川至重庆河口为下游。嘉陵江是成渝双城经济圈主要的水源地，是连接双城经济圈的天然纽带和经济大动脉。嘉陵江四川段干流总长度641km，流经广元、南充、广安三市。南充位于嘉陵江中游，嘉陵江南充段全长298km，从北到南纵贯阆中、南部、仪陇、蓬安、顺庆、高坪、嘉陵7县（市、区）。

* 四川省南充市水务局河湖管理科供稿。

2020年1月3日，习近平总书记主持召开中央财经委员会第六次会议，要求大力推动成渝地区双城经济圈建设，牢固树立一体化发展理念，做到统一谋划、一体部署、相互协作、共同实施，唱好“双城记”。而推动嘉陵江绿色生态走廊建设，则是不断加强成渝经济圈生态环境保护的重要举措，更是牢固树立长江流域生态保护和高质量发展理念的重要体现。

南充市委、市政府坚决贯彻落实习近平生态文明思想，牢固树立“绿水青山就是金山银山”理念，聚焦“嘉陵江绿色生态廊道”建设，以改善水环境质量为核心，以建设美丽南充为抓手，提出“印象嘉陵江，山水南充城”主题口号，7县（市、区）围绕“规定动作”开展“自选动作”，“嘉陵江生态廊道”呈现“印象嘉陵江，各地有篇章”“印象嘉陵江·造福南充城”的喜人景象。

一、“印象嘉陵江”的落地篇章

嘉陵江在阆中沙溪街道办事处流入南充。阆中位于四川盆地东北缘，阆中古城有着2300年的连续建城史，是古代巴国蜀地的军事重镇。“三面江光抱城廓”的阆中，除“古”外还有“水”。“印象嘉陵江”的阆中篇章是打造“阆中水城”，“阆中水城”范围为嘉陵江沙溪枢纽至金银台枢纽段水域及其两岸和嘉陵江支流构溪河阆中段水域及其两岸。有金沙湖水上运动区、天堂岛浪漫度假区、天瀑水城主题体验区、漂浮水镇生态度假区、湿地水村休闲区等5大功能区。目前，阆中旅游，“古城”“水城”并驾齐驱。

嘉陵江流入南充的第二个县是南部县。南部县的“印象嘉陵江”大动作是“印象嘉陵江、满福坝水城”。满福坝紧临嘉陵江红岩子湖景区，与县城一江之隔，是碧波荡舟、环湖游览、游泳消暑、水上运动的好地方。满福坝的禹迹岛，作为南部最大的湿地公园，占地有2000余亩，包含内河建设、游客码头、景观绿化、生态游步道等。漫步在禹迹岛，清风徐徐，江面被吹起些许涟漪，岸边的杨柳也在风中摇摆，好一派山水美色。出了禹迹岛，再来到威尼斯水城，威尼斯水城的异国风情绚烂多彩，仿佛让人置身于异国的街头或是童话王国。现今“印象嘉陵江、满福坝水城”成为当地人和游客游玩度假的好去处。

嘉陵江流入南充的第三个县是仪陇县。仪陇是中华人民共和国开国元勋朱德总司令和为人民服务的光辉典范张思德的故乡，“印象嘉陵江·秀水长滩”给红色仪陇增添了秀色。“秀水长滩”占地2350亩，纵深长7km，北起林家桥，南至龙神街，延外江修建格宾护岸8km，顺内河坚固驳岸13km；整治雨污水直排口5处，铺装厚重青石园路16km，精心打造南北入口广场、红色经典广场、海事码头和“九牛镇水”雕像等特色景点。现在“印象嘉陵江·秀水长滩”成为仪陇的名片。

“印象嘉陵江·相如湿地公园”“印象嘉陵江·上中坝湿地公园”“印象嘉陵江·南门坝公园”“印象嘉陵江·双女石公园”“印象嘉陵江·缤纷水岸”“印象嘉陵江·黄金江岸”……蓬安、顺庆、嘉陵、高坪，嘉陵江从南到北，一路风景。

位于主城三区（顺庆、高坪、嘉陵）的有“印象嘉陵江·上中坝湿地公园”“印象嘉陵江·南门坝公园”“印象嘉陵江·双女石公园”“印象嘉陵江·缤纷水岸”“印象嘉陵江·黄金江岸”等“各自动作”，弹性水岛、湿地长廊、景观浮桥、音乐喷泉、漫滩芦苇、生态桑园、天堂鸟巢、千年蚕桑生产等，多次获得央视关注。其中，弹性水岛主要是保留江心洲可淹没的特性，强化湿地公园的弹性特色，创造湿地塘泡和不被淹没的空间。岛上以鸟类栖息地为特色的生态湿地，以应对水位消涨的文化廊桥联系两侧，形成弹性景观，创造人鸟共栖的生态城市景象。千年蚕桑生产则依托南充丝绸文化底蕴、江心洲桑蚕基地的特质，保留桑园的整体特色。“山水相依、洲城相映”——南充因嘉陵江更精彩。

二、“印象嘉陵江”的主要做法

（一）做好“命题文章”

南充按照“共抓大保护、不搞大开发”理念，编制完成《嘉陵江（南充段）绿色生态走廊建设总体规划（2015—2025年）》，计划用10年时间，建成“一廊（嘉陵江风光生态走廊）四带（蓝带、绿带、风光带、产业带）四区（阆中、南部、仪陇—蓬安、南充城区）多点（特色景观亮点）”的嘉陵江（南充段）绿色生态走廊，规划实施沿江护岸林建设、生态产业建设、森林质量提升等建设任务27万亩，建设森林公园、湿地公园、滨河景观带等28处。

江边湿地公园与城市高楼“交相呼应”

“嘉陵江生态走廊”在南充落地落实于“印象嘉陵江”。南充市委、市政府把“印象嘉陵江”建设列入全市河湖长制工作的主要抓手、全市乡村振兴十大工程之一。建设“印象嘉陵江”成为南充的“命题文章”。为了建设“印象嘉陵江”，南充编制《嘉陵江南充境内生态走廊建设示范段规划》《嘉陵江流域（南充段）污染防治规划》等规章、制度，明确了“截污、清江、护岸”三大专项行动，明确建设“印象嘉陵江”的规定动作，全力推动嘉陵江流域（南充段）生态环境实现根本性好转。

（二）做好“自选文章”。

建设“嘉陵江风光生态走廊”、建设“印象嘉陵江”是一个总纲。“纲举”才能“目张”。但是无“目张”，“纲举”则成为一句空话。南充提出“印象嘉陵江，山水南充城”主题口号，在这一主题口号下，让嘉陵江沿江 7 县（市、区）结合自身情况发挥积极性、主动性、创造性，“印象嘉陵江”在各县（市、区）均有项目、有抓手，让建设“嘉陵江风光生态走廊”在各地以落地落实。

（三）做好“清水文章”

“印象嘉陵江”要让人有印象，首先是要水清岸绿。一是加强污水治理。南充连续制定三年推进方案，努力补齐基础设施短板，全市共建成城市污水处理设施 25 座、乡镇污水处理厂 176 座、农村污水处理站 313

个和工业园区污水处理设施10座，日处理能力达到108.2万吨。嘉陵江干流6个国考断面长期稳定保持在地表水Ⅱ类水质，水质优良比例100%，2020年27条市级河长河流水质达标率92.6%，较2017年提升22个百分点。二是加强岸线保护。率先启动砂石资源经营管理体制改革，取缔了547处非法砂石堆码场、拆除了48座非法码头并彻底复绿，削减了433艘涉砂船舶，整治了152个“四乱”点位，拆除违建达140.9万m^2，恢复嘉陵江生态岸线41.8km。三是加强生态修复。嘉陵江干流9座长江经济带水电站清理整改任务全面完成，全市57座农村小水电站下泄生态流量问题全面整改销号，河道脱水、减水等流域性环境问题全面消除，再现鱼翔浅底、白鹭成群的美丽景象。积极引导采砂企业成立河道保洁公司，通过政府采购方式参与嘉陵江及其干支流保洁工作。鼓励采砂从业人员转产为河道保洁员、巡河员和护渔员，全面参与河道日常管理保护。

南充市黄金江岸的“前世今生”

（四）做好“青山文章”

“印象嘉陵江”，两岸不能没有青山。南充以嘉陵江绿色生态走廊建设为主线，对嘉陵江两岸宜林荒山、荒滩进行绿化栽植，积极推进嘉陵江流域全域绿化，持续开展大规模绿化南充行动，着力实施自然保护区、森林公园、湿地公园、大规模绿化南充、天然林保护、退耕还林等林业重点工程建设，积极创建国家森林城市，有力推动城乡绿化一体化进程。“十三五”期间，全市累计完成营造林224万亩，占目标任务的117%，其中嘉陵江生态走廊建设20.3万亩，完成集镇及新村绿化298个，创建省级森林小镇5个、国家森林乡村16个。通过嘉陵江消落带治理和堆砂场生态修复，将自然景观和人文景观有限结合，打造了阆中构溪河、南部满福坝、仪陇秀水长滩、蓬安相如湖等滨江城市会客厅和黄金江岸、缤纷水岸等滨江（河）公园（湿地）24处，再现了嘉陵江三百里风光美丽画卷。

（五）做好“赋能文章”

南充围绕绿色、循环、低碳发展要求，积极培育绿色新兴产业，重点发展新能源、新材料和生物医药产业，优先发展电子商务、现代金融、节能环保服务等生产性服务业。四川省依托嘉陵江还批复成立了省级新区——南充临江新区。新区发展定位为“三区一高地”，即建成成渝北翼现代产业发展集聚区、国家产城融合发展创新示范区、嘉陵江流域绿色发展引领区、四川东向北向开放合作新高地。嘉陵江为南充发展赋能，成为南充城市发展的新动能。2020年，南充市战略性新兴产业总产值突破420亿元、增长10.8%，运行质态明显优于传统产业，成为创新驱动增长的重要动力、工业投资的主要方向，支撑作用逐步凸显。

三、“印象嘉陵江”的经验启示

（一）要有鲜明的主题

南充市委提出建设“印象嘉陵江·山水南充城”这一总纲、这一主题口号。南充及各县扭住总纲不松手，避免了“各弹各的调、各吹各的号”。南充市成立“印象嘉陵江”建设小组，建立统一指挥、全域协作的工作机制，让“印象嘉陵江”成为嘉陵江绿色生态长廊建设的“主题口号”。

（二）要有落脚的项目

嘉陵江流经南充7县（市、区），点多线长面宽，流域治理难度大。为此，围绕南充市委、市政府制定的“印象嘉陵江”和“建设成渝第二城”总纲，各县（市、区）联动，各自实施有接地气的项目，形成“印象嘉陵江，各地有篇章”的喜人态势。

（三）要有抓实的举措

南充市委、市政府坚持以河湖长制工作为抓手，以河湖水质提升、河湖面貌改善和河湖生态修复为三大核心目标，锚定嘉陵江及其主要支流，聚焦水资源保护、水域岸线修复、水污染防治、水环境治理、水生态修复等关键环节和领域，通过不断完善机制体制的治理框架，持续实施工程措施，补齐水环境质量短板，嘉陵江实现了从满目疮痍到岸绿景美的华丽蜕变。

（执笔人：蒲蛟）

书写水生态篇章　绘就幸福河画卷

——四川省成都市锦江水生态治理实践*

【摘　要】锦江，属长江上游岷江水系，是成都的“母亲河”，从都江堰水利工程到府南河综合整治工程再到锦江水生态综合整治，成都从未停止过对锦江的治理与保护。2017 年河长制工作推行以来，成都市坚决顺应人民群众对保护、建设母亲河的热切期盼，打响了锦江水生态治理攻坚战，按照“一年治污、两年筑景、三年成势”的总体谋划，锦江流域生态环境持续优化，实现了锦江功能由护城河、景观河、生态河到幸福河的“第四次转型”。

【关键词】锦江　水生态治理　河长制　公园城市

【引　言】锦江之于成都，“纵贯三百里，润泽两千年”，亦成了孕育文明、守护安定、见证发展的“母亲河”。在 2016 年 1 月召开的推动长江经济带发展座谈会、2018 年 4 月召开的深入推动长江经济带发展座谈会上，习近平总书记都提到了府河成都段黄龙溪的污染问题，强调要总体谋划、久久为功。习近平总书记提道：“我去四川调研时，看到天府新区生态环境很好，要取得这样的成效是需要总体谋划、久久为功的。我了解到，2016 年我在重庆座谈会上提到的府河成都段是天府新区的重要生态廊道，为了治理严重污染问题，当地政府在做好顶层设计的基础上，按照一年治污、两年筑景、三年成势的时序要求，推动截污、清淤、补水同向发力，并采取景观提升、长效管理等措施，……”。习近平总书记从认识论和方法论的角度，提出“做好顶层设计后，只要一锤接着一锤敲，必然大有成效”，为锦江生态治理提供了根本遵循。成都市坚决贯彻总书记总重要指示精神，按照“一年治污，两年筑景，三年成势”的时序，构建“青山绿道蓝网”的公园城市建设新格局，锦江水生态治理取得了丰硕的成果和丰富的经验，千年锦江焕发出了的新生机、激发出源源不断的生命力。

---

* 成都市河湖保护和智慧水务中心供稿。

一、背景情况

锦江是成都人民的母亲河，其干流从紫坪铺水库至黄龙溪，全长150km，流域面积2009km^2，上游为柏条河和徐堰河，城区段为府河和南河，在合江亭汇合后，至黄龙溪为下游段。改革开放以来，成都市经济持续快速发展，城乡人口高速聚集，锦江以岷江上游来水25%的水资源量，承载了全市近50%人口的生产、生活污水，贡献了全市近80%的GDP。然而，排水设施短板严重、污水处理厂能力分布不均、排水分区不合理，市政污水管网病害频发等现象也随之而来，“岸上”的问题长期累积，锦江水生态面临严峻挑战。

二、主要做法

河长制工作推行以来，成都市认真贯彻落实习近平总书记对锦江治理的重要指示精神，以幸福河的建设理念为出发点，勠力同心，攻坚克难，高位推动锦江水生态治理。锦江水质得到持续改善，2020年，锦江黄龙溪断面水质总体达到Ⅲ类，自有监测记录以来，首次全年达到Ⅲ类标准，率先取得特大型城市河道水质从劣Ⅴ类提升到Ⅲ类的重大突破。

（一）重引领，强化组织保障

一是建立锦江水生态治理工作保障机制。成立了以市长为组长的绕城内污水治理专项行动领导小组，统筹推进绕城内排水管网排查治理以及污水收集能力提升相关工作；成立以常务副市长任指挥长的锦江水生态治理和锦江公园建设指挥部，通过实施九大行动，系统推进从都江堰到黄龙溪的锦江全流域综合治理。二是按照“大流域统筹规划、小流域系统治理”的思路，出台《锦江水生态治理总体规划》和工作方案，制定河湖水生态综合治理技术导则，构建河湖亲水指标体系，建立河湖水生态治理技术遵循。三是实施供排净治一体化改革，打破碎片化管理模式，建立多部门、跨区域协同推进工作机制。四是组建“央企＋市级国有企业＋流域区（市）县”的专业公司锦江绿道公司，搭建锦江治理平台，创新投融资机制，推进锦江水生态治理各项措施落地落实。

（二）齐发力，改善锦江水质

成都市在做好顶层设计的基础上，统筹水环境治理，水生态修复，持续推进污染防治攻坚战，水生态持续改善。一是推进结构减排。积极推进工业结构转型升级，全市继续深入开展“散乱污”清理整治，累计完成“散乱污”工业企业清理整治1.6万余户，同时建立“发现一起，整治一起”动态处理机制。积极防控农业面源污染。持续开展畜禽水产养殖减排，划定畜禽养殖禁养区306个，推进粪污资源化利用，2020年全市畜禽粪污综合利用率达98.59%；推进化肥农药减量，农用化肥使用量较2015年减少13.0%，农药使用量减少22.3%。二是推进工程减排。着力提升生活污水处理能力，深入实施绕城内污水治理专项行动和城镇污水处理提质增效三年行动，“十三五”期间，投资62亿元，在锦江流域建成投运污水处理厂27座，新增处理能力124.24万吨/日；投资30亿元，提标改造污水处理厂57座（出水标准由一级A标提高到四川省岷沱江标准），产能331.93万吨/日；计划投资47亿元，加快建设4座地埋式污水处理厂，设计规模46万吨/日；投资26亿元，新建市政管网1337.5km，敷设锦江截污干管11.4km；持续开展绕城内7300余公里地下排水管网和排水户内部管网普查治理。三是推进管理减排。通过工艺精细化管理，2020年成都市中心城区第三至第十再生水厂主要出水水质（COD、BOD、氨氮、总磷）均达Ⅲ类水的折合平均天数约320天，全年占比88%。严格实施区（市）县跨界断面水质超标扣缴制度，“十三五”期间共扣缴资金20050.5万元，倒逼区（市）县加大治水力度。严格依法查处水事违法行为，2018年以来，立案查处生态环境类水事违法案件21件，依法下达《责令限期改正通知书》18份，罚款金额200余万元。全市共侦办涉水刑事案件137起，刑事拘留241人，逮捕131人，起诉228人。

（三）保水源，坚持活水补济

持续强化水生态修复在流域水环境中的重要作用，激活水动力，加快水生态健康水平。一是厉行节水优先，大幅减少河道取水，“十三五”期间，万元GDP用水量由56.2m³降至28m³，节水总量近42亿m³。二是聚焦涵养水源，强化海绵城市建设，建设龙泉山城市森林公园，开展龙门山植被修复，实施“全域增绿”，建设环城生态公园，开展都江堰精华灌区保护，实施河湖水系连通，增强城市水资源韧性。三是保障生态基流，编制《成都市重点河流生态流量保障实施方案》，明确14条主要河流15处断面生态基流控制指标和保障措施。同时，提高再生水利用，2020年流域内共57座污水处理厂执行岷沱江标准，主要用于流域生态补水，在推进污染物减排的同时，补充河道优质生态水，增强河道水体流动性，提升河道自净能力。四是开展清河行动。是利用枯水期，对流域内淤积较为严重河道开展生态清淤，同步建立三年轮作清淤机制，持续开展清河行动，2020年全市共打捞河湖漂浮物3.88万吨、清理河岸垃圾2.79万吨、清除河道淤泥90.12万吨，为河道水体水质持续改善奠定基础，持续改善河湖面貌。

（四）彰特质，展现河湖魅力

锦江150km干流总体分为郊野段、城区段和新区段，成都遵照幸福河建设理念，按照区域特质，实施分段打造。一是郊野段保水促发展。近年来成都以河长制为抓手，由总河长亲自挂帅，着力解决水源保护与区域发展问题，实施生态搬迁、防护隔离、截污分流等措施，串联已有的沟渠、坑塘、湿地和低洼地，形成完整的湿地保护系统和生态净化系统，建设生态绿廊27.2km，湿地公园10余个，常年向城市提供Ⅱ类优质饮用水源。为有效解决水源地保护、产业发展、就业问题、环境改善提供了坚实保障。二是城市段拥水建公园。按照“政府主导、市场主体、商业化逻辑”的思路，坚持“大流域统筹谋划、小流域单元治理、全流域智慧管理”的思路，建设碧水伴流的锦江绿道。依托锦江建公园，规划“一带、一核、十二景区、二十三园”锦江公园格局，锦江公园完成绿道景观提升73km，串联沿线23个公园、12个景区，打造滨水慢行街11条，综合提升锦江子街巷93条，建成25条示范特色街区，风貌整治点位96处，着力呈现“蜀都味、国际范”的都市滨水公园。三是新区段退水护岸线。在锦江新区段严格落实水域岸线功能分区管控要求，实施“退水而建、还绿河湖”保护工程，重要河湖生态保护控制线不得低于200m。增加公共水域、公共绿地，严控河道采砂，清理河湖“四乱”。全面完成锦江干流管理范围划定，加快推进流域面积50km^{2}以上的河道划界工作，强化水域岸线管控和节约集约利用，为改善河湖生态留够缓冲空间。

三、经验启示

锦江水生态治理是习近平生态文明思想在蓉城大地的生动实践，充分彰显了这一重要思想的强大真理力量。成都市综合运用水污染防治、水环境治理、水资源保护、水生态价值转换的组合拳，统筹各种自然生态要素，取得了值得推广的经验。

（一）必须坚持高位推动，实现抓铁有痕与久久为功同向

省委省政府、市委市政府以习近平总书记关于锦江水生态治理指示精神为根本遵循，省、市等领导多次巡河，先后召开了多次会议，专题部署锦江水生态治理工作，亲自协调解决重大问题；省市部门上下联动协作，全力保障，通力协作，有序推动相关问题解决。锦江水生态治理工作上升为地方党委、政府的重点工作，充分发挥了引领带动作用，“一锤接着一锤敲”，以小胜积大胜，不断推动河湖管理与保护重大问题的落实。

（二）必须坚持因地制宜，实现近期治标与远期治本同频

锦江水生态治理不是短期谋略，而是长期任务，必须依托各地生态本底，因地制宜，治标治本同频发力，持之以恒推进。各地针对不同生态本底，找准锦江水生态治理与产业发展的切入点。如郫都区依托重要水源地自然禀赋，在坚决保护好水资源的基础上，规划远期图景，坚持“保水促发展”，将水生态治理充分融入乡村自然生态，以农村水系综合整治带动锦江郊野段的流域治理，形成了战旗村、青杠树村等典型的水美乡村，成为全市不可多见的水美新村风景长廊。

（三）必须坚持价值转换，实现一江锦水与筑景兴业双赢

生态环境保护不是简单的“看护”，而是要在保护生态环境的前提下搞好开发利用。成都市按照“文旅体商农融合发展”的生态价值转换理念，以锦江公园、锦江绿道建设为总揽，将锦江水生态理念贯穿公园城市建设始终，搭建了“一核一环三江九带”的天府蓝网整体骨架，不断推进构建滨水生态带与产业发展轴建设，营造新消费场景，实现了生态价值向美学价值、经济价值、人文价值、生活价值转化。

（四）必须坚持以人为本，实现锦江治理与幸福生活同拍

锦江水生态治理，更加注重水资源保护与区域协同发展，有力保障了特大型城市供水需求，更加注重水环境治理与广大群众对幸福生活的追求。在促进城市品质提升的同时，让广大市民充分体会到了良好水生态带来的幸福感、获得感。2021年春节期间，“点亮锦江”系列活动体验人气爆棚，央视重点新闻栏目多次报道，公园城市形象在国内外广泛传播，这是对“人民城市人民建，人民城市为人民”共享城市理念的积极回应，也是幸福美好生活生态惠民示范工程的生动案例。

（执笔人：陈晨）

推进生态文明　且看黔东蝶变

——贵州省铜仁市建设幸福河湖工作实践*

【摘　要】 据资料显示，十年前的铜仁，污水沟、垃圾河、黑臭水不同程度存在；围垦河道、侵占河道现象普遍；河道年久失修、河沙淤积、水草丛生。2015年铜仁市6条主要河流断面水质达标率为81.8%；18个县级城镇集中式饮用水源地水质达标率为88.1%。

自2017年来，铜仁市以全面推行河长制为抓手，大力开展污染防治攻坚行动、河道综合整治和生态修复工程，逐步打造了锦江河、木杉河、舞阳河等一批人民满意的幸福河流。

建设幸福河湖，必须统筹解决好"盆"和"水"的问题，采取水安全与自然环境相融合，水生态与人文景观相融合，水文化与绿色经济相融合，将河流打造成沿岸百姓的精神文化纽带，不断增强人民群众的获得感、幸福感、安全感。

【关键词】 河长制　水资源　水环境　水安全　水生态　水文化

【引　言】 党的十八大以来，以习近平同志为核心的党中央高度重视生态文明建设，强调河川之危、水源之危是生存环境之危、民族存续之危，要求把"绿水青山就是金山银山"作为重要的发展理念，深刻阐述"山水林田湖草"是一个生命共同体的辩证法，并要求在全国全面推行河湖长制。2019年，习近平总书记在黄河流域生态保护和高质量发展座谈会上明确提出"建设造福人民的幸福河"。

一、背景情况

"黔中各郡邑，独美于铜仁。神山携净水，恭候有缘人。"铜仁境内

---

* 贵州省铜仁市水务局供稿。

有大小河流463条，河流总长4389km，人均水资源量3927m³，人均水资源量是全国平均水平的1.9陪。铜仁因山而名、因水而美、因水而兴。梵净山东向，山泉汇成锦江，通江达海；西麓，滚滚乌江，拂腰而过。梵净山保存着世界上少有的亚热带原生态系统和最纯净的淡水资源，2018年7月梵净山成功被列入世界自然遗产名录。

然而过去的铜仁，同样也面临着生态环境脆弱、河湖新老问题凸显的局面。一是顶层制度缺乏，河湖监管能力不足。河湖保护与治理主要依靠水利部门单打独斗，缺乏统筹推进的体制机制，加之河道管控边界未明确，河道内私采乱挖、乱占乱建现象普遍。二是河道年久失修，防洪标准较低，汛期暴雨频发，导致山洪灾害易发多发。三是水生态环境脆弱，污染防治和生态修复滞后。城乡污水处理能力不足，污水直排，垃圾入河，农业面源污染防治处于粗放态势，畜禽养殖、网箱养殖等污染水体严重，水质水环境恶化。

自2017年来，铜仁市以全面推行河长制为抓手，大力开展污染防治攻坚行动、河道综合整治和生态修复工程，河流水域岸线生态功能得到逐步恢复，水质水环境得到明显改善，逐步打造了锦江河、木杉河、舞阳河等一批人民满意的幸福河流。

生态治理良好的锦江河两岸风光

二、做法与成效

（一）保护优质水资源，河湖强监管工作取得重大突破

为破解长期以来河湖管理保护责任主体不清、权力责任不匹配问题，铜仁市高屋建瓴，构建具有特色的市、县、乡、村四级河长组织体系，市、县、乡三级党委、政府主要领导任“双总河长”，“四家班子人人当河长”，市、县、乡政府有关工作部门一对一协助河长开展工作。截至目前，全市有 463 条河流、289 座小（2）型以上水库、1629 座山塘、水窖纳入河长制管理，落实四级河长 3764 名，招募河湖义务监督员 1246 名，聘请河道保洁员 1613 名。四年来，各级河长巡河累计近 50 万余次，解决大小问题 3 万余起，真正实现了河湖从“没人管”到“有人管”再到“管得好”的局面。

一泓清水、用之不觉、失之难存。由于人类长期的不当行为甚至错误行为，造成了宝贵水资源的浪费和破坏。要从根子上解决这些问题，就必须依靠“水利行业强监管”来及时调整、纠正人们的错误行为，坚持建管并重。

近年来，铜仁市严格落实水资源开发利用控制、用水效率和水功能区限制纳污“三条红线”管理，实施水资源消耗总量和强度双控，努力提高用水效率；推进取水工程（设施）核查登记整改提升，执行用水计划管理。当前全市用水总量控制在 8.61 亿 m^3，单位工业增加值用水量下降 40%，控制在 79 m^3/万元，农田灌溉水有效利用系数提高到 0.48，城镇和工业用水计量率达到 75%。

此外，铜仁市以河湖“清四乱”为抓手，对辖区河湖管理范围的乱建、乱占、乱采、乱堆的问题做到横向到边、纵向到底不留死角的大排查。2018 年以来，全市累计排查河湖“四乱”问题 214 起，已全面完成整改销号。加强河道采砂管理，明确了河道采砂管理四个责任人，严格落实采砂管理责任制。完成 201 条河流管理范围划定工作，明确了河道管控边界线。

（二）构建宜居水环境、水污染防治工作取得明显成效

河湖的问题表现在水里，根子在岸上，必须坚持水岸同治，实施源头纳污。找到了问题症结，铜仁市随即开始高效推进污水处理攻坚行动。如碧江区采用 PPP 模式投资 3.86 亿元，新建 7 个集镇污水处理厂、413 个农村污水处理站。

通过全市上下的通力协作，污水治理攻坚战初见成效，截至目前，全市建成城镇生活污水处理设施112处，新增污水处理能力19.61万吨/日，城镇污水处理能力达到30.66万吨/日，敷设城镇污水收集管网1700km，城镇污水处理率提高到85%以上，中心城区3处黑臭水体全面整治销号，同时还完成了锦江20个、乌江414个入河排污口的排查整治工作。

2018年，江口县太平镇快场村建立了一个特殊“超市”——垃圾兑换超市，村民们将分类收集的垃圾带到该“超市”兑换积分，再以积分兑换商品。快场村把环保理念融入村民的日常生活，推动农村生活垃圾分类回收、无害处理，高效破解“垃圾围村”和“垃圾入河”难题。2019年4月，快场村的“垃圾兑换超市”入选澳门国际环保展览，获得业界高度赞誉。

铜仁市江口县快场村垃圾兑换超市

试点成效显著，铜仁市迅速延伸铺展，在全市全面推广“垃圾兑换超市”积分激励机制，目前共有59个乡镇建立垃圾兑换超市总站，154个村建立垃圾兑换超市分站。与此同时，铜仁市还采取户分类、村收集、镇转运、县处理的机制，并新建铜仁海创、玉屏科特林等一批垃圾焚烧发电项目。当前铜仁市区生活垃圾无害化处置率达98.05%、县城生活垃圾无害化处置率达90%。

此外，铜仁市还持续推进化肥农药减量增效和畜禽养殖污染治理，畜禽粪污资源化利用率达81.13%以上。辖区内水域网箱养殖全面取缔，共计拆除网箱养殖面积105万m^2。

当前，铜仁市中心城区集中式饮用水水源地水质达标率为100%，县级城镇以上集中式饮用水源地水质达标率为100%，河流断面水质优良率均为100%。

（三）聚焦防洪保安全、洪水防御能力得到显著增强

铜仁境内的众多中小河流，大多存在防洪基础设施薄弱、河道淤积萎缩、山洪灾害频发等突出问题。如碧江区灯塔街道寨桂村虫蜡溪，该山洪沟两岸地势平坦，沟底较浅，均是天然山洪沟，无正规的堤防工程，区内2200人及两岸1200亩耕地遭受山洪灾害影响。2019年，碧江区投入资金800余万元，采取对山洪沟疏浚、边坡护岸整治措施，新建防洪堤2629.44m，山洪沟疏浚3.27km，防洪标准为10年一遇。该工程的兴建，大大增强了虫蜡溪的泄洪能力，减少洪水灾害给人民群众生命财产带来的巨大损失。

虫蜡溪只是铜仁市开展河道疏浚整治的一个缩影。据统计，“十三五”以来，全市共实施大江大河支流治理1处，重点山洪沟治理8处，中小河流治理52处，新建堤防197km，综合治理河道约220km。

（四）维系健康水生态、河湖生命健康得到有效保障

铜仁市万山区的木杉河是铜仁母亲河锦江的一级支流。曾经，这里是一个臭气熏天的自然河道，沿岸污水肆意排放，垃圾随处可见，河道乱象丛生，生态环境遭受了严重破坏。

2015年起，万山区将木杉河生态治理作为一项重点工程，先后投入资金约10亿余元，通过截污纳管、河道清淤、岸坡防护生态治理等一系列措施，治理河道12余km。木杉河水域岸线生态功能逐步得到恢复，水生植被和生物多样性明显提高，水质稳定在Ⅲ类水体以上。此外，还在木沙河沿岸修建音乐喷泉、步行栈道、文化长廊等，如今的木杉河已然蜕变为水清、岸绿、景美、人文景观丰富的特色城市滨河景观带。如今，漫步于木杉河畔，一水穿城，风光独特，真正实现了“望得见山、看得见水、记得住乡愁”。

木沙河河道综合治理前

木沙河河道综合治理后

近年来，铜仁市大力实施生态修复工程，坚持以退耕还林、天然林保护、石漠化综合治理等重点生态工程为抓手，深入开展“六绿”（绿道、绿水、绿城、绿园、绿景、绿村）攻坚行动，为构筑长江上游生态屏障发挥了重大作用。全社会治理水土流失面积 2100km^2，全市森林覆盖率达 66.2%以上，建成石阡鸳鸯湖、思南白鹭湖、玉屏舞阳河等 9 个国家级湿地公园及 49 个自然保护地。全面完成 241 座农村小水电站清理整改，实现生态流量线上监管，保障河流生态流量。严格落实长江“十年禁渔”，建立健全了禁渔的体制机制法制及网格化管理体系，严厉打击非法捕捞，加大市场销售监管力度，强化水生生物资源养护，科学开展增殖放流，投放鱼苗累计约 1950 万尾。

（五）弘扬先进水文化、绿色经济实现可持续发展

弘扬先进水文化，不但要对水文化遗产进行保护、传承和发掘，还要将水文化遗产与经济可持续发展结合起来，打造水文化精品。近年来，铜仁市按照省委省政府对铜仁“念好山字经、做好水文章、打好生态牌，奋力创建绿色发展先行示范区”的定位要求，大力发展以健康水产业为重点的特色产业，逐步走上了一条靠山吃山、靠水吃水的绿色致富之路，“山字经”越念越响亮，“水文章”越做越精彩。

如今的铜仁，健康饮用水、温泉旅游、抹茶产业等风生水起。截至目前，已有农夫山泉、福建好彩头等 170 多家知名水企相继落户铜仁，以饮料、医疗水、养生水等为重点的关联产业，以酒、茶、特色食品为重点的衍生产业催生规模以上涉水食品加工企业 100 余家。成功开发碧江九龙洞温泉、石阡城南温泉、思南九天温泉等十多家温泉度假酒店，水及关联产业年度总产值高达 150 亿元以上，成为拉动铜仁经济高质量发展的重要支柱。

依托得天独厚的天然饮用水资源优势，铜仁市连续举办了三届“梵净山水博会”，被中国食品工业协会授予“梵山净水·健康水都”“梵净山珍·健康养生”称号，被省政府确定为贵州水博会（梵净山水博会）的永久性举办地。

三、经验启示

建设造福人民的幸福河湖，必须坚定不移贯彻落实习近平生态文明思想和新时期兴水治水方针，切实转变治水思路，牢牢把握调整、纠正人的错误行为这条主线。要坚持系统观念，统筹山水林田湖草系统治理，打通水上岸上、城市农村，对山水林田湖草进行统一保护、统一修复，全面打好污染防治攻坚战。要坚持把全面推行河湖长制作为重要抓手，强化河湖长制和河湖管理保护，凝聚政府、部门、社会力量共同管河护河。要坚持以人民为中心的思想，打造安澜河湖，足以应对江河湖库水灾水患；要打造生态河湖，真正“还水于河”，为人民群众提供安全可靠的饮用水源；要大力弘扬先进水文化，将河流打造成沿岸百姓的精神文化纽带，不断增强人民群众的获得感、幸福感、安全感。

（执笔人：陈刚）

一条清河入城来　万顷碧波绕弥勒

——云南省弥勒市甸溪河从“臭水沟”到“幸福河”的蝶变之路*

【摘　要】 甸溪河是南盘江左岸支流，在云南省红河州弥勒市境内河长117.8km，承担弥勒境内主要的农业灌溉和工业供水，是弥勒人的母亲河。曾经的母亲河污染严重、水质恶化，是一条实实在在的“臭水沟”，弥勒市从水污染防治、水环境治理、水生态修复、水资源保护、水域岸线管理保护、生态景观工程建设等方面对甸溪河进行彻底整治，水变清了、岸变绿了、游客变多了，给弥勒的生态环境和经济发展带来了很大提升，从此，甸溪河真正成为弥勒人民的“幸福河”，2020年被评为云南省级美丽河湖。

【关键词】 甸溪河　河道治理　生态修复　美丽河湖建设

【引　言】 甸溪河被誉为弥勒人的“母亲河”，带给了弥勒坝区世世代代的灌溉之利、鱼米之裕。然而，过去的甸溪河却是一条人们不愿接近的“臭水沟”，河道泥土淤积、两岸杂草丛生、水体恶臭难闻，沿河群众环境保护与文明卫生意识淡薄，生活垃圾、建筑垃圾无序倾倒河边阻塞河道，大量工业、生活污水不经处理直接入河，造成河水污染、水质恶化，很少有群众愿意到甸溪河游玩。现在，甸溪河尽目植绿、步步美景，华丽蜕变成为绝美标致的生态“画廊”，成为弥勒人茶余饭后休闲的首选，也不断吸引着游客。与此同时，弥勒市因地制宜，把甸溪河治理与全市生态旅游产业、高原特色农业发展有机结合，把甸溪河打造成全市人与自然和谐的样板典型，引领弥勒走入“甸溪河时代”。

一、背景情况

甸溪河为珠江水系南盘江左岸支流。地跨曲靖市师宗县、陆良县，

---

* 云南省弥勒市河长办供稿。

昆明市石林县，红河哈尼族彝族自治州弥勒市和泸西县，在弥勒市境内河长 117.8km，主要承担弥勒市农业灌溉和工业供水，年供水 6850 万 m^3。甸溪河是弥勒的母亲河，孕育出弥勒灿烂的农耕文明、工业文明和城市文明，是弥勒经济社会发展的生命线。曾几何时，甸溪河河道泥土淤积、两岸杂草丛生、水体恶臭难闻，生活垃圾、建筑垃圾无序倾倒河边阻塞河道，大量工业、生活污水不经处理直接入河，造成河水污染、水质恶化。同时也存在一些亟待解决的突出问题：一是河道防洪标准低、堤防不连续造成洪水期漫堤、跑堤等洪涝灾害。二是径流面积大，水流集中，雨季带来大量砂石、泥土等造成河床冲刷淤积。三是支流上部分煤矿企业污水处理设施不完善直接汇入甸溪河造成水质污染。四是流域周边村庄缺乏污水和人畜粪便收集处理设施，农户家畜粪便各自堆放较为分散，污水全部流入甸溪河，影响人居生活环境和河流水质。

党中央、国务院全面推行河湖长制以来，弥勒市委、市政府坚决贯彻习近平生态文明思想，践行“绿水青山就是金山银山”理念，以建设“现代田园城市、健康生活福地”为主线，全面实施甸溪河综合治理，坚持治水、治污、治景、治村、人水共治“五治”同步，努力让水“活起来、净起来、美起来、亲起来”，全力打造“山水相融、林水相映、城水相依、人水相亲”的甸溪河湿地公园景区，已完成投资约 4.7 亿元，完成城区段 8.3km 河道治理，完成 12.4km 防汛道路、36 座景观溢流堰建设，完成截污管、给水管道、电力管道埋设 38.25km，完成人行栈道建设 4260m，完成绿化种植 53.55 万 m^2、草坪种植 56.29 万 m^2，完成 3 座景观桥、2 条连接道路建设，安装路灯、草坪灯、庭院灯 1118 套，建成公共卫生间 7 座，建成停车场 3 处、驿站 8 处，建成生态沟渠补水工程 1 处，形成了以防洪排涝、生态涵养、湿地保护、田园风光、文化展示、旅游休闲于一体，望得见山，看得见水，留得住乡愁的城市自然生态空间，打造出“山水林田湖草”生命共同体的生动样板，全面提升了城市“颜值”和品位。

二、主要做法

（一）治水有力

通过综合治理全面提升河道水环境质量，对河道进行局部扩宽改造，河道最宽处达100m，甸溪河城区段防洪标准达到30年一遇。坚持顺应自然，建设生态驳岸，采用大块鹅卵石、干砌块石堆砌河段16600余m，延展草皮护坡，实现与水面无缝对接；增强甸溪河湿地生物多样性保护功能，在比降较缓的河段增加鸟类栖息绿洲，丰富物种多样化；利用滩地设置绿化地、公园栈道，充分开发其休闲、亲水功能；因河制宜，将人为破坏改直的4.8km河道恢复天然形态，保留河滩和弯道，减少河床的坡降；恢复河道周边生态植被，拓展自然生态空间，留住水生植物、动物，实现人与自然和谐共处。

（二）治污有效

实行雨污分流，建成截污管道超过1万m，同步推进沿线6个乡镇污水处理厂建设，增强污水管网配套性和处理设施功能性。整治农业面源污染，通过在河道两侧建湿地，农田用水先经过物理过滤，再流到生态湿地里利用荷花、茭瓜等水生植物经过生物吸附、过滤、降解才重新流入河道内。改造生态林及村庄污水垃圾处理，注销入河排污口，水质监测保持Ⅲ类，清清河水重新回到人们视野当中。

（三）治村有序

结合城乡人居环境提升工作，全面开展村庄生活垃圾治理，形成完整的“组保洁、村收集、镇转运集中处置”农村生活垃圾处理体系，沿河村庄小组干部自发组建形成50余人的青年志愿服务队，旨在宣传自主自律健康生活、践行绿色环保生活理念，全面遏制了生活垃圾河岸乱倒的现象。对周边村庄违章建筑严格管控，禁增量、消存量，规划开展村庄风貌改造提升，为周边群众创建干净宜居的美丽新家园。

（四）治景有法

构建生态廊道、创建湿地公园、建设旅游休闲设施，美化、亮化、绿化甸溪河河道沿线，致力打造世界一流健康生活目的地的云南样板。一期工程共栽种雪松、刺桐、香樟、银杏等867个品种的乔木40余万株，绿化种植54万m^2、草坪种植56万m^2。根据不同河段用地性质和主要景观功能，将河道分为峡谷溪流段、田园风光游憩段、城北生态湿地休闲段，从生态景观到田园景观、园林景观都体现出不同特色，展示不同风景，各具不同韵味。增设智慧旅游，将“冉翁夕照”“钱王宝斋”等甸溪河 24 景接入“一部手机游云南”App，增强人文景观交融的体验感。沿途水清岸绿，空气清新，负氧离子含量高，成了市民休闲娱乐健身赏景的佳处。

（五）人水共治

编制出台甸溪河“一河一策”，落实河长制责任体系，39 名四级河长，110 名督查长、监督员、保洁员全面履职尽责，建立了“一季一调度、半年一督查”的督察考核机制，充分发挥沿河基层党组织作用，党建引领强化河流巡防巡查保护管理，“市民河长”“村民河长”“企业河长”等众多志愿者齐参与，实现“政府治河”向“全民护河”彻底转变。加强宣传引导，营造良好氛围，着力培养周边群众的文明卫生意识，落实门前四包责任，破除一系列损害自然生态的陈规陋习，实现人水共治和谐共生的良好局面。

三、经验启示

（一）打造成生态宜居的沃土

前所未有的治河力度使得沿线河流污染源全部清除，沿岸垃圾实现 100%清运，水环境质量持续改善，自然生态空间不断拓展，河道拓宽保证水流量的同时，设置了多处景观堰以缓解洪涝灾害，功能性与景观性齐抓，以浑然天成代替人工雕琢，融入精心设计的生态泊岸、多元树种等元素，尽目植绿、步步美景，一条污染破败的“臭水沟”华丽蜕变成为绝美标致的生态“画廊”。

甸溪河河道现状

（二）打造成滋养民生的乐土

甸溪河湿地景区成为弥勒市继庆来公园、湖泉生态园、红河水乡之后，又一个城市湿地公园，成为弥勒市民和四方游客观光休闲、健身娱乐的“新地标”。周边居民更是共享这一生态福利，实现了“出门即是公园、身居山水林间”。同时，治理工程充分考虑带动周边农村劳动力转移就业，吸收周边群众参与工程建设和常态化绿化养护、观光车售票、环卫等工作，为周边村民提供超过300个就业岗位。

甸溪河莲花瀑布

（三）打造成产业蓬勃的热土

甸溪河治理项目盘活用地近8000亩，周边土地升值到200万元每亩以上，依托甸溪河湿地公园良好的生态、自然资源禀赋和治理工程带来的开发前景，成功吸引了融创中国甸溪河文旅康养项目、重庆新鸥鹏教育小镇、红河养园、红河未来城等大项目落地，企业通过有序的商业综合开发，带动周边发展“热起来”“活起来”。同时，甸溪河以生态治理成效助力乡村振兴，引导河道沿线村组大力发展草莓、葡萄、玫瑰花等观光农业，建设生态农庄，打造一批乡村田园旅游综合体，促进农旅融合、产城融合，为乡村振兴注入强大动能。

（四）打造成文明新风的净土

通过甸溪河综合治理，全面改变了群众生活习惯，市民自觉爱护来之不易的甸溪美景，自觉培养文明新风，合力争创全国文明城市。周边

甸溪河重庆新鸥鹏教育小镇远眺

群众在政府宣传引导下，内生动力和文明意识得以充分激发，乱扔垃圾、乱倒污水等陋习得到彻底整改，闲暇之余的休闲娱乐活动从喝酒打牌变成了散步跳舞、观景畅聊。村民自觉制定完善村规民约并严格遵守，定期组织集中清扫和志愿管护，生产生活质量得到大幅提升。

甸溪河梯田五彩云池

（五）打造成规重矩迭的风土

通过甸溪河保护屏障的构建，将沿河公路线当作甸溪河管理范围线，把甸溪河生态廊道线当作保护范围，把这两条河流“生命线”书写在弥勒大地上，固定下永久保护范围，置于公众、社会、媒体、舆论的监督之下，永续发挥生命线作用。

甸溪河生态廊道

（执笔人：景佳灵　耿红艳）

河长领衔　长效治水　守望母亲河

——宁夏固原市隆德县以全面推行河长制为抓手推进渝河水污染治理的经验和启示[*]

【摘　要】 渝河是宁夏隆德县人民的“母亲河”，20 世纪 90 年代以来，随着工业化、城镇化快速推进，渝河水质逐渐恶化，让沿岸民众苦不堪言，并因与下游地区发生跨界水污染纠纷而引起社会各界广泛关注。2017 年以来，隆德县以全面建立河长制为契机，以水污染治理为重点，大力推进流域综合治理，渝河水质及河岸面貌明显改善，受到上级部门和当地群众的肯定和认可。总结渝河治理模式和经验，主要是提高站位、牢记使命，自觉将保护母亲河打造幸福河作为重要政治责任；高位推动、多元共治，凝聚形成河湖治理的强大合力；问题导向、系统施策，统筹推进流域综合治理；完善制度、强化监管，建立河湖治理保护的长效机制。

【关键词】 宁夏隆德　水污染治理　河长制　流域综合治理

【引　言】 黄河三级支流渝河是宁夏回族自治区隆德县最大的河流，滋养了世代隆德人民，被当地群众称为“母亲河”。20 世纪 90 年代以来，随着工业化、城镇化快速推进，渝河水质逐渐恶化，并在 2015 年因与下游地区发生跨界水污染纠纷而引起社会各界广泛关注。2016 年 7 月，习近平总书记在宁夏考察时指出，要加强黄河保护，坚决杜绝污染黄河行为，让母亲河永远健康。隆德县坚决贯彻落实习近平总书记重要指示精神，顺应人民期盼，打响渝河治理攻坚战，特别是 2017 年以来，以全面建立河长制为契机，大力推进流域综合治理，渝河水质及河岸面貌明显改善，赢得当地群众和外来游客纷纷点赞，渝河治理模式和经验也得到中央环保督察组等上级部门的肯定和认可。

---

* 宁夏固原市隆德县水务局、宁夏固原市隆德县河长制办公室供稿。

整治前渝河受污情况（局部）

整治后渝河流域生态环境

一、背景情况

渝河地处宁夏回族自治区隆德县中部，为渭河的二级支流、黄河的三级支流，是隆德县最大的河流，被隆德人民亲切地称为“母亲河”。渝河干流全长47.1km，穿隆德县城而过，流域面积482.0km^2，约占隆德县域面积的48.9%，聚集了隆德县62%的人口、50%的耕地和75%的经济总量，是隆德县的主要产粮区和工业富集区，在全县经济社会发展中的地位十分突出。

20世纪90年代以来，随着城镇化、工业化快速发展，大量城镇生活和工业污水未经处理直排入河、沿岸居民生活垃圾随意堆放在岸边或直接扔到河里，导致渝河水质逐渐恶化；河道非法采砂屡禁不止，破坏河床稳定、影响防洪安全；加之境内沟壑纵横、地形破碎，水土流失严重，渝河一度成为一条垃圾河、臭水河、滥泥河，让当地人和下游地区居民苦不堪言。市民李明住在隆德县城渝河三里店水库边，犹记当年水库中白沫积久成黑水，发了酵的异味让人不敢开窗，“最怕西南风，晚上睡觉常常被熏醒”。2015 年，渝河出境断面水质进一步降至劣Ⅴ类，导致隆德县与下游的甘肃省静宁县发生跨界水污染纠纷，并因此被公益组织提起环保诉讼，引起社会各界广泛关注。2016 年年底，中央环保督察组督察宁夏期间，也明确指出渝河水质下降问题。

党的十八大以来，以习近平同志为核心的党中央站在中华民族永续发展千年大计的全局和战略高度，将生态文明建设纳入中国特色社会主义事业“五位一体”总体布局，要求高度重视生态环境保护、着力解决人民群众关心的突出环境问题。彻底解决渝河水污染问题、使母亲河“芳华”再现摆上了地方党委、政府的重要工作议程。2016 年 12 月，党中央、国务院作出全面推行河长制的重大决策部署，为从根本上解决渝河水污染问题提供了科学指引和制度保障。

二、主要做法和成效

自全面推行河长制以来，隆德县委、县政府坚持“绿水青山就是金山银山”的理念，秉持生态立县战略，持续推进以水资源保护、水污染防治、水环境改善、水生态修复为主的渝河综合治理，经过 4 年多的系统治理，渝河干流全线水质得到明显改善，2019 年出境断面水质稳定达到Ⅲ类以上标准，探索形成的河湖治理“渝河经验”受到中央环保督察组、水利部等上级部门的肯定和认可，入选改革开放 40 周年成就展，并被水利部确定为全国 17 个示范河湖建设试点之一，2019 年 12 月 25 日，《人民日报》头版头条对渝河治理进行了专题报道，2020 年 11 月，渝河示范河湖建设通过水利部验收，为全区乃至全国河湖治理提供了“隆德经验”和“渝河样板”。主要做法是：

（一）高位推动，凝聚工作合力

成立了由县委书记担任渝河县级河长，流经的 5 个乡（镇）党委书记为乡（镇）河长、25 个行政村党支部书记为村级河长，以及 25 名民间河长、5 名社会监督员、25 名巡河员、72 名保洁员组成的县、乡、村三级河长组织体系，实现县内河库河长全覆盖。同时建立了以水务、环保、林业等部门为河长制责任单位的联动运行机制，沿河各乡（镇）及河长制责任部门配备了直接责任人和河长制工作联络员，建成了县、乡、村三级河长及河长制职能部门高效协作新机制，合力推动了河长制由“有名”向“有实”转变。

隆德县渝河河长制公示牌

（二）以水为媒，促进生态富民

水是制约渝河流域可持续发展的主要“瓶颈”，隆德县按照自治区脱贫富民、生态立区战略和固原市加快“五河流域产业带”经济发展要求，结合县情水情，规划建设了城乡供水工程，将县域内南部庄浪河富余水量跨流域调引到干旱缺水的渝河流域，连通沿线10座库坝，实现流域、库坝间水量联蓄联调，为优化水空间、节约水资源、修复水生态、提升水环境、保障水安全发挥了重要作用。在用水有了保证后，持续推进渝河流域山水林田湖草综合治理，连通流域内河、湖、库、坝、池，统筹利用水资源，实现引水上山，打造现代化生态灌区、生态林业绿化长廊、现代生态农业观光区及乡村旅游区，在渝河流域率先实现生态可持续提升、农业可持续发展、农民可持续增收的发展目标。

（三）系统治理，释放生态红利

建立多元共治机制，持续推进渝河流域系统治理。水利部门通过防洪工程与生态提升措施相结合，建成了生态与防洪并重、治理与美化同步的环城生态景观水系。自然资源部门采取乔灌和花草搭配、绿化与景观共建的方式，打造三季有花、四季常青的高标准园林景观绿化带。环保部门种植芦苇、菖蒲、千屈菜等水质净化植物，涵养水源、净化水质，使渝河县城段水质达到Ⅱ类标准，跨界断面水质稳定达到了国家环保部要求的Ⅳ类及以上标准，并持续向好，不断促进渝河生态提质增效。

（四）严格监管，提升治理成效

主动亮剑，强化长效管理。县检察院、环保、水务等部门联合开展“携手清四乱，保护母亲河”专项行动，摸排整治河湖管理范围内“四乱”突出问题，建立台账，对标对表，逐一销号。建立环境整治及污染防治监管三级网格管理制度，扎实推进清河行动，坚持村收集、乡集中、县处理，全面清除河库岸边、滩地垃圾和水面漂浮物，有效防控农业面源污染。全面取缔关停非法入河湖直排口，彻底封堵沿线畜禽养殖场、马铃薯淀粉加工厂、城乡居民生活污水，重点水功能区、国考断面水质全面达标。发挥河长办协调督办作用，渝河水域岸线划界确权率达到100%，为维护巩固渝河治理成果、实现河湖功能永续利用提供了坚实保障。

三、经验启示

渝河水污染治理是隆德县全面推行河长制、创新河湖治理模式的成功实践缩影。认真总结渝河治理模式和经验，主要有以下几点启示。

（一）“河长制”就是“河长治”，必须凝聚共识，绝不能思想游离、行动偏离

党的十八大以来，宁夏各级党委、政府深入学习贯彻习近平总书记治水重要论述精神，坚决贯彻落实总书记“要加强黄河保护，坚决杜绝污染黄河行为，让母亲河永远健康”等重要指示精神，自治区党委将“自觉承担起保护母亲河的重要责任”写入党代会报告，自治区党政主要领导分别担任总河长、副总河长，部署全面开展母亲河保护行动、美丽河湖建设行动等。隆德县委、县政府坚决贯彻落实中央和自治区决策部署要求，保护母亲河、打造幸福河成为全县上下的普遍共识和自觉行动，为彻底解决渝河问题奠定了坚强政治保证和坚实思想基础。

（二）“河长制”就是“众人治”，必须凝聚合力，绝不能将“合唱”变成“独唱”

建立健全以党政领导负责制为核心的责任体系和联动机制，是“河长制”的生命力所在。隆德县把全面推行河长制作为推进守好渝河发展“生命线”的重要抓手，县委书记亲自挂帅、下沉一线；4个乡（镇）党委书记、25个行政村党支部书记责无旁贷、率先垂范；民间河长、社会监督员、巡河员、保洁员积极参与、携手共治，建立起县、乡、村三级河长组织体系，压实主体责任，强化考核问责，实现渝河长效管护全覆

盖，并联动县委办公室、政府办公室、县委组织部、宣传部等25个县级党政部门齐抓共管，推动渝河治理“组团作战、联动作战”。

（三）“河长制”就是“全面制”，必须统筹兼顾，绝不能抓了这头丢了那头

建设造福人民的幸福河，必须统筹山水林田湖草系统治理。渝河面临的最突出问题是水污染严重，同时还存在枯水期供水保障程度不高、流域水土流失等其他问题。隆德县坚持问题导向，铁腕关停取缔涉污企业10多家，扎实推进清河行动及城乡生活垃圾100%集中处理，建成第二污水处理厂和11座乡村污水处理站，建成70座库坝构建“库坝连通、丰枯补给”的供水保障体系，在各大工业园区杜绝涉污企业入驻，积极培育发展林下经济、如今，厚植绿色发展底蕴的渝河流域，已染绿千里沃野。

（四）“河长制”就是“责任制”，必须常抓不懈，绝不能善乎其始而怠忽其终

大量实践表明，河湖水污染问题，一旦放松管控则易出现反弹。经过系统整治，渝河隆德出境断面水质从2015年的劣Ⅴ类提高到2017年的Ⅳ类，达到国家标准。为持续巩固和提升渝河治理效果，隆德县出台河长巡查制等9项工作制度，制定农村废弃物处理设施运行等管理办法，实现源头截污；做实做强县级河长办，政府分管水利工作的副县长兼任河长办主任，水务、环保等6个县级部门负责人兼任副主任，先后向有关部门和乡镇印发30多份督办通知，督促相关问题和事项解决落实。渝河水质持续好转，2019年出境断面水质稳定保持在Ⅲ类以上标准。2021年隆德县河长制办公室被水利部评为全国全面推行河长制湖长制先进集体。

（执笔人：姚国石）

七

基层河湖管护队伍建设

打通河湖管护最后一公里
守护细河碧水清流

——辽宁省阜新市基层河湖管护队伍建设的探索与实践*

【摘　要】 河湖保护工作是河长制工作建设中的一项重要组成部分，是全面贯彻落实习近平总书记“绿水青山就是金山银山”重要指示的积极实践。细河，被誉为阜新人民的“母亲河”，随着工业化、城镇化加快推进，细河流域高耗能、高排放行业比较多，水质存在污染问题，水体自净能力下降，水质达标任务艰巨。全面推行河长制工作以来，阜新市在市总河长的带领下，以管护队伍为基石，不断开拓思路，创新举措，摸索出了一些切实可行的工作方法并加以实施，全市河湖面貌发生了可喜的变化，人民群众的获得感、幸福感、认同感显著增强，取得了较好的生态效益、民生效益和社会效益。

【关键词】 河长制　管护队伍　细河

【引　言】 2016年10月11日，习近平总书记主持召开中央全面深化改革领导小组第二十八次会议并发表重要讲话，强调保护江河湖泊，事关人民群众福祉，事关中华民族长远发展。全面推行河长制，目的是贯彻新发展理念，以保护水资源、防治水污染、改善水环境、修复水生态为主要任务，构建责任明确、协调有序、监管严格、保护有力的河湖管理保护机制，为维护河湖健康生命、实现河湖功能永续利用提供制度保障。充分发挥河长制制度优势，认真贯彻落实生态文明建设思想和习总书记“十六字”治水思路，努力践行水利改革发展总基调，按照水利工程补短板，水利行业强监管的总体部署，不断加强领导，强化责任落实。本文通过列举辽宁省阜新市以全市细河流域治理与保护工作为切入点，开拓工作思路，创新工作举措，为其他地区缓解相关问题压力，提供了新的解决思路。

---

* 辽宁省阜新市水利局供稿。

一、背景情况

阜新市地处辽宁省西北部，北为科尔沁沙地，东接辽河平原，属内蒙古草原与华北石质山地过渡带，境内矿产资源丰富，素有“煤电之城”“玛瑙之都”的美誉，也是国务院批准的全国首个资源城市经济转型试点市。流经辽宁省阜新市的河流共有273条，其中流域面积$1000km^2$以上的河流8条，分别为柳河、绕阳河、细河、养息牧河、秀水河、东沙河、西沙河和牤牛河。阜新市境内共有48座水库，其中大型水库1座，中型水库4座。

在河流管理保护工作中，各级党政机关虽然能够落实属地化管理，量化任务责任，强化河流巡查力度和频次，但仍面临着水质污染，河流巡查保护工作开展不力，管理相对薄弱、不到位的问题，主要表现在以下三个方面：

（一）常规巡河模式效率低、难度大

当前河道巡查都是采取工作人员步行查看的方式，工作强度大、效率低，而且有些地方杂草丛生或者有障碍物遮挡，人无法去到，所以无法看到这些盲区的水质和排污情况，容易存在巡查死角。而且，有些河面积大、流域广，地形复杂，人力巡查难度大，巡查效率低下。

（二）基层河湖管理部门管理压力大

在以往的河流管理保护工作中，群众处于“旁观者”的角度，认为河流管理保护工作仅为政府的一项工作内容，而非与自身息息相关。一线人员在日常工作中，与群众沟通不够顺畅，因角度立场不同，交流极易产生误解，有时甚至产生对立情绪，造成部分工作难以推进和落实。同时基层人员短缺、巡查河湖人力不足等问题，导致基层河流巡查保护工作开展不力、推进缓慢，基层河湖管理部门管理压力较大。

（三）工业化城镇化发展导致水质污染加重

随着工业化、城镇化加快推进，阜新流域高耗能、高排放行业较多，河道水质污染严重，工农业废水、生活污水和雨水等排入河道，破坏了河流生态环境，威胁了居民健康。加上河道内缺乏水源涵养措施，河道

内蓄水能力严重不足，水体自净能力下降，水质达标任务艰巨。针对以上问题，阜新市积极探索实践，设立部门河长、飞行河长、护河党支部和公益岗人员巡河，探索适合阜新河湖管理保护的新模式，为河长制工作向“有能有效”转变添加筹码。

二、主要做法

（一）设立部门河长，守护母亲河

2019年，阜新市住建局在细河流域城市段河流设置了城市段河长，积极推行城市段“三河一湖”河长制网格化管理制度，取得了较好的成效。住建部门将流经市中心段的高林台河、细河、九营子河纳入城市中心段流域河长制管理范畴，并设立了由市住建局主要负责同志、分管负责同志以及局直单位负责同志担任总河长、副总河长、河长的河长制管理框架。通过设立细河流域城市段河长，阜新市城区河道环境得到显著改善。2020年以来，水域管理单位共治理细河、九营子河、高林台河及玉龙湖河道长23.9km，治理面积442.4万m^2，清理清运河道垃圾漂浮物4.25万m^3，建设成38.8万m^2半水域半湿地的生态环境来种植荷花、芦苇、黄菖蒲等七种水生植物，极大地改善了细河的生态环境，逐步实现水清、岸绿、景美。

（二）成立飞行河长，守护母亲河

2020年，阜新市河长办成立飞行河长志愿者团队，通过聘请无人机航拍爱好者使用无人机对河湖环境开展义务巡查，全方位、无死角观察河道情况，对河湖面貌、岸线管理、采砂、取排水等情况进行“空中侦察”，及时发现破坏水环境的行为。市河长办建立了飞行河长志愿者联络群，志愿者们将日常巡查中发现的问题直接上传至联络群，市河长办工作人员经过核查确认后，第一时间将问题进行督办分办，并将办理进展情况及问题整改情况及时在联络群进行通报，给志愿者形成一个积极的正向反馈。看到自己发现的问题得到了及时有效的解决，志愿者们的巡河热情更加高涨了。2021年，飞行河长巡河制度日趋完善，截至2021年6月，飞行河长志愿者累计巡河里程达千余公里，发现河湖突出问题20余个，充分发挥了河湖环境监督者的作用。

（三）建立公益岗人员巡河模式，守护母亲河

为充实基层河湖管护人员力量，阜新市清河门区河长办招募15名矿区公益岗人员对辖区内河道进行日常巡查，公益岗人员出自基层，对基层情况了解透彻，对域内河流情况明晰。通过采取“区级河长办＋公益岗人员”管理保护模式，减轻了基层管理部门人力、财力压力，实现了将河流管理保护触手真正深入群众当中的目标。群众广泛参与河流管理保护的积极性有了明显提升，“本地人治本地河”的良好态势基本形成，营造了全社会爱河、惜河、护河的良好氛围。公益岗人员参与河流管理保护工作以来，阜新市清河门区域内河流非法采砂、非法取水等违法行为明显减少，河面漂浮物、障碍物明显减少，河湖环境持续得到改善。

（四）成立护河党支部，守护母亲河

2021年阜新市水利局成立了护河党支部，通过党员的先锋模范作用带领全局职工开展义务巡河。支部党员以“每月巡河一公里，为家乡河湖添光彩”为宗旨，业余时间自发开展义务巡河。局党组为每名党员印制了巡河员证件，发放了巡河记录本，并安装河长通巡河App，党员在巡河中发现问题第一时间上传管理系统，并跟踪处置情况，一定程度上充实了河湖管护队伍。

阜新市水利局成立护河党支部，守护家乡河湖

三、取得成效

如今的细河穿城而过，与城市发展一脉相承，筑造起了清美细河、宜居城市的如诗画卷，产生了良好的生态效益、经济效益和社会效益。

（一）生态效益初露端倪

通过一系列河湖管理保护方式的创新与尝试，细河流域水环境得到了显著改善。2020 年，城市、县城生活污水处理率分别提高到 98%和 85%以上，畜禽粪污处理设施装备配套率达到 95%，黑臭水体数量全部清零，流域非法采砂、取水等违法行为同比减少 70%，倾倒垃圾同比减少 55%，细河水质达到了考核要求。如今细河两岸基本呈现出水清滩绿、堤固水长、鱼游蛙鸣、鸟语花香的景象，城市段形成了人、水、林、景相融的景观带。特别是细河伊吗图湿地的生物多样性明显得到恢复，候鸟多达 40 余种，其中有 4 种国家二级保护种类，分别为大天鹅、白琵鹭、红隼、凤头麦鸡。

阜新市水生态环境治理成效

主要指标	治理前（2019 年以前）	治理后（2020 年）
细河水质	2017 年为Ⅳ类，2018－2019 年为劣Ⅴ类	Ⅳ类
畜禽粪污处理设施装备配套率	2017－2019 年为 71%～85%	95%
雨污分流状况	2019 年全市雨污分流比例为 18%，城区雨污分流比例为 25%	全市雨污分流比例为 9.4%，城区雨污分流比例为 25.8%
黑臭水体	2017－2018 年，对塔子沟河、三家子河开展黑臭水体治理	全市无黑臭水体

（二）经济效益显著提高

细河流域管理保护工作的加强，不仅改善了城市形象，提升了城市品位，还有力地带动了细河流域两岸土地的增值，同时吸引了民间资本向细河两岸集聚，有效带动了阜新经济社会发展。据统计，细河阜新市城市段细两岸的楼盘价格呈逐年上涨趋势。与此同时，地区生态旅游业产值和群众收入显著增加，实现了产业多元化，提升了农产品附加值。以清河门区为例，2020 年区政府通过举办特色采摘节和清河边门风情民俗文化节，共实现产值增加 1100 余万元，人均增收近 3000 元。守护好、治理好、保护好细河成为了全市人民的重要职责和神圣使命，阜新市因细河治理工作的开展，美誉度和影响力将不断提升，营造了良好的对外开放和招商引资环境。

（三）社会效益日益增强

近年来，通过不断创新思路，拓宽基层河湖管护队伍结构，全市河湖管护以及生态环境志愿者队伍已由原来的几支增加到十余支，人员短缺的压力得到有效缓解，家乡人守护家乡河已经成为了阜新市民的新风尚。如今细河环境变美了，过去“河水发臭，植被稀少”的面貌一去不复返了，细河已经成为了阜新人民心目中的景观河、生态河、文明河。人们开始到河堤上、凉亭里休闲娱乐，老人在广场上健身、跳舞，孩子们在细河边玩耍嬉戏，有效提高了人民群众的幸福指数，百姓对党和政府开展细河治理工作啧啧称赞，同时也激发了大家共同守护母亲河生态环境的主人翁责任感。

四、经验与启示

全面推行河长制工作以来，公众与部门的参与是开展河湖管理保护的关键之举。无论是设置城市段部门河长、飞行河长还是开创公益岗、支部党员入河巡查新模式，都足以证明河湖管理保护工作非一家之举、一家所能。下一步，阜新市将继续拓宽思路、创新举措，尝试发展企业河长、民间河长，为河湖监督安装全天候的“24 小时监控器”，充分发挥巡河监管作用。加大河长制的宣传力度，利用各种媒体手段，在全社会广泛开展关爱河湖、守护河湖的群众活动，动员社会各界参与到河长制及河湖保护中，让家乡天更蓝、山更绿、水更清、环境更优美。

（执笔人：朱秀茹）

给河道“雇保姆”　强公益促扶贫

——吉林省吉林市永吉县以“生态公益岗位建设”创建河道保洁长效机制的实践*

【摘　要】 生态公益岗位是生态扶贫中的一项重要政策和实践创新。习近平总书记就设立生态公益岗位推动脱贫攻坚作出多次重要批示，中央多个部委出台文件明确了生态公益岗位的设立原则、方向和发展目标，吉林省吉林市永吉县结合生态公益岗职能和脱贫攻坚要求，统筹出台了具体办法，在3年来的实践和探索中，总结出了一些可行的经验和做法。

【关键词】 河道 公益岗位 河道保洁员

【引　言】 党的十八大以来，习近平总书记高度重视水环境保护和水污染防治工作，深刻指出河川之危、水源之危是生存环境之危、民族存续之危，要求从全面建成小康社会、实现中华民族永续发展的战略高度，重视解决好水安全问题。为深入贯彻落实习近平总书记系列重要讲话和重要指示精神，坚持“绿水青山就是金山银山”的发展理念，促进脱贫攻坚工作开展，吉林市永吉县创建了“以生态公益岗位建设”创建河道保洁长效机制，既解决了贫困户在家门口就业的问题，又破解了河道清洁管理的难题，开创了双赢的可喜局面。

人、城、山、水和谐共生

* 吉林市永吉县河长制办公室供稿。

一、背景情况

吉林市永吉县境内拥有 20km^2 以上河流 40 条，改革开放以来，县域经济社会持续发展，人口达到 42 万人。由于多方面原因，永吉县水生态环境问题不断积累，始终未能得到良好解决，特别是河道清洁管理不到位的情况尤为突出，垃圾清理不及时、不到位，臭味熏天、蚊虫滋生，群众反映非常强烈。

为破解这个“老大难”问题，永吉县河长制办公室联合县就业局，结合吉林省就业局《关于同意永吉县人力资源和社会保障局开发灾后临时性公益岗位申请的批复》的规定，以生态公益岗位建设的形式聘用河道保洁员，解决了财政力量薄弱问题，压实了河道管护责任，恢复了河道生态功能，很好地实现河道保洁长效机制良性运行，终于啃下了这块“硬骨头”，河道水生态得到了全面改善。

二、主要做法

在以生态公益岗位创建形式招聘河道保洁员的办法实施以后，永吉县按照省、市、县总河长提出的完善河道整治长效机制的总体要求，狠抓相关制度落实，确保河道巡查员、保洁员公平、公正、公开上岗，不断激发其工作热情，促使他们更好履职尽责，全面改善了河道生态的面貌。

（一）设立生态公益岗位，兼顾扶贫助困

永吉县在岗位对象的选择上，严格按照相关规定，在向贫困家庭和低收入家庭倾斜的同时，注重公平公开和社情民意，确保上岗的工作人员责任心强、能够胜任。

此项工作也是河长制的再深入和再细化。2018—2020 年，全县共计招聘河道保洁员 288 人，共计发放岗位工资 1260 余万元（1218 元/月）。此举，在为贫困家庭增加了稳定收入的同时，也让每段河道都有人看、用心管。

（二）开展岗前培训，强化岗位监督

一是永吉县要求各乡镇（开发区）对河道保洁员做好河道保洁员岗

前培训工作。依据《河道保洁员管理制度》，乡镇级河长加强对各河段保洁员上岗开展保洁工作的监督，村级河长（兼任巡查员）做好河道保洁员的日常管理和日常河道巡查工作，充分发挥河道保洁员作用，确保做好河道保洁工作。二是永吉县河长办、就业局依据《河道保洁员管理制度》和《河道保洁员用工协议》对河道保洁履职情况开展走访检查，对不履职、履职不到位的不称职河道保洁员予以辞退处理，确保了队伍的工作能力和河道保洁的效果。

（三）延伸岗位职责，营造浓厚氛围

永吉县要求河道保洁员在管理好自己所辖河段的同时，还要在村屯当中积极开展宣传工作，教育村民不随意往河道倾倒生活垃圾，号召大家养成良好的爱护环境的习惯。每位河道保洁员不仅是河道的保护者，还自然成为了保护环境的宣传者和监督者。

随着“生态公益岗位建设”的不断深入和群众环保意识的不断提高，永吉县的河道保洁工作进入了良性循环。这不仅使工作人员的工作量逐渐下降，而且“脏乱差”的河道早已成为历史，清澈流畅的河水成为一道新的风景。

山清水秀的魅力永吉

三、经验启示

（一）政府的决心决定群众的信心

永吉县的经济发展并不突出，财政可用资金有限，但是县政府高度重视河道保洁管理工作，千方百计拿出专项资金设置生态公益岗位，表明了治理河道生态环境的决心。政府的决心直接提振了群众的信心，基层河长工作有了抓手，河道保洁人员工作不遗余力，广大群众深受感染、自觉保护，这才创造出了今天河清渠畅的良好环境。

永吉县县城的地貌可谓“两山夹一沟”，是水灾多发地区，但是自从创建河道保洁长效机制以来，这里就再没有发生过重大灾害。2020 年 9 月永吉又遇特大暴雨，此次河道中虽然水流汹涌，但是并没有出现过去常见的柴草垛、垃圾堆等漂浮杂物，洪水顺利通过永吉大桥，可谓有惊无险。如今，市民们已经不再“怕水”，而是主动“亲水”。每天早上在河边晨练、跑步，晚上在河畔跳舞、休闲，已经成为了一道靓丽的风景。大家都说，近几年县内河流发生了“河畅、水清、岸绿、景美”的大变化，“河长制”保障了人民群众的生命和财产，实实在在提升了我们人民群众的获得感、幸福感、安全感。

实践证明，治理河道要从点滴入手，要未雨绸缪，更要建立长效机制。政府的举动就像一根“撬棍”，用最小的投入，赢得了最大的社会影响力，换来了市民信心的提振和水系的长治久安。

（二）定岗才能定心，定责才能出效

通过永吉县“生态公益岗位建设”创建河道保洁长效机制的实践，我们不难看出，因为有了岗位和收入，采取了考核和淘汰机制，受聘的河道保洁员们的责任心和自主能动性显著增强，确保了河道治理的效果。反观个别觉悟不高、责任心不强的基层河长，只是把河道治理工作当成副业，很难尽职尽责，时常得过且过，直接影响了河道生态环境治理的水平。所以，在精神和物质上都给予相关工作人员一些肯定，符合最基本的人性和一般发展规律。

双河镇河道保洁员罗某家中生活极其困难，巨大的生活压力曾让她接近崩溃，每天愁容不展。当镇领导得知其情况后，安排其作了河道保

洁员。从此，罗某每月多了1200多元收入，就犹如一场及时雨，不仅填补了家庭日常之用，减轻家庭重担，更为全家人树立了生活的希望。

另外，家住黄榆乡的河道保洁员王某，原是双河镇造纸厂下岗工人，患有严重的胃病，干不了重体力活，家里的开支全靠妻子打零工赚钱维系。2018年，永吉县河长制办公室招录河道保洁员，王某第一时间来黄榆乡河长制办公室报名。王某得知被录用的消息后，乐得一宿都没睡好觉。他说："在农村，我上哪去找这样一份守家在地的工作呀？我一定好好干。"就这样，王某早出晚归，兢兢业业的坚守在茶壶嘴河河畔，践行着自己入职时的诺言。2019年、2020年，两年的工资收入他一分没动，硬生生地攒出了两万元。他说："河道保洁这份工作帮我建立了自信，给了我生活的勇气，我们的日子一定能越过越好。"

罗某和王某只是永吉县以"生态公益岗位建设"创建河道保洁长效机制的两个代表。这些曾经生活贫困、士气低落的困难群众，如同抓住了救命稻草，无限感激党的恩泽，加倍珍惜工作岗位，尽全力把工作做到了最好，可谓是一举多得，环保和社会效益双丰收。

河道保洁员工作掠影

（三）注重"木桶原理"思维，建立长效机制

以往在开展河道生态环境治理工作中，由于河道环境治理责任界限不清，任务分工不明，出现上游不净、下游难清，下游"不作为"上游"心理不平衡"的情况，为解决这一问题，永吉县在生态公益岗

位制度设计上做了长期规划，建立和落实考核机制，明确目标和任务，并逐步实现由数量上的保障向质量上的提升过渡，形成稳定持续长效的管理和保障机制，切实发挥生态公益岗位在生态环境保护的长期作用。

（执笔人：徐宏）

夯实基础　上下联动　共同爱水护水　巩固提升水生态环境

——上海市闵行区华漕镇全面推进“村级河长制工作站”建设*

【摘　要】 深入贯彻落实河长制，是积极践行习近平总书记“绿水青山就是金山银山”“人民城市人民建，人民城市为人民”理念，为打赢水污染防治攻坚战，加强农村水生态环境保护，切实做到守河有责、守河尽责。2019年起，华漕镇以创建成上海市河长制标准化街镇为契机，在赵家村试点挂牌成立“河长工作站”，完善河长制组织体系，巩固和提升水环境综合整治成果长效保持，推动河长制从“有名”向“有实”到“有效”的转变。2020年，在试点村级河长制工作站基础上，将“村级河长制工作站”全覆盖建设作为年度重点工作推进，进一步推动河长制在村级层面落地，积极推进河长制工作“关口前移”，已全面实现“村村建站”的目标。

【关键词】 建立机制　责任落实　统筹协调　全民共治

【引　言】 华漕镇作为虹桥商务区的开发核心，前湾新区建设蓄势待发，坚持“治好水、管好水、护好水”三步走的治水管水思路，致力提升国际城市品牌形象，打造“清水自流”的幸福河道。

一、背景情况

华漕镇位于上海市闵行区北部，东与长宁区相邻，西与青浦区相连，北倚苏州河与嘉定区为界，南与新虹街道相邻，镇域面积28.2km^2，其中10km^2位于虹桥商务区重点开发区域，下辖行政村15个（含1个已拆待撤村）、居民委员会14个。

---

* 上海市闵行区华漕镇河长制办公室供稿。

2017年黑臭河道遍布全镇，黑臭水体数量为“全区之最”。华漕镇通过河长制标准化创建，从河道到岸上、从农村到社区、从底泥疏浚到生态修复、从管网改造到泵站建设，有序开展了44条重污染河道整治、苏州河（四期）支流水环境综合整治（包括中小河道治理、新开河道和水系沟通、水生态修复）等工程，镇域内水生态环境得到极大改善，至2020年年底，镇域范围内河道水质已全面稳定达标，并完成105条除黑消劣水体水质达标销项。

为有效巩固水环境整治成效，华漕镇以河长制为抓手，不断夯实长效管理，探索在基层做实河长制体系的神经末梢，构建全民治水护水格局。2019年，华漕镇积极申报创建上海市河长制标准化街镇，根据市河长办《关于开展首批上海市河长制标准化街镇建设的实施方案》的要求，制定华漕镇标准化街镇建设实施方案，以提升水质，建设“水清、面洁、河畅、景美”的美丽河湖为核心，围绕制度体系建设、河道水环境整治、河道管理养护、水质达标、河湖水面率达标、信息化建设、人水和谐建设、机构能力建设等8方面工作标准，不断提高河长制标准化建设。以此为契机，不断健全完善河长制机制体制，在赵家村试点建立了村级河长工作站，探索形成了“村组河长巡河、村民代表监督、志愿者护河”的工作机制。2020年4月，闵行区出台《关于推进“村（居）河长制工作站”建设的指导意见》；6月，上海市河长办印发了《上海市村（居）河长工作站建设指导意见》，华漕镇认真贯彻落实相关工作要求，全面推进河长制工作站建设，不断提高建设标准、夯实创建成果。截至2020年底，率先实现“村村建站”的全覆盖目标，建成15个村级河长制工作站。

二、主要做法

（一）提高标准，细化工作制度

为提升河长制工作标准化建设，在上级河长办的工作指导下，结合实际情况，制定了《华漕镇“村级河长制工作站”建设的实施方案》，健全河长制工作站巡查发现、工作例会、信息报送等制度；优化村级河长制组织体系、工作职责、问题发现和处置等内容。对群众举报投诉问题，落实“三个二”快速运转处置机制（即20分钟内流转、2小时内到场、

24 小时内上报），做到即知即改。镇河长办还制定了河长制巡查发现问题上报处置的要求，增强河长巡查发现问题后的处置，实现对河道问题的“早发现、早处理、早解决”。

（二）精益管理，明确工作职责

以党建工作与河长制工作相结合，由村党支部书记任站长、村主任担任副站长、河道干部担任管理员、保洁员担任网格员。将“三图二单”——水系图、管网图、组织架构图、制度清单、巡河清单上墙。整合治水管水队伍，做好辖区内河道巡查及保洁工作，及时发现、劝阻企业雨污混接、河面漂浮物、河岸垃圾的偷排偷倒及非法捕鱼等问题。此外，在“河长制工作站”运行过程中，镇河长办联合镇督查办定期巡查工作站工作开展情况，确保河长履职到位，做实、做好巡河工作，记录并梳理存在的问题，发现问题后即刻督促，限时整改。

（三）谋求突破，创新工作举措

为推动“河长制工作站”建设成制度完善好、日常管理好、作用发挥好、群众评价好的平台，需要做到以下几点：一是统一制作下发“河长工作证”，让河长“亮牌”上岗，便于群众监督；二是建立河长履职“五步法”（一看水、二查牌、三巡河、四访民、五落实），提升河长有效履职；三是利用水质快速监测手段，每个“村级河长制工作站”配备了氨氮、总磷、pH 值、透明度等检测工具，对问题河道加密巡查频次，切实抓好前端防控。在建设“河长制工作站”的同时，开展岸上雨污水管网和沿街商铺的雨污混接、入河排口的专项排查，完成 137 个混接排放口的改造，建立各村污水管网和入河排口示意图。

三、经验启示

（一）务求实效，严管勤查突发问题

大多水环境问题存在发生时间短、污染源隐蔽等特点，使工作较为被动。“村级河长制工作站”的建设，充分发挥村级前沿力量，克服“多头治水”的弊端，利用村级河长身在基层、贴近一线、能第一时间制止污染行为的特点，有效解决了巡查不到位、查处不及时等问题。以在

“黑格比”台风期间，姚墩港局部突发污染事件为例，村级河长在巡河时，第一时间发现后上报镇河长办，镇河长办第一时间提请区河长办协调处置。在市、区、镇相关部门通力协作下，及时采取应急措施，将污染控制在局部范围并恢复水质。此次事件，通过快速响应、多措并举、处置得当，得到了市、区级媒体的正面报道。

（二）以河为媒，联合推进综合整治

山水林田湖是生命共同体，河道水质的好坏，问题在水里，根源在岸上。因此，水务部门与规划建设、农业农村、生态环保、道路交通等相关职能部门须紧密协调配合、共同整治管理。如在苏四期水环境综合整治中，通过拆违动迁、河道整治、控源截污等基本措施落实到每一条河道，变单打独斗为多龙治水。2020年华漕镇域内国考苏州河断面，市考、区考断面，苏四期179个监测断面水质已全面稳定达标，2020年年底镇管及以上河道断面Ⅳ类水月均值达70％。

（三）共管共治，做实河道长效管护

围绕河长制工作常态化、河道管理长效化目标，督促基层河长有效履职，加强河道管护方面的职责。一是要立足自身优势，学习借鉴同行先进管理经验，开阔视野，趋利避害，扬长避短；二是要建立健全专家库，加强河长制业务培训与交流，针对不同区域河道实际，统筹上下游、左右岸，指导各级河长找准各自河道管理保护的有效手段，巩固河道治理成果，保障河道长效管理落到实处。

四、经验启示

河道治理是基础，长效管理是常态。要使河长制长期有效地发挥作用，华漕镇做出以下几方面思考：

（一）高点站位，以河长制促进河长治

“村级河长制工作站”是镇河长办治水护水的延伸，有助于河长制工作的规范化、专业化。华漕镇深入推动村级河长制工作站实体化运作，提升管理实效，将河道管理与城市精细化管理有机融合，探索通过“一网统管”平台提升河长制管理实效，建设智慧水务综合管理平台并纳入

“一网统管”应用在河长巡河的日常管理中，实现动态监管和数据共享，充分发挥“一网统管”智慧平台作用，让治水护水没有局外人。

（二）压实责任，推动工作站能力建设

有压力，治理才有动力。一分部署，九分落实，“村级河长制工作站”的建立，同时探索综合考评体系，加强河长履职、述职和考核奖惩机制，将日常巡查、问题处理、群众评议等情况作为基层河长履职考核重要组成部分，将工作站开展情况纳入各村对河长制工作的年度考核。上有考核、下有监督的制度体系，让各级河长共同担起治河的责任。

（三）注重成效，营造水环境共治氛围

“村级河长制工作站”的建立为基层河长与群众之间互动交流搭建了平台，鼓励群众参与和监督，形成治水护水合力。一方面引导群众增强主人翁意识，争做治水参与者、推动者，让工作站成为群众与河长的联络点，成为治水护水的议事堂；另一方面加强河道志愿者队伍建设，将有意愿投身爱河护河的代表人士聘请为“民间河长”，营造“河长牵头，社会发动，齐抓共管”的管水新格局，变“政府治水”为“全民治水”。

华漕镇将依托“河长制工作站”，多层次、多方面、多途径地发现和解决各类影响水生态环境问题，以“河长制工作站”为抓手，持续带动和增强基层河长制工作能力，落实精细化工作，完善河长制工作“最后一公里”，做实做强基层河长履职，促使全镇治河、管河、护河水平再上新台阶。

（执笔人：金文）

精心“筑好巢” 自有“凤来仪”

——江苏省南京市溧水区创新“住家保姆”模式破解农村河湖管护难题*

【摘　要】 为深入贯彻习近平生态文明思想，江苏省南京市溧水区坚持生态优先、绿色发展，直面河湖管护“最后一公里”的痛点、难点问题，以小型水库为试点和突破口，创新“住家保姆”管护模式，探索农村河塘管护机制，推动公益性岗位设立，打造幸福生态河湖，激活乡村振兴源水。

【关键词】 河长制　农村河塘管护　基层队伍建设　乡村振兴

【引　言】 河长制湖长制的实施，推动我国江河湖泊从“没人管”到“有人管”，从“管不住”到“管得好”的重大转变。近年来，溧水区坚持河长制引领，全区主要水体面貌不断向好，水质有效改善，功能不断完善；而农村河塘因面广量大、管理力量薄弱、问题积重积难等原因，设施不全、管护不力等情况时有出现。众所周知，农村河塘处于水生态系统的末端，是地表水、雨水、地下水的重要连通渠道，是幸福美丽河湖的“肾细胞”和“毛细血管”。为维护农村河塘的良好功能和健康生态，溧水区以不增加财政投入为前提，以促成建立农村河塘管护机制为出发点，巧设小型水库为“实验麻雀”，深入剖析，大胆试验，探索河湖管护“职业化”道路，为农村河湖请来了“住家保姆”。

一、背景介绍

（一）区域背景

溧水区地处江苏省南京市南部，水系发达、水网密布，主要分属石臼湖和秦淮河两大水系，共有湖泊、河道、水库、塘坝 4 万余个。2019 年 10

---

* 江苏省南京市溧水区水务局供稿。

月，区总河长带领区四套班子领导秉持“决一死战”的信念，拿出“敢打必胜”的决心立下“军令状”，成立工作推进领导小组，编制行动方案，实施 7 大类 22 项措施，预计 2022 年全区主要水体水质稳定达Ⅲ类以上。

（二）现状背景

湖泊、骨干河道、中型水库等主要水体有专职管理机构和足额经费保障，形成了较为完备的管护机制，实现了规范化管理，并逐步向精细化迈进。2020 年初，溧水区政府督查室对全区 73 座小型水库、59 座塘坝进行了抽样调查，通过实地走访发现有 66 座存在问题，区总河长作出重要批示，要求系统梳理问题，抓好整改落实。

南京市溧水区政府督查室领导同志批示抄清专用单

<table>
<tr><td>批示时间</td><td>2020 年 5 月 1 日</td><td>密级</td><td>----</td><td>紧急程度</td><td>----</td></tr>
<tr><td>批示人</td><td colspan="5">区总河长</td></tr>
<tr><td>原文标题或事由</td><td colspan="5">区政府督查室督查专报 2020 年第 2 期
《全区 73 座在册小型水库的现状调查》</td></tr>
<tr><td colspan="6">批示内容：此期督查专报质量高、用心良苦、责任心强！良好的生态环境来自于坚守，既为我们良好生态本底而自豪，又为我们个别地方的乱象而震惊！请人祥牵头阅处，各位常委、政府领导阅，常委联系点责任要扛起来。请葛飞同志跟进，整改不到位绝不收兵。</td></tr>
<tr><td>抄清人</td><td>刘天志</td><td>抄清时间</td><td colspan="3">2020 年 5 月 6 日</td></tr>
<tr><td>校核人</td><td>李卫群</td><td>校核时间</td><td colspan="3">2020 年 5 月 7 日</td></tr>
<tr><td>编号</td><td>——</td><td>发往及签收</td><td colspan="3">开发区，各镇街，区水务局、生态环境局、农业农村局，水务集团</td></tr>
</table>

南京市溧水区政府督查室领导同志批示抄清专用单

<table>
<tr><td>批示时间</td><td>2020 年 6 月 10 日</td><td>密级</td><td>----</td><td>紧急程度</td><td>----</td></tr>
<tr><td>批示人</td><td colspan="5">区总河长</td></tr>
<tr><td>原文标题或事由</td><td colspan="5">督查专报 2020 年第 4 期总第 72 期——对全区 59 座 10 万方以上蓄水塘坝的调查与思考</td></tr>
<tr><td colspan="6">批示内容：此份调查思考很有价值，系统梳理大塘的现状、问题建议。
十分同意大塘提级管理，做到退殖还塘、退渔还塘、建立管理机制，真正做到山水相连、山清水秀、绿水青山、全域美丽大花园。请人祥牵头，水务、各镇街务必抓好落实，千万不能让先辈们的劳动成果在我们手上断送或丧失。请张蕴区长、葛飞阅。发各位常委、人大、政协。督查室定期报工作进展。</td></tr>
<tr><td>抄清人</td><td>刘天志</td><td>抄清时间</td><td colspan="3">2021 年 5 月 24 日</td></tr>
<tr><td>校核人</td><td>李卫群</td><td>校核时间</td><td colspan="3">2021 年 5 月 24 日</td></tr>
<tr><td>编号</td><td>——</td><td>发往及签收</td><td colspan="3"></td></tr>
</table>

区总河长在水库、塘坝督查报告上的批示

（三）样本背景

与塘坝和小微水体“散养”状态相比，小水库有相对固定的经费和管护模式；与主要水体相比，小水库存在无专职管理机构、力量弱、经费少、管养差等问题，对小水库管护模式进行探究具有典型性。现阶段，小水库已经建成了由区水务局监管、镇街水务站主管、市场化管护的责任体系，实行了管养分离；有省市区三级经费保障，每座水库每年约 8 万元；有健全的管护和考核细则，一年进行两次考核。梳理区政府督查和近年来考核结果发现，小水库存在问题主要是以下几个方面：一是责任落实不够彻底；二是经费使用不够精准；三是管护人员不够专业；四是管护机制不够完善。

二、主要做法

通过分析研究小水库现状发现，管护主体责任未落实到位是管护不到位的根本原因，而如何有效落实主体责任，成为解决小水库管护现状问题的关键。2021 年 1 月，溧水区在洪蓝街道开展小型水库“住家保姆”式管护模式创新试点，在市场化管护模式不变的前提下，增设管护员岗位，选聘管护人员，落实专人专岗。经过半年试运行，洪蓝街道在全区 8 个镇街水库管护效能考核中名列第一，较 2020 年下半年度上升两个名次。

无想寺水库

（一）出台管理办法，夯实“试验基础”

2020年11月12日，出台了《关于印发南京市溧水区加强小型水库和10万m^3以上蓄水塘坝水质保护和管理实施方案（试行）的通知》（溧河长办〔2020〕34号）（以下简称《方案》）。《方案》确定了区农村河塘管护的总体目标、基本原则、主要任务、职责分工、保护措施等；明确了以区水务局为主管部门、属地政府为监管部门、镇街水务站为责任部门、行政村（两委）为管理单位的责任体系；并将适用范围扩大至5万～10万m^3蓄水塘坝、小微水体。《方案》为农村河湖管护明确了发展方向，奠定了试点探索基础。

（二）创新岗位设置，巧设“住家保姆”

坚持“公开、公正、公平、择优”原则，由水库所在村委会公开推荐，选出60周岁以下、身体健康、责任心强的人作为初选人员，通过水务站比选确定管护人员，张榜公示后报区水务局备案。实行管护人员委派制度，做到一年一聘、动态管理，由市场化管护单位统一签订管护劳务协议，管护人员经专业培训后持证上岗，在水库管理范围内树立巡查管护责任牌；每座水库维修经费在原来基础上保持不变，其中3万元用于小水库维修，5万元作为人员工资，严格落实“底薪＋绩效”工资制度，由市场化管护单位根据主管单位考核结果以及管护人员履职表现确定，明确绩效工资上浮或下调、下年度续聘或辞退。

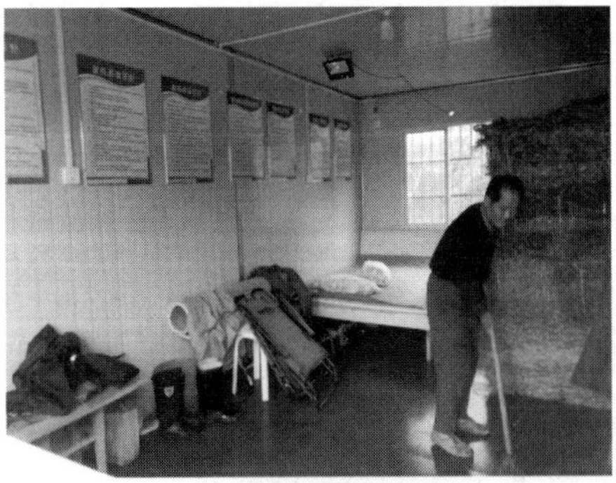

水库住家保姆

日常管护作业

（三）补齐短板弱项，培养“行家里手”

针对管护人员业务水平和执行能力不足的问题，区水务局、镇街水务站等部门充分发挥行业优势，积极组织管护人员参加包括工程运行管理细则、水资源调用原则、防汛抢险应急预案、安全生产管理规定、工程日常养护等业务学习，使其能熟悉工程情况和识别基本险情，规范养护行为，提升管护水平。明确管护人员居住在水库管理房，采用“住家保姆”式管护，中途离开不得超过1小时，每天巡查不少于2次，发现险情第一时间上报，并做好应急处置。一经发现水安全违法行为、水环境破坏行为，及时采取有效措施予以制止并做好调查取证、及时上报、配合查处等工作。

（四）强化监督考核，确保“听令即行”

区河长办会同财政局采取不定期检查和定期考核的方式，对第三方管护单位和管护人员在经费及责任落实、巡查台账资料、水政水资源管理及设施达标等方面进行监督考核，结果纳入镇街千分制考核，并与水库运行管理费用挂钩，提升水库管理单位对水库监管能力。积极引入竞争机制，充分调动第三方管护单位和管护人员积极性，增强了水管单位活力，提高了水库管护质量。建立小型水库规范管理长效机制，不断压实管护责任，推动监督考核环环相扣，确保管护任务落到实处，形成齐抓共管的水环境保护工作格局。

三、经验启示

通过上述案例，我们可以看到，在责任体系不变、经费投入不变、考核机制不变的前提下，通过增设管护员岗位，将小型水库管护的责任主体由单位转变到人，从而实现强化责任意识、落实主体责任的目的。同时，通过延伸考核运用、引入竞争机制，充分调动管护人员的主观能动性，使其主动担当作为，积极投身河湖管护。“住家保姆”式管护使小水库的管护责任落实更有效、管护效能提升更扎实。

（一）答好“补短板”必答题，依托基层河长，完善管理机制

农村河塘如河湖之细胞，为其构建“责任明确、协调有序、监管严格”的管护机制，是打通河湖管护“最后一公里”的关键，小水库“住家保姆”式管护为农村河塘管护提供了可借鉴的思路。以全面推进河长制湖长制为契机，将河长制向农村延伸，完善村级河长设置，依托现有河长制体系，构建镇级河长办为监管、行政村（社区）河长为主管、管护员为主体的责任体系。充分发挥河长制制度优势，对破坏农村河塘水环境、水生态的行为做到早发现、早处理；开展农村河湖水域空间管控行动，及时掌握河道水域岸线变化情况，实行动态监管。在落实农村河湖管理主体责任的同时，进一步促进基层河长制充分落实。

（二）答好“重民生”关键题，落实经费渠道，保障队伍建设

明确经费保障，完善区、镇级财政补贴托底和村级集体合理分担的机制；探索多元化、多渠道、多层次资金筹措途径，引导农村合作社、家庭农场、用水协会等新型主体参与农村河塘环境管护。岗位设置实行专业性和公益性相结合原则，结合农村人居环境整治行动和“多位一体”管护机制，坚持以人为本，做到就近入职，挑选“工匠”带头人等责任心强的当地村民担任管护员，适当考虑残疾、有慢性疾病、低保户等困难人员。工作内容坚持简单化原则，以宣传护河知识、制止倾倒垃圾、举报排放污水等不良行为为主要任务。工作范围按照片区化划分，原则上一个涉农自然村为一片区，设置一个岗位，可根据实际情况适当调整。推行农村河塘治理、保护以效付费制度，健全服务绩效评价考核办法、奖惩机制，充分调动管护人员积极性，落实管护责任。

（三）答好“强根基”核心题，共享管护红利，助力乡村振兴

在现有体制下，农村发展比较缓慢，城乡居民收入差距较大，根据溧水区《2020年国民经济和社会发展计划执行情况》，2020年溧水区农村居民人均可支配收入为29078元。参照洪蓝街道小型水库管护人员年工资5万元的待遇标准，结合公益性、就近、任务简单等因素，管护员在拥有“高薪”职位的同时兼顾了家庭，提升了幸福感，树立了主人翁意识，也可影响和带动身边的群众主动参与到巡河护河中，形成全民参与、全民监督的良好氛围。溧水区有898个涉农自然村，至少可以提供898个管护员岗位。在农村河塘设立管护员岗位可有效实现域内河湖管护全覆盖，推动农村水环境持续改善，深化和巩固脱贫攻坚成果，迈出乡村振兴的坚实步伐。

晶桥石山下小微水体

幸福生活靠奋斗，美丽河湖靠呵护。溧水区先行先试、以河长制引领区域水环境质量大幅提升，从湖泊到小微水体，认真“审题”、全力“答题”、聚力“破题”，敢于承担压力、勇于打破僵局，以打造涉农旅游全域化为引领、以落实河湖管护全覆盖为切入点，将山水资源变成有形资产，以绿水青山造就金山银山。2017 年溧水区被评为江苏省首批省级生态文明建设示范区，2018 年溧水绿色发展水平排名全国百强区第 18 位，2019 年成功创成国家生态文明建设示范区。筑巢引凤栖，花开蝶自来，产业兴旺、生态宜居、乡风文明、治理有效、生活富裕的乡村振兴事业引吭高歌，呈现出“河畅、水清、岸绿、景美”的优美水画卷。

水美乡村——谭村

（执笔人：张锦花　胡怀明　完颜晟）

万名民间河长巡万河

——浙江省温州市创新民间河长参与治水“三个一”新模式*

【摘　要】 治水不仅是一项系统工程，更是一项全局性的工作，需要全民参与。2013 年开始，温州在全省率先启动了以“治污水”为重点的“五水共治”行动，经过 8 年的不懈努力，温州构建了党委领导、政府主导、企业主体、环保组织和公众共同参与的全民治水格局。本文以温州民间河长“三个一”管理模式为切入点，介绍温州基层护河队伍管理创新经验，阐明全民治水要聚人气、接地气、树正气。

【关键词】 民间河长　绿水币　温州

【引　言】 2019 年，温州全面建立民间河长制，发动社会各界和群众共同关心、支持、参与和监督河湖管理保护工作，提高全社会对水资源保护、水污染防治、水环境治理和水生态修复的责任意识和参与意识，凝聚全社会治水合力，推动治水工作由“政府治水”向“全民治水”转变，使河长制、湖长制工作更接地气、更切实际、更具活力。

本文对温州市创新民间河长管理模式进行总结提炼，概括出“优化一支队伍、规范一套制度、搭建一批载体”的做法，鼓励和引导社会公众争当民间河长，主动参与巡河、发现问题、报送问题、监督治水护水工作，与基层行政河（湖）长形成合力，将问题解决在基层，切实推动“五水共治”工作进程，推动形成全民治水格局，经验具有可复制性，可供各地参阅。

一、背景情况

“平生忆何处，最忆是温州”。温州位于浙江省东南部，瓯江下游，是中国民营经济发展的先发地区与改革开放的前沿阵地，也是中国山水

---

* 浙江省温州市治水办（河长办）供稿。

诗的发祥地。温州汇聚山之奇秀、水之秀美、海之神韵，素有“东南山水甲天下”之美誉，自然生态资源禀赋得天独厚。

改革开放四十多年来，“温州模式”给温州带来了巨大的经济财富，但粗放式的经济增长模式也造成了水生态破坏、水环境污染等问题，尤其是平原河网一度遭到了严重破坏，江南水乡一度失去了昔日风采。2013 年，“邀请环保局长下河游泳”成为全国性网络舆情，温州的水污染问题暴露在全国网民面前。面对网络舆情的持续发酵，温州率全省之先启动了以“治污水”为重点的“五水共治”行动。8 年时间过去了，温州在治污水、防洪水、排涝水、保供水和抓节水方面都取得了阶段性成效，但仍面临着治水难、水难治、易反弹等困境，也存在着行政河长湖长精力有限，难以全面巡河，且公众参与意愿不高、满意度低等问题，如何发动社会公众广泛参与治水工作，提高社会公众对治水的满意度、获得感和幸福感，是新时代治水工作新的命题。

2019 年以来，温州市以习近平生态文明思想为指导，深入践行“绿水青山就是金山银山”理念，在行政河长制湖长制的基础上，全面建立民间河长制，积极推广公众护水“绿水币”激励机制，鼓励和引导社会公众以民间河长身份参与“五水共治”，主动参与巡河、发现问题、报送问题、监督治水护水工作，与基层行政河长湖长形成合力，将问题解决在基层，这也有效提升了“五水共治”工作群众的获得感和满意度。温州民间河长“三个一”做法在 2020 年全国环保社会组织可持续发展年会上作经验汇报。

二、主要做法

（一）优化一支队伍，为治水护水点燃动力“强引擎”

1. 壮大队伍

通过市民自愿申报，经县（市、区）、乡镇（街道）河长办严格筛选、审定后，确定民间河长名单，并颁发统一的聘任书、工作证、工作服，统一编号管理，截至 2021 年 9 月底，已招募民间河长 2.9 万名。积极发动社会组织、团体主动加入民间河长，如龙湾区发挥企业家力量打造企业河长品牌，已有 144 家企业承诺在确保企业实行绿色生产的前提下，发动员工以民间河长身份参与河道管护监督工作；“护瓯水 保生态”志愿服务队主动参与温瑞塘河涉渔违法监督和水环境保护监督，助力渔业资源和水生态环境保护等。

2. 组建联盟

依托温州市环保志愿者联合会成立温州市民间河长联盟，加强对全市民间河长队伍的管理与引导。县、镇级民间河长团队以会员身份加入市民间河长联盟，接受业务指导，截至 2021 年 9 月底，民间河长联盟共有 120 家团队。

2020 年 7 月 4 日，依托温州市环保志愿者
联合会，成立温州市民间河长联盟

3. 强化培训

开展民间河长的上岗业务培训，传播水环境治理和河长制知识，组织开展“争当民间河长，共建美丽温州”等相关主题活动 100 多次，成立生态环境公益讲师团，开展民间河长专题宣讲 100 余场，覆盖群众 14000 多人次，有效提升民间河长参与治水护水的业务知识。

（二）规范一套制度，为治水护水提供资源“硬保障”

1. 规范管理机制

发布《关于全面建立民间河长体系的指导意见》，明确民间河长的权利义务、聘用条件、体系建设强化保障措施和工作要求，将民间河长纳入河长制信息管理系统实行统一管理，实现官方河长和民间河长并行管治；制定印发《关于河长制工作实行积分制管理的通知》，对民间河长的日常综合表现用积分量化，由河（湖）长制信息管理系统自动计算积分；出台《优秀民间河长评选方案》，建立有效的民间河长激励和退出补充机制，实行长效性管理。

2. 理顺问题处置机制

出台《生态环境问题发现和处置机制》，积极发动社会公众以民间河长身份，督促辖区行政河长加大问题处置力度、提升问题处置效率，将问题解决在基层。截至 2021 年 9 月底，民间河长共帮助发现治水问题 2902 个，督促所有问题得到解决。

3. 建立激励制度

印发《温州市公众护水“绿水币”管理制度（试行）》，明确全市社会公众均可以“民间河长”身份，参与巡河、举报问题、分享巡河故事、参加公益活动、推广宣传等活动，获取“绿水币”，进一步激发社会公众参与治水护水的广泛性。每年落实“绿水币”奖励和民间河长专项资金 30 万元，明确“绿水币”可以兑换话费、温州特产等实物奖励，实现“问题有发现、发现有积分、积分有奖励、奖励有保障”，全面激发公众护水热情。

（三）搭建一批载体，为治水护水营造“浓氛围”

1. 实施项目化运作

将每月的第一个星期六定为“民间河长日”，鼓励民间河长在“民间河长日”开展巡河活动。组织开展公众“巡河（湖）、找问题、赢奖励”活动，发动社会各界积极参与。搭建“万名民间河长巡万河”“健走江湖”“我和我的河”征文、民间河长论坛等形式多样的活动载体，便于民间河长参与。

2. 强化数字化应用

开发线上公众护水“绿水币”微信程序，开发“绿水币”兑换页面，方便社会公众广泛参与。吸收民间河长意见，对微信小程序进行改版升级，不断提升用户体验感。在“温州生态环境”微信公众号开辟“民间河长”“水未来参与”栏目，定期推送全市民间河长巡河护河典型和信息，共发布 50 多期。

2020 年 10 月 22 日，“万名民间河长巡万河”
活动在龙湾爱好笔业启动

3. 推动典型化引领

乐清率全省之先成立“民间湾滩长”制，分片区对乐清湾进行监督宣传，保护海洋生态环境；鹿城的南塘大妈护河队 8 年守护着南塘水美，被阿里巴巴基金会评为2020 全国的“正能量环保卫士”；瑞安成立全省首个注册登记的民间河长协会，建立形成长效宣传、监督治水体系；永嘉县绿色环保志愿者协会坚持守护楠溪江达 14 年之久，推动温州市首个楠溪江保护条例立法；平阳鳌江流域护卫队，在平阳、苍南、龙港等地开展守护鳌江行动。

三、取得成效

（一）建立治水问题发现机制

建立了公众护水“绿水币”激励机制，实现“问题有发现、发现有积分、积分有奖励、奖励有保障”，激发了社会公众参与治水护水积极性。截至 2021 年 9 月底，已有 2.9 万人注册成为民间河长，开展巡河活动 48170 多次，发现治水问题 2902 个，共发放“绿水币”132.7 万个。

（二）数字化应用场景得到认可

从社会公众使用便捷性出发，充分吸收民间河长意见，开发线上公众护水“绿水币”微信程序，专门开设“绿水币”兑换页面，让学生、老人都能方便使用，“绿水币”兑换成实物，直接快递到家，切实提升用户体验感。民间河长不仅能结合日常锻炼，开展巡河护河工作，还能监督行政河长处置问题，提升群众的参与感和获得感。

（三）塑造一批典型民间护河团队

在全市范围塑造了乐清民间湾滩长、瑞安民间河长协会、永嘉县绿色环保志愿者协会、平阳鳌江流域护卫队等多个典型民间护河团队，引领社会公众广泛参与治水护水。

四、经验启示

（一）全民治水要聚“人气”

治水成效要以群众的幸福感和满意度为判定标准，所以，在治水过程中发动社会公众参与很有必要。要营造全民治水氛围，就要广泛发动工青妇、学生、企事业单位等社会各界广泛参与治水工作。温州着力构建的现代治水体系，就是党委领导、政府主导、企业主体、环保组织和公众共同参与的全民治水体系，创新推出的“绿水币”就是面向社会各界人士，不设置限定，这也大大激发了社会公众参与治水的积极性，有助于聚集“人气”。

（二）全民治水要接“地气”

打造全民治水体系的难点是如何调动群众参与治水的积极性。温州建立公众护水“绿水币”制度，实现“问题有发现、发现有积分、积分有奖励、奖励有保障”，同步开发公众护水“绿水币”微信小程序，方便社会公众操作使用。温州在快速处置民间河长发现问题的同时，还从群众角度考虑，每年主动落实“绿水币”奖励专项资金数十万元，兑换产品主要是话费、大米、食用油、温州特产等群众喜闻乐见的物品，非常接“地气”。

（三）全民治水要树“正气”

要带动全社会关注、支持、参与治水，需要树立一批先进典型，起到示范带头作用。温州依托市民间河长联盟，指导打造了龙湾企业河长、瑞安民间河长协会、乐清民间湾滩长、鹿城南塘大妈护河队等一批民间河长先进典型，通过媒体加大宣传，营造了良好的“全民治水”氛围。

（执笔人：章松来）

从保洁员、认领河长到生态管护员

——河长制基层管护的进阶之路*

【摘　要】 2015 年 8 月，靖安县在全省率先实施河长制，把河道当街道管理，把库区当景区保护。全面构建“有名有实有特色”的河流管护体制机制。建立与河长制相结合的“1+2+3+市场”管护模式，构建以河长制为核心的党政首长负责制，充分整合资源，形成合力共同“治水”的组织体系。落实基层管护队伍并不断升级，打通河长制长效管护“最后一公里”。

【关键词】 河长制　政府主导　党员示范　生态管护

【引　言】 靖安县位于江西西北部，国土面积 1377km²，总人口 15 万人，辖 11 个乡镇 75 村，距省会南昌 37km，是全国首批“国家生态文明建设示范县”和“绿水青山就是金山银山”实践创新基地、全省首个国家级生态县、省第一批生态文明示范县，生态环境优越。2019 年 11 月，北潦河被水利部遴选为首批示范河湖建设点，全国仅 17 个，2020 年 11 月 17 日顺利通过水利部验收。2020 年 9 月由县河长办推荐的双溪镇认领河长吴春生被水利部、全国总工会、全国妇联评为“民间河湖卫士”。2020 年 12 月靖安县河长办荣获 2019 年长江经济带建设“全面推行河（湖）长制先进单位”。2021 年 4 月荣获 2021 年“全国工人先锋号”。2021 年 6 月靖安县委书记郑绍荣获“全国优秀河（湖）长”、靖安县河长办荣获“全面推行河长制湖长制先进集体”。

一、背景情况

靖安县境内有北潦河和北河，总长度 205km，总流域面积 1415km²，2km 以上支流 69 条，小（2）型以上水库 31 座，总库容 2.7 亿 m³，全县总水域面积 43.2km²，水资源丰富。靖安作为全国首批河湖管护体制机

* 江西省靖安县水利局供稿。

制创新试点县之一，2015 年在全省率先实施河长制，按照“政府主导、属地管理、分级负责、部门联动、全民参与”的原则，把河道当街道管理，把库区当景区保护，实现了河湖“水中有鱼，岸上有绿，绿中有景，人水相亲”。靖安河长制工作有名有实有特色，其中管护队伍也不断升级，打通河长制长效管护“最后一公里”。

二、主要做法

靖安县河长制工作自 2015 年实施以来，基层管护不断升级，从最初的政府聘请保洁员到群众主动申请当认领河长再到生态管护员三个历程。

（一）第一阶段：政府主导 全民参与

2015 年 8 月 17 日，靖安县召开了县、乡、村三级河长动员大会，在全县全面推行“河长制”。按照“政府主导、属地管理、分级负责、部门联动、全民参与”的总原则，县级、乡镇级、村级河道实现“河长制”全覆盖，并形成“河长制”长效管理模式。构建“河长制”组织体系，由县委书记担任总河长、总库长，共设县级河长、库长 4 个，乡级河长 11 个，村级河长 77 个，库长 179 个。聘请了专职巡查保洁员 253 余名，明确了工作范围、工作职责，配置了统一的服装和巡查工具，落实了报酬，购买了保险。

通过三年试行，境内主要水污染物排放总量明显下降，地表水环境质量持续改善，河道环境面貌显著改观，实现河湖“水中有鱼，岸上有绿，绿中有景，人水相亲”的总目标。

（二）第二阶段：政府引导 群众认领

为进一步发挥好群众爱河护河的积极性，实现“要我当河长”到“我要当河长”的转变，解决河长制工作政府唱“独角戏”、公共资源占用较多等问题，从 2017 年 6 月开始实行“党员示范、群众认领”新模式，将日常管护职责落实到“认领河长”。按照“政府引导、政策奖励、自愿认领、分步实施”的原则。自 2017 年下半年开始到 2019 年，利用三年时间，实现全县河道、水库“认领制”全覆盖，形成“河长认领制”可复制可推广长效管理模式。

1. 明确认领人职责主要做到“五勤”

（1）勤宣讲。对群众宣传生活垃圾分类知识，发现乱丢废弃物现象要进行劝阻，引导群众养成良好的规范垃圾收集习惯；对群众宣传下河（库）有危险的常识，发现未成年人下河（库）现象要及时劝阻并通知监护人加强监管，增强群众（尤其是未成年人）的涉水安全意识。

（2）勤巡查。经常巡查认领区的河道、水库及河库两岸（周围）排污口；经常巡查未成年人习惯下水游泳的河段、水库。

（3）勤记录。建立巡查台账，将每次巡查情况进行登记，将每次巡查河库照片及发现的事件拍照留存。

（4）勤报告。发现认领区内有违建违采、毒炸电鱼和损毁设施等违法行为；发现认领区内有倾倒垃圾、矿渣等杂物，有排泄工业污水、人畜废水等污染物的现象，查明原因及时上报。

（5）勤保洁。保持认领区河库清洁，发现有垃圾、污物要及时清理。

明确“河长认领制”工作，实行年度单独考核，列入乡、镇年度综合绩效考核内容。对河、库管护工作成绩突出、成效明显的乡、镇和认领人给予奖励；对考核不合格、整改不力的乡镇和认领人，实行问责和对认领人劝退。

2. 明确“两优先”“五减免”“一补贴”奖励措施

“两优先”，即优先参加庆典、优先节日走访。

（1）优先参加庆典。在重要庆典活动时，优先邀请上年度考核评比优秀认领人代表出席。

（2）优先节日走访。各乡镇、各部门、各单位将本辖区、本系统、本单位的认领人作为节日走访慰问对象。相关职能部门和认领人所在乡镇或单位优先安排认领人作为上级领导、爱心人士以及职能部门走访慰问对象。

“五减免”，即免费参观旅游、免费文体观影、免费公共交通、免费体检医保、免费高残疾病意外保险。

“一补贴”，即志愿者补贴。认领人在认领期内，每月可领取志愿者补贴金。（具体金额与认领范围相关，以签署靖安县认领河长志愿书为准）。

利用三年时间，全部实行“河长认领制”。形成全民自愿参与、人人争做河长的新局面，截至2020年底，全县共有认领河长128人，其中党员36人。

（三）第三阶段：生态管护 利在千秋

为进一步推进生态文明建设，践行“绿水青山就是金山银山”理念。进一步加强“河长制”“路长制”“林长制”等山水林田湖生态管护工作的管理，2019年12月在宝峰镇试行“山水林田湖”生态管护。生态管护员管理实行统一管理和属地管理相结合、动态监管和上下联动相结合的方式。今年将全面推行“山水林田湖”生态综合管护模式。

生态管护员的选拔聘用及管理坚持四个原则：一是因地制宜、科学设置、尊重群众意愿原则；二是建档立卡贫困户优先、就近管护原则；三是统一指导、村级管理、明确职能原则；四是量化指标、绩效考核、养人管事原则。

生态管护员实行持证上岗制度。镇生态管护办组织生态管护员进行培训，培训合格者颁发上岗证，持证上岗。

生态管护员的管理实行管护补助与责任、考核与奖惩、补助报酬与绩效奖励相挂钩。

明确河道管护员职责：

（1）巡查要勤。按要求巡查辖区的河道、水库及两岸排污口，巡查水库大坝、涵管、溢洪道等水利工程是否存在安全隐患。经常巡查未成年人习惯下水游泳的河段、水库，查看标志警示牌是否完备。

（2）记录要实。建立巡查台账，将每次巡查情况进行登记，将每次巡查河库照片及发现的事件拍照留存。

（3）报告要早。发现河道、水库等区域内有违建违采、毒炸电鱼和损毁设施等违法行为；发现河道、水库等区域内有倾倒垃圾、矿渣等杂物，有排泄工业污水、人畜废水等污染物的现象，查明原因及时上报。

（4）保洁要好。保持辖区河库清洁，发现有垃圾、污物要及时清理。对巡查发现的污水直排，有害水生植物，垃圾杂物和漂浮物及时处理上报。做到河道无暴露垃圾，无违章搭建，无乱堆乱放，无侵占河道，桥面干净整洁，无损坏，无堆积物。

三、取得成效

（一）以河为贵，建立“街区化”管护长效机制

2015 年 8 月，在全省率先实施河长制，坚持生态立县，全面践行“以河为贵”的工作理念，把河道当街道管理，把库区当景区保护。建立与“河长制”相结合的“1＋2＋3＋市场”管护模式，构建以“河长制”为核心的行政首长负责制，以保洁员为抓手打通河长制“最后一公里”。充分整合资源，形成合力共同“治水”的组织体系，做到对全县 11 个乡镇、75 个村境内河道、支流、水库、山塘分段监控、分段管理、分段考核和分段问责。通过实施城乡垃圾一体化处理工程，做到“垃圾不落地”；通过实施镇村生活污水处理工程，做到“污水不入河”；通过实施生态质量提升工程，做到“黄土不见天”；通过全面推行环保负面清单制度，做到“责任不落空”。

（二）创新模式，推行全民认领河长机制

2017 年 6 月开始实行“党员示范、群众认领”新模式，对境内的河道及长度 2km 以上的支流，中型、小（1）型、小（2）型水库及 1 万 m^3 以上的山塘，逐步实行“认领制”管理，将日常管护职责落实到“认领河长”。对河长认领人落实“两优先”“五减免”“一补贴”奖励措施。

（三）整合资源，实行“山水林田湖”生态综合管护机制

2019 年年底开始，陆续整合河长制、路长制、林长制、村庄长效管护等人员及资金，实行“山水林田湖草村”生态综合管护，生态管护员管理实行统一管理和属地管理相结合、动态监管和上下联动相结合的方式。打通了基层生态管护人力分散、工资待遇不高等堵点，有助于河长制长效管护机制的落实。目前已有生态管护人员 126 人，其中党员 36 人，贫困户 17 人。

四、经验启示

（一）政府引导

2015 年实施河长制初始阶段，全社会对河长制的认识程度普遍不高，

政府主导推行河长制工作，由政府出资聘请保洁员对河道进行保洁等日常工作，以此推进河长制工作中河道保洁的落实。通过一段时间的实施，河畅、水清、岸绿、景美等成效显现，靖安人民对河长制有所认识并予以支持。2017年由政府引导，推行“河长认领制”。党员示范，带领群众认领当河长，负责认领河段的日常管护，实现由“要我当河长”到“我要当河长”的转变。

（二）全民意识

开展节水、爱水、护水、惜水等水生态文明行动，引导认领河长、生态管护员、志愿者等开展各种护河行动，监督不文明行为，传播水生态文明理念。河长制工作得到老百姓的支持和拥护，把公众从旁观者变成环境治理的参与者、监督者，形成了“关心河道、珍惜河道、保护河道、美化河道”的强大合力，提高了河道管理质量和水平。

（执笔人：王艳凤）

创新方法强化举措　健全机制提质增效

——湖北省襄阳市保康县创新工作方法精心打造生态河库*

【摘　要】 自河湖长制工作开展以来，湖北省保康县委、县政府高度重视，迅速行动成立领导小组、设立专职机构，扎实开展河湖长制工作。由于湖北省保康县是湖北省深度贫困县、国家秦巴山片区扶贫攻坚重点县，脱贫攻坚时间紧、任务重，以致于镇村两级河湖长不能及时履行巡河巡库职责，人手严重不足、履职途径单一，制约了该县河湖长制工作纵深发展。在此前提下，湖北省保康县积极谋划，主动作为，抓实规定动作，创新活动载体，即解决了村级河湖长人手不足的问题，又做到了治水攻坚与脱贫攻坚同频共振，系统推进了河库综合治理管护，促进了保康县水环境质量持续向好。

【关键词】 创新载体　治理管护　环境改善

【引　言】 全面推进河湖长制工作落地落实，构建党政同责、部门联动、职责明确、统筹有力、水岸同治、监管严格的治水新机制，充分压紧压实各级河湖长管理责任；积极拓展工作思路、创新工作机制、壮大工作队伍，加大河湖管理保护力度，打造人民群众满意的幸福河库。

一、背景情况

湖北省保康县地处鄂西北山区，是湖北省深度贫困县、国家秦巴山片区扶贫攻坚重点县，也是襄阳市唯一的全山区县，辖 11 个乡镇、257 个村、19 个社区，总人口 28.2 万人，其中农业人口 15.5 万人，建档立卡贫困户 8.3 万人，贫困发生率 53.7%。贫困人口占襄阳市贫困人口的 23%。易地搬迁 11845 户、33030 人，易地搬迁任务占襄阳市任务的 63%。

---

* 湖北省保康县水利局供稿。

自全面推行河湖长制以来，湖北省保康县委、县政府认真贯彻中央、省委和省政府、市委和市政府的决策部署，以高度的政治站位，严谨的工作态度，全面落实河湖长制工作。建立完善了“官方河湖长＋河湖警长＋民间河湖长”责任体系，落实县级河湖长 16 名、乡镇级河湖长 87 名、村级河湖长 167 名、河湖警长 16 名、民间河湖长 15 名，村级河湖长一般由村支部书记担任。由于湖北省保康县要实现整县脱贫摘帽的目标，时间紧、任务重，村干部又是打赢脱贫攻坚战中不可或缺的力量，人手严重不足导致该县治水攻坚与脱贫攻坚存在矛盾。为此湖北省保康县 16 名县级河湖长带着“村级河湖长人手不够、河湖长履职途径单一”等问题深入一线开展调研，总结了三个方面原因：一是没有把脱贫攻坚工作和河湖长制工作有机结合起来；二是没有把精准扶贫驻村工作队力量与河湖长制工作有机结合起来；三是没有把相关部门职能职责与河湖长制工作有机结合起来。

二、主要做法

湖北省保康县在找准推进河湖长制工作中存在的问题及原因后，该县沮河流域河长湖长制办公室在县级副总河湖长、沮河流域河湖长刘三元同志的带领下，积极谋划，主动作为，抓实规定动作，创新活动载体，既解决了村级河湖长人手不足的问题，又做到治水攻坚与脱贫攻坚同安排、同部署、同落实。

（一）创新载体，切实把党旗插在河湖管理一线

湖北省保康县沮河流域河湖长制办公室率先印发了《关于开展支部主题党日进沮河活动的通知》，要求沮河流域河湖长制办公室 6 个联系单位、9 个成员单位及有关乡镇、社区、村党支部结合主题党日实践锻炼板块，按活动通知要求分月、分单位组织开展河湖长制相关活动，并通过开展一次巡河活动、参加一次知识宣传、进行一次活动调研、做好一次归纳总结的方式，达到竖好一面党旗、守好一方河库的效果。

（二）整合力量，压实河湖管理最后一公里责任

湖北省保康县沮河流域河湖长制办公室结合精准扶贫驻村工作，印

发了《关于实行驻村工作队进沮河落实河湖管理共同责任的通知》，要求沮河流域内53个驻村工作队159名驻村队员纳入河湖长制工作体系，进一步整合了驻村工作队力量，细化了驻村第一书记和驻村工作队河湖管理职责，形成了村河湖长全面管总、第一书记密切配合、工作队员认真落实的工作氛围，增强了涉水问题线索摸排能力，把苗头性问题解决在萌芽阶段。

（三）民意调查，给一份满意河湖问题整改答卷

湖北省保康县沮河域河湖长制办公室结合自身存在问题，印发了《关于开展沮河流域问题清单“四看”巡河办法的通知》，围绕沮河流域摸排的72个具体问题清单，每季度对沮河71km主河流全线抽查，通过“四看”，即“一看群众满意度，二看环境美化情况，三看问题整改情况，四看水质监测结果”的方式，确保河湖问题整改全面落实，不反弹，给群众交一份守水有责、守水尽责，水环境持续改善，水质持续好转的满意答卷。

三、取得成效

在湖北省保康县沮河流域办公室的带动下，该县其他三个流域办公室也积极结合成员单位、联系部门以及流域内实际情况，做到了规定动作不走样，自选动作出特色，促使了该县河湖长制工作稳步推进。

（一）创新河湖管理体制，进一步压实了工作责任

湖北省保康县结合县域内四大流域情况创新了“一个县级办公室管总、四个流域办公室分头指挥、十一个乡镇办公室具体负责、二十二个联系部门日常督导、三十个成员单位通力配合”的河湖长制管理体系，做到了工作有安排、任务有落实、过程有监督、结果有反馈，使河湖管理体制更加顺畅、流域生态环境大幅改善、群众满意度逐步提升。

（二）创新履职尽责途径，进一步提升了履职能力

湖北省保康县沮河流域率先推行的支部主题党日进沮河、驻村工作队纳入村级河湖长制管理体系、“四看”巡河办法在该县得到全面推广，形成了县级河湖长率先垂范、镇村河湖长狠抓落实、民间河湖长日常监督、乡村党员示范带动的良好局面，充分发挥了基层党组织战斗堡垒作用和党员先锋模范作用，实现以水清河畅助力脱贫攻坚，做到治水攻坚与脱贫攻坚同频共振。随着广大党员干部不断发挥引领作用，越来越多的民间环保组织、志愿者队伍加入河库管护中来，在全县掀起了护水有我的热潮。

（三）创新监督考核办法，进一步壮大了民间队伍

湖北省保康县河湖长制办公室通过提高群众满意度在河湖长制工作考核中的占比，增加了群众对河湖长制工作的知晓率和参与率，激励和引导更多的群众自觉参与到水环境保护中来，营造全民参与治水、护水、管水的浓厚氛围。同时，为壮大民间河湖长、护河志愿者和社会监督员等三支队伍奠定了基础，实现了部门管治向社会共治转变，有效弥补了该县村级河湖长人手不足的问题。

四、深刻启示

湖北省保康县在推进河湖长制工作中，把“只要思想不滑坡，办法总比困难多”的思想体现得淋漓尽致，启示我们在开展河湖长工作中，只要紧紧围绕中央、省、市河湖长制工作重心，结合自身实际，找准着力点和切入点，就一定能把河湖长制工作做出成绩、做出特色。

（一）拓展河湖长制履职模式

实行“河湖长制＋脱贫攻坚”模式的基础上深入拓展，将“河湖长制＋脱贫攻坚、乡村振兴、流域治理、全域旅游”有机结合，找准水生态系统治理切入点、打造河湖治理保护闪光点，统筹水利、环保、自然资源、林业等多部门项目资金，在不影响项目绩效的情况下，坚持因地制宜，按照“宜建则建，宜景则景，宜通则通”的要求，统筹推进项目区周边小微水体治理，共同升级打造陈家湾、小沟、格栏坪、刘家坪、朱家厂、寨湾等具有特色的农旅融合版小微水体23处，不仅解决了小微水体治理资金不足问题，还彻底改善了农村人居环境，拓宽了村民收入渠道，让村民真真切切地享受到生态红利，产生了良好的示范效应，成为“绿水青山就是金山银山”理念的践行样板。

（二）构建河湖长制监管体系

将河湖长制与防汛预警监测信息平台建设深度融合，新建预警监测监控系统，主要用于防汛预警、非法采砂监管、水环境监控，同时推进信息系统和数据资源跨部门、跨领域重组优化，构建“河湖长制＋设施共连、平台共用、数据共享、业务协同”监管监测体系，充分完善公众监督和举报反馈机制，全面构建“河湖长＋民间河湖长、普通群众、预警监测系统”立体式监督模式。

（三）完善河湖长制共治机制

积极完善“官方河湖长＋河湖警长＋河湖检察长＋民间河湖长＋保洁员＋志愿者”的河湖长制工作体系，形成河湖长统筹落实、河湖警长执法、河湖检察长监督指导、民间河湖长监管、护河员巡查保洁、志愿者参与的良好局面，构建“政府主导、属地管理、分级负责、部门协作、社会共治”的河湖管理新格局。

（四）规范河湖长制考核办法

全面规范《河湖长制工作考核办法》，结合实际情况，对“河湖长制＋考核、问责、激励、表彰、述职”等作出规定，进一步明确考核内容和方式，对河湖长制年度工作任务、目标完成情况，河湖长制制度执行落实情况及群众满意度等内容进行考核，考核结果直接运用于县委组织部对各乡镇及县直部门领导班子年度绩效考核的重要依据，形成一级抓一级、层层抓落实、一级对一级负责的工作格局，推动了河湖长制工作纵深发展。

（执笔人：龚平健　何述钊）

下好“五手棋” 助推“河长制”

——湖南省湘潭市全力推进民间河长队伍建设*

【摘　要】 “民间河长”作为地方政府吸纳社会力量协助河湖治理的一种方式，既增强了保护河湖的宣传力度，又能及时发现河湖生态环境问题，为“官方河长”治理河湖提供了补充依据和辅助支撑，一定程度上助力并监督“官方河长”治河行动实施，为公众爱河护水提供了参与渠道和空间。

湘潭“民间河长”项目深入贯彻落实习近平总书记生态文明思想和“守护好一江碧水”的殷切嘱托，在省、市河长办的正确引导下，大力开展河流巡查、宣传、保护、监督等活动，有效提升了民众爱河护河的积极性，营造出全民爱河护河、官民同治、同心同向的浓厚氛围。

【关键词】 助推河长制 民间河长 公众参与

【引　言】 2016 年 12 月，中共中央办公厅、国务院办公厅印发了《关于全面推行河长制的意见》，提出“聘请社会监督员对河湖管理保护效果进行监督和评价”。2017 年初，湘潭市委市人民政府要求由湘潭市河长制工作委员会指导，湘潭生态环境保护协会筹备开展“民间河长”项目。2017 年 6 月 3 日，湘潭市人民政府主要领导在湘江河畔主持了“湘潭民间河长项目”启动仪式，为湘潭市“民间河长”大队和八个“民间河长”中队授旗，拉开了湘潭市“民间河长”助推全市河长制的序幕。

一、背景情况

推行河长制工作初期，湘潭生态环境保护协会在开展河流保护志愿活动时发现“公众对什么是河长制？出现问题如何反映？怎么解决发生在自己身边的破坏水环境问题？”认识、了解不深、不全，有时遇到水环

---

* 湖南省湘潭市生态环境保护协会、湖南省湘潭市河长制工作委员会办公室供稿。

境问题一时得不到解决，容易偏激，不能理性看待。怎样提升群众爱水、护水、节水的环保意识值得深思！

湘潭“民间河长”项目基于生态环境保护协会近十年来开展环保公益活动所积累的社会资源与影响力，以县市区（园区）为单位，组织成立八个民间河长中队，其中有六个中队是在原有志愿者基础上建立的，有参与环境监督好几年的湘江守望者，有本地的环保热心人士，有在全省甚至全国有一定影响力的环保志愿者，他们来自各行各业，在本区域已经形成了一定的号召力和影响力，这些“资本”是动员公众参与“河长制”成功的基础。同时，项目吸纳沿河企业（团体）作为团体单位加入进来，通过对企业（团体）负责人灌输和培育河流保护意识，将日常水环境保护的意愿植入企业（团体）体制内，推动企业（团体）履行环境保护、河流保护的社会责任，从源头上减少污染。

根据《湘潭市关于全面推行河长制的实施意见》《湖南省志愿服务条例》以及相关法律法规，湘潭市河长制工作委员会指导湘潭民间河长办公室研究制定了《湘潭民间河长管理办法》《湘潭民间河长工作制度》等系列管理制度。正确规范民间河长开展志愿服务工作；同时定期进行团队理念打造、素质培训，提升民间河长的大局意识和业务能力。

二、主要做法

（一）下好动员提能“先手棋”，激活公众参与热情

以河流一公里为单位，沿河招募市民、村民担任民间河长，他们充分利用业余时间在责任河段巡查，发挥了“信息员、监督员、宣传员、清洁员”的作用，开展各类爱河护河行动。2020 年，累计开展“河长制六进”“世界水日”主题宣传活动、“守护好一江碧水”净滩活动等 43 场，动员市民 8000 余人参加，发放河长制宣传资料 30000 余份，为河长制宣传进学校、进企业、进农户、进入寻常百姓家做出了突出贡献，广大市民的环保意识、爱河护河理念不断增强，不往河里乱丢垃圾、乱排污水的文明习惯逐渐养成并不断增强。

河长制六进宣传活动——进企业

河长制六进宣传活动——进学校

（二）下好宣传教育“引导棋”，提升公众环保意识

四年来，项目不断探索解决制约河长制工作发展的难题，总结了很多好的方法和经验。除在各个县市区（园区）成立民间河长中队外，在岳塘区、高新区、雨湖区、九华经开区相继成立“民间河长工作站”，以工作站为桥梁，建立起政府、企业、公众三方共同参与的治水联络平台。利用这一平台，民间河长互相交流学习，共同探讨在巡河监督检查中遇到的矛盾和困难，畅谈经验体会，推进河长制工作深度发展。项目坚持示范引领，积极宣传先进典型，动员更多民众参与巡河护河，先后培育了张一彬、文曼林、章超群、刘建强等20余名受到省市级激励表彰的优秀民间河长，“三不怕的90后民间河长”张一彬的事迹先后被《人民日报》《中国水利报》《湖南日报》刊转，引起了很好的社会反响，引领了社会力量参与爱河治河的新风尚，凝聚了广大民众爱河护水的正能量。

高新区民间河长工作站揭牌

市民参观岳塘区民间河长工作站

（三）下好协同共治“配合棋”，确保官民整体联动

充分运用湘潭市河长制微信巡查举报平台，加强民间河长与官方河长之间的信息共享和网上沟通。2020 年，湘潭市民间河长累计举报各类河湖环境问题 320 例，已处理 308 例，其余一时不能解决 12 例，相关官方河长和政府责任部门都制定了整改方案并与举报者当面作了解释答疑。如我市黑臭水体治理工作取得了一定成绩，但与人民群众的期盼还有一定差距，治理工作任重而道远，民间河长办公室组织民间河长对 24 条黑臭水体展开常态化巡查，弥补了政府部门日常监管力量不足和部分时段、地域监管不到位的缺陷，推动了有关问题的解决。同时利用巡河之际，向沿河工企单位和居民群众广泛宣传，要求沿线居民从自身做起，不随意向河流排放污水、丢弃垃圾，从源头上减少污染物入河。

黑臭水体调研

联合大学生深入一线开展黑臭水体调研

（四）下好日常巡查“共治棋”，促河湖治理常态化

为规范民间河长有序工作，湘潭市河长办创新制定“民间河长招募规定”“民间河长管理办法”“民间河长工作制度”等民间河长工作制度规定，指导民间河长定期开展巡查工作，适当给予巡河激励，建立民间河长“周巡查”机制，畅通民间河长举报渠道，持续保持民间河长巡河护河的积极性。2020年，全市1250名民间河长累计巡河并发布巡查日志12589篇，创新开设了抖音账号宣传河长制工作，接受群众意见与建议，累计接收群众举报12个，发布视频95个，播放量多达35万次，获赞7000＋，民间河长巡河护河达到了见常态、见实效、见长效。

民间河长巡河

湘潭市微信巡查举报平台

（五）下好意见建议“提交棋”，加强考核促进整改到位

一方面，河长制工作实施“自上而下”和“自下而上”双重考核，政府实施“自上而下”考核，民间河长实施“自下而上”考核，由“民间河长”对“官方河长”“职能部门”处理举报问题等履职情况进行打星评价，并纳入党委政府的日常绩效考核体系中，实现公众对“官方河长”和职能部门的监督，打破地方政府官员、部门的唯上负责制。另一方面，每季度按照市河长办要求，深入基层乡村，利用无人机、电子水系图等

新手段重点暗访河湖“四乱”现象以及河湖水资源保护、水环境治理等重点任务落实情况，制作暗访视频，列入每季度河长办主任会议播放内容，坚持以曝光问题为导向，以考核督办为手段，以整改到位为目标，促进河湖“四乱”顽疾整治，提升河湖管护水平，该做法被《中国水利报》和《人民日报》表扬推介。

13 记者调查

民间河长助力河湖管护

人民日报 2020.12.04 星期五 有品质的新闻

《人民日报》报道

三、经验启示

几年来，湘潭市委市政府牢牢把握“四个坚持”，不断拓展民间河长爱河护河的深度和广度，始终保持官民同治互补、同心同向，纵深推进河长制工作，有效提高了河湖管护水平，确保了河长制工作有名有实有效。

（一）坚持正面“宣传引导”，凝聚治河护水的正能量

良好的河湖生态是人民群众对美好生活向往的基础条件，人民群众既有爱河护水的自觉，也有表达环境问题诉求的自愿，如何防止表达诉求变成负面炒作？如何引导表达诉求变为护河治河自觉？

几年来，湘潭市委市政府始终坚持正面宣传、正确引导，使民间河长成为政府与民众沟通互动的良好桥梁。民间河长通过招募宣传、巡河宣传、走村入户宣传，邀请普通群众、学生、企业员工参与到“河长制”工作中来，开展巡河、水环境调研等活动。深入宣讲河长制是落实发展绿色理念、推进生态文明建设的必然要求，是保障水安全的重要举措；水环境保护不能光靠政府单方之力，需要全民参与，这样既提高了人民群众的环保意识，又培养了公众的“环境道德”，让社会公众理性看待问题。环境的整改有些是需要长久的治理和维护，不是一朝之功，减少了人民群众一些误解，凝聚了治河护水的正能量。

（二）坚持官民“力量互补”，营造官民同治的良好格局

每个人都是生态环境的保护者、建设者、受益者，没有哪个人是旁观者、局外人、批评家，生态环境保护是利国利民、事关子孙后代的大事、要事，生态环境治理需要官民同治、全民共治。几年来，湘潭市始终注重发挥民间河长治河护水的辅助保障作用，着力营造官方河长与民间河长“协同共治”的良好格局。比如在“清四乱”和黑臭水体治理专项行动中，广泛发动民间河长和环保志愿者参与排查、调研，帮助政府发现问题，弥补了政府部门排查力量不足的缺陷，拓展了排查的广度和深度，促进了排查的完整性，更好地激发了爱河护水的自觉，形成了官民同治、全民共治的合力。

（三）坚持激励“制度保证”，持续保持巡河护河的积极性

民间河长项目发起之初，由于新鲜，民众参与热情比较高，但随着新鲜感消退，积极性也会随之消退。如何持久保持民间河长巡河护河的积极性？湘潭市政府坚持每年给予民间河长 80 万元的表彰激励经费，民间河长办公室坚持每周一通报，每月一讲评，每季一表彰，每年一总结，及时表彰巡河护河先进典型，交流好的工作做法，营造“比学赶帮超”的良好氛围。同时政府和职能部门积极推进河湖治理，积极回应民间河长的问题诉求，积极解决各类举报问题，让民间河长从旁观者变为参与者，再变为受益者，在共治共享中持续保持巡河护河的积极性。

（四）坚持常态“良性互动”，确保护河治水同心同向

一方面，充分运用湘潭市河长制微信巡查举报平台，实现“民间河长”与“官方河长”之间的信息共享和良性互动，“民间河长”举报的问题网上自动流转到“职能部门”，“职能部门”积极整改并按期做出答复和回应，没及时回应和单部门无法处理的跳转至“官方河长”，官方河长融合各方力量进行处置。另一方面，“民间河长”通过“自下而上”的考核机制，即在“河长制”的实施过程中对“河长”的河湖管护履职情况进行打分评价，并纳入“河长”的日常绩效考核体系中，实现公众对“河长”的监督。通过民间河长、职能部门、官方河长常态良性互动，互为补充，互为监督，确保官民同心同向同治。

“帮忙而不添乱，切实而不表面”，这是湘潭“民间河长”的工作宗旨。今后，我们将更好地发挥民间河长“千里眼”“顺风耳”的独特作用，积极协助政府落实“河长制”的各项工作任务，引领广大市民积极投身到巡河、护河、管河行动中来，为实现文明湘潭、生态湘潭、美丽湘潭贡献力量！

（执笔人：张一彬　文曼林　顾华）

38 支义务护河队呵护一渠清水永续北上

——陕西省安康市旬阳市探索以河湖长制为抓手推动美丽家园建设*

【摘　要】陕西省安康市旬阳市双河镇高坪社区“女子义务护河队”，在发起人朱先萍的带领下，经旬阳市、镇党委政府积极引导，由高坪社区的一支爱心清洁队，发展到覆盖全市的38支共计3000余人的爱心志愿护河队，通过定时对境内街道、河道进行清扫，村容村貌和河道环境长期保持了整洁有序，民间护河、义务护河蔚然成风，为河长制湖长制落地生根奠定了坚实的群众基础，形成了全面深化河长制的独特做法，有效破解了在水资源保护、水污染防治、水生态修复、水环境治理和河湖监管等方面的难题，尤其是在水环境治理体系、保障水安全方面取得了很好成效，破解了环境治理难题，引领了新民风建设，激发了群众内生动力，助推了脱贫攻坚，为乡村振兴凝聚了合力。

【关键词】河湖长制　志愿护河队　新民风建设　乡村振兴

【引　言】随着城镇一体化推进，城镇居民越来越多，随意倾倒生活垃圾和生活污水直排入河现象日益严重，河湖环境脏乱差十分明显。镇村基础设施落后、财政薄弱，群众居住分散、多逐河而居，环保工作量大面广，给环境治理和保护带来极大困难。陕西省安康市旬阳市双河镇高坪社区居民朱先萍看在眼里急在心里，自发组织成立女子义务护河队，组织留守妇女等闲散劳动力，对村庄院落和河道周边环境卫生进行维护，并逐步发展成群众性组织。在当地党委政府的引导下，确立“党委引领号召、政府跟进保障、爱心人士发动、群众广泛参与”的机制和思路，志愿护河队迅速发展成覆盖全镇、全市的爱心志愿护河队，通过定期开展义务清扫、环境整治，成为深化河长制的中坚力量，在生态保护、新民风建设和家庭教育等方面发挥着重要的作用，给基层破解环保难题

* 陕西省旬阳市河长制工作领导小组办公室、陕西省旬阳市双河镇人民政府供稿。

探索出符合基层实际、运作规范高效的新路子。

一、背景情况

旬阳市始终以习近平生态文明思想为引领，自觉践行“绿水青山就是金山银山”的“两山”理论，把环境美生态优作为矢志前行的追求，主动向生态经济转轨，坚定不移地走生态优先、绿色发展之路，通过支持引导民间义务护河队伍开展制度化、常态化志愿行动，逐渐摸索形成一套“政府主导、全民参与”共治共管的治理体系，将保洁节约支出有效用于义务护河行动保障，从山水中挖掘内涵，从内涵中走出风尚，真正做到兴水利民，为民所用，进一步提高群众参与改善身边的水环境的幸福感、获得感、满足感，不断厚植经济形态变“绿”、发展质量变“高”的生态底色，持续释放水清绿岸的生态红利。

二、主要做法

（一）群众自发开展清洁家园行动

朱先萍，陕西省旬阳市双河镇的一位普通农村妇女，近两年，她在旬阳名气很大，因为她的爱心志愿护河队护河先进事迹闻名全省。

近年来，随着城镇一体化推进，城镇居民越来越多，随意倾倒垃圾和污水直排入河现象日益严重，河湖环境脏乱差十分明显。从小生长在双河岸边的朱先萍看在眼里，急在心里，她经常利用闲余时间清捡河道垃圾杂物，努力保持河道整洁。日子长了，她觉得光靠自己力量太过单薄，保洁河段范围有限，对整洁水环境作用不大，如果能把大家调动起来，一起行动就好了。2017 年的三八妇女节，社区组织妇女群众开展庆祝活动，她把自己的想法讲给了村里的姐妹们，得到了十几位姐妹们的支持，就这样，双河镇有了第一支女子义务护河队。

当初朱先萍带着姐妹们穿梭在高坪河道保洁时，很多人并不理解，有人说她爱出风头，有人说她们是一时热闹。随着时间的推移，一些队员也悄悄退出了队伍。面对这些，朱先萍没有分辩，没有解释，她自掏腰包统一购买了黄马褂、小黄帽和手套，和姐妹们一起坚持在社区和河道开展清扫活动。她们一日一日的坚守，终于感动了身边的人们，原来的怀疑没有了，冷嘲热讽消失了，换来的是群众更多的理解支持和志愿队伍的不断壮大，得到的是村容村貌和水岸环境的靓丽变化。

（二）党委政府倡导发展壮大

高坪社区女子护河队的优良做法得到了当地镇党委、政府的高度重视，确立了“党委引领号召、政府跟进保障、爱心人士发动、群众广泛参与”的机制和思路，并在全镇广泛宣传和倡导。高坪社区周边的金盆、望月等村迅速响应，成立了由党员、人大代表、社区群众组成的义务清扫队，开始不定期在村组道路、河道河畔开展捡拾垃圾、清除杂草、清扫路面等行动。全镇 19 个村（社区）陆续组建此类义务志愿者队伍，从党员、人大代表带头转化为群众自发参与，队伍逐步发展壮大。

爱心志愿护河队由一变十，从十变百，发展至今共有队员 3000 余人，已成为全镇乃至全市河长制工作中的一颗耀眼明星。随着河长制湖长制工作的深入推进，为使组织更加合理有力，作用发挥更加坚实有效，由镇河长办牵头，经队员探讨商议形成了成文的规章制度，包括队员职责义务、队员管理办法、活动开展方式等，并逐人签订自愿承诺书，将爱心清扫护河固化为义务行动，为常态化开展环境综合整治提供制度支撑。同时，镇党委政府通过企业捐资、爱心捐赠、政府出资等方式为所有队员统一购买外套、帽子、手套等衣物，配备了小推车、火钳、铁铲等清洁工具，每年都为队员购买了人身意外保险，为爱心义务护河队发挥作用提供全方位的服务和保障。队员基本固定并登记在册，确立了一套基本成熟的运行办法。4 年来，该志愿服务队伍协助清理卫生死角、杂物垃圾、河道岸坡掩埋垃圾等 200 余吨，村庄院落、河道两岸水环境大为改观，为全镇节省日常垃圾清运经费 80 余万元。

（三）兴水护河蔚然成风

双河镇党委对镇内 19 支义务清扫队举行了授旗仪式，正式命名为“爱心清洁志愿服务队”（后改名“爱心志愿护河队”），对 7 个爱心义务护河分队和 19 位爱心清洁志愿者予以表彰奖励，并将爱心义务护河队的先进事迹纳入河长制湖长制、新民风建设、扶志扶智、党性教育等宣传教育内容，持续深入宣讲，给予了志愿者极大的荣誉感、成就感和获得感，在全镇营造出浓厚的学先进、当标兵的氛围，引领、感召更多群众投身到爱河、护河的美丽家园建设行动中来。朱先萍还带领护河队姐妹们自编自演快板书《生命之源的曙光》，传播护河理念，宣传河长制工作，弘扬正能量，激发社会全员兴水护河热情。

2018 年年底，该镇作为河长制工作示范镇，隆重举行“脱贫攻坚社会扶贫暨深化河长制”表彰活动。活动得到市委、市人大、市政府及市河长办的大力支持和肯定，市委、市人大等相关领导出席活动并为 140 名优秀护河志愿者、9 支优秀义务护河队、10 名优秀护河员、巡查员及优秀河道警长颁奖。朱先萍作为优秀护河队长代表，在会上作了热情洋溢的表态发言。她说：她愿意用自己的努力付出让家乡水更清、天更蓝！希望引领、感召更多群众投身爱河、护河的美丽家园建设中，为脱贫摘帽奔小康铺就美好的环境保障！

（四）激发群众内生动力

爱心志愿护河队的事迹得到了老百姓的称赞，也得到了上级的肯定。经过市委、市政府的进一步发掘和倡导，全市范围内陆续成立了 38 支志愿护河队，民间护河、志愿护河在全市范围蔚然成风。省河长办以双河镇“女子义务护河队”真人真事为原型组织拍摄了全面反映旬阳市河长制“河长湖长＋警长＋X”工作机制以及贫困户护河员、义务护河队、微信工作群、示范河流建设、“八进”宣传活动等工作成效的纪实性河长制微电影《护河女使者》，在全省展播。新华社、中央广电总台、《中国水利报》《陕西日报》、陕西新闻联播等中省市主流媒体先后采访报道，发起人朱先萍被全国总工会、全国妇联、水利部联合评选表彰为“巾帼河湖卫士”，深化河长制的创新实践成为了美丽旬阳的生动代言。

星星之火可以燎原。朱先萍的爱心志愿护河队从成立到壮大，是全面落实河长制取得显著成效的缩影。如今，爱心志愿护河队护河已成常态，队伍不断壮大，年龄最小的十几岁，最大的八十多岁，有离职退休老干部，也有青春年少返乡务工的“90 后”，有机关干部，也有个体老板。队员们用自身行动带动和感染着家人、亲戚、朋友。队员们身穿统一服装，自备扫把、钳子等工具，在街道、河道沿线巡逻清扫，保持社区周边环境干净整洁。

爱心义务护河队，没有薪酬，没有回报，怀揣着守护青山绿水生态家园的质朴愿望，每月定期在河道两岸、公路沿线开展彻底的环境整治，遇到重要节日、重要活动、积雪天气和河道涨水后等特殊情况，同样义不容辞开展各项综合整治行动，在群众中示范带动作用明显。这支保洁队伍在“倡导新民风、深化河长制”活动中，已从原来的单一义务清扫，发展成法规政策宣传、基层民事调解、帮扶贫困户春种秋收、助推镇村脱贫攻坚和乡村振兴的中坚力量。

（五）以“制”促“治”长效发力

碧水清波与志愿红勾勒出一幅幅水清、河畅、岸绿、景美、人水和谐共生的生态画卷。为持续巩固护河效果，旬阳市深化“河长＋X”工作机制，全面夯实“河长＋警长”“河长＋督察长”“河长＋志愿团体”责任体系，统筹推进河长制与守护一河清水、农村人居环境整治、新时代文明实践、生态产业建设等工作相结合。通过党委政府引领号召参与、制定规章制度纳入村规民约、定期举行活动授旗激励表彰、全员购买团体保险保障安全，将群众志愿者参与护河清洁活动纳入“一约四会”规范管理内容，动态记载，细致考评，定期进行评优表彰，凸显示范带动效应。让群众深切感受到社会的认同感、获得感、荣誉感、幸福感，解决群众参与公益活动后顾之忧，激发群众内生动力。让开展志愿活动由个例成惯例，由自发成自觉，形成“晒、赛、比”的良好氛围。如今，从机关到田埂，从党员到群众，越来越多的老百姓参与其中，亲水、爱水、护水转变成为守护美丽家园的自觉行动。经市委市政府大力推广引导，各单位和民间协会又陆续组建以“旬阳市绿水义务护河队”“吕河汉江环境保护工作站”为代表的38支义务护河队伍，组织社区矫正人员积极参加河道环境卫生整治、安全劝导等公益活动，激发社区矫正人员社会责任感，提升社会认可度，在美化河湖的同时，促进其顺利回归社区、融入社会。

这些民间义务护河组织在新冠肺炎疫情防控、居家环境改善、矛盾纠纷调解、引领新民风建设、激发内生动力等方面，发挥着不容小觑的能量，以实际行动为处理村级事务、参与村级发展贡献力量，以强大的正向引领示范引导民风逐步好转，真正将爱心清洁“小作为”干成美化家园“大事业”，无怨无悔地做宜居宜业秀美旬阳的忠诚卫士。

三、经验启示

（一）爱心志愿护河队是全面深化河长制的模范队伍

在定期的河道清理和环境整治过程中，辖区内河道白色垃圾得以全部消除，垃圾乱到乱堆现象得到遏制，水质较以前明显改善，居民区和道路沿线垃圾杂物明显减少，环境面貌更加靓丽，破解了基层特别是农村水环境整治难题。

（二）爱心志愿护河队是发动教育群众的最佳力量

通过义务清扫护河行动，更多群众对保护环境、爱护家园的认同感、责任感逐步增强，自觉参与到这支队伍中，化身为家园守护者。在共同的爱心清扫行动中，激发群众内生动力，发挥作用的领域不断扩大，凝聚起助力乡村振兴的强大合力。

（三）爱心志愿护河队是守护家园的忠诚卫士

志愿队伍覆盖全市，包含队员3000余人。通过实际行动，使家园在环境卫生上更加靓丽整洁，在社风民风上更加敦化质朴，在村级发展上更加坚定有力。

（四）爱心志愿护河队是新时代文明实践活动的榜样和标杆

从女子护河队到爱心志愿者护河队，因为榜样和标杆的力量引领，带领越来越多的群众广泛参与，大力弘扬“奉献、友爱、互助、进步”的志愿服务精神，带动更多群众认可，传播正能量，引领文明新风，竖起新时代文明实践的标杆。

（执笔人：罗全国　张卿）

旱塬河湖融汇　激荡美妙乐章

——宁夏吴忠市同心县创新河湖管护模式强化河湖长制工作实践*

【摘　要】 同心县是革命老区、少数民族聚居区，地处宁夏中部干旱带核心区，常年干旱少雨，生态环境脆弱。2021 年是十四五开局之年，是黄河流域生态保护和高质量发展先行区示范县建设起步年。全县有清水河、甜水河等河湖沟道 23 条。清水河是黄河在宁夏境内最大的一级支流，流经同心县 122km；更是同心人民的母亲河，流域辐射人口约 24 万人。近年来，特别是党的十八大以来，县委和政府牢固树立绿水青山就是金山银山的理念，自觉践行新发展理念，突出生态保护，坚持绿色发展，充分发挥河湖长职能作用，以清水河治理保护为重点，集河道治理、造林绿化、城市建设为一体，推动融合发展、高质量发展。清水河水清、岸绿、河畅、景美，不仅成为了连接老城新区的一道靓丽的风景线，而且成为了同心县绿色发展的新名片，正朝着生态河、景观河、幸福河的高质量发展方向加速迈进。

【关键词】 旱塬　生态　河湖治理　城市建设

【引　言】 2019 年 9 月 18 日，习近平总书记在黄河流域生态保护和高质量发展座谈会上发表重要讲话，再次强调了绿水青山就是金山银山的理念，坚持生态保护优先，把生态保护和经济社会发展紧密结合起来，推动高质量发展，增进人民福祉。党中央、国务院建立河湖长制，是全面深化生态保护体制机制改革的重大制度成果，对在实践中落实习近平生态文明思想、践行绿水青山就是金山银山理念具有重大指引作用，也已取得显著成效。同心县立足实际，探索出了一条旱塬大地落实河湖长制的特色路径。

---

* 宁夏回族自治区同心县河湖管理中心供稿。

一、背景情况

（一）县域生态环境脆弱

同心县地处宁夏中部干旱带核心区，年均降雨量仅为263mm，而蒸发量高达1510mm，山水林田湖草大生态系统十分脆弱。全县土地总面积4433.34km^2，山大沟深，地理环境复杂，河湖沟道综合治理点多、量大、面广，加之县级财力薄弱，生态建设保护难度大、资金项目缺口大。

（二）责任落实尚需强化

河湖长制工作需要乡镇、部门协同推进落实，实际工作中还存在工作推进不平衡、合力还没有完全形成等短板和不足。同心县众多河流都是季节性河流，河流几乎常年断流，很多河湖长未能结合辖区河湖沟道现状提出有效中长期治理措施和建设方案，一定程度上影响持续推进河湖沟道生态保护和治理落地见效。从谋事成事主动性出发，思想上重视河湖生态保护，行动上担起“领头雁”责任。

（三）管护模式处于起步阶段

同心县纳入河湖管理系统的共有23条河湖沟道，总长约620km。乡镇级河湖管护方面，人员力量薄弱，长期以来河湖沟道日常保洁工作主要依靠保洁督查员巡查落实。同心县结合实际探索建立了“河道保洁＋城乡保洁”一体化保洁机制，将全县河湖沟道保洁纳入城乡保洁范围，走“企业管护＋政府监督”的河道保洁管理新模式，目前河道保洁机制在考核、奖惩等管理制度方面处于不断完善阶段。

（四）信息化建设水平滞后

现有的巡河工作依赖于河长通App，山区信号弱，巡河过程中经常性出现定位不准、搜寻目标不存在等问题，监管标准只能依据县河长办督查发现问题频次概定。信息化平台时常出现工作人员账号使用过多登录困难、基层人员使用率低等问题，使用权限也仅限于自治区信息化平台，实际督查反馈工作还是以纸质材料汇报与实地督查为主。现已建成运行的县级河湖管理信息平台处于逐步完善和提升阶段，信息整合、互通有无依赖于公文传输系统。

（五）工作机制需要优化

县级层面成立全面推行河湖长制工作领导小组，县委书记挂帅任总河长、县长任副总河长、分管副县长任同心县河湖长制办公室主任，机构正常运行，工作效能不断提升。同时设有生态环境保护、环境保护督察、农村人居环境整治等议事协调机构，实际工作中也发挥了重要作用。但在实际工作中，各机构存在不同程度职责交叉情况，需要进一步深化河湖长制改革，整合优化护河、管河、治河的体制机制，完善治理体系，提升治理能力。

二、主要做法

同心县委和政府将全面推行河湖长制作为落实习近平生态文明思想、践行绿水青山就是金山银山理念、河湖建管护工作的根本抓手，落实责任，探索创新，着力将制度优势有效转化为治理效能，打造现代河网水系治理模式。

（一）做好“三位一体”结合文章

同心县集河道治理、造林绿化、城市建设为“三位一体”，全力做好结合文章，将水系景观、生态绿化有机融入城市建设，进一步丰富了城市功能，提升了城市品位。

一是大力进行河道治理。2008 年以来，县委和政府以县域区划调整为契机，先后投入近 14 亿元实施疏浚加宽清水河、洪泉沟、杨家河沟等河沟道，实施清水河（同心段）“清洪分离”，相继开展全县 23 条重点河湖沟道砌护堤岸，累计砌护完成 230 余 km，提升了河道行洪能力，让全县河湖沟道戴牢“安全”之帽。

二是按照“一河两城、相向发展、功能互补、适度超前”原则，建设新区，改造老城。2017 年至今，累计开展三次清水河（县城段）大型综合修复治理，累计修复河岸线 15 余 km，建成 10km 滨河大道，围绕城市绿化建设，种植 500 余亩（包含替种补种面积）绿化植被；两次实施县城污水处理厂与人工湿地治理项目，改善了水体自净能力，清水河同心段水质得到明显改善提升，让全县河湖沟道戴牢“美丽”之帽。

三是大力开展造林绿化，亮化县城周边河湖水环境，提升城市幸福度。目前，清水河（县城段）已形成5个人工调蓄水面，水面达到3000亩，引来赤麻鸭等野生水鸟栖息；完成城市森林公园、人民公园、长征公园、湿地公园建设，占地1500亩；配套建成的哈哈乐园、豫海湖垂钓场、休闲山庄等已成为人民群众休闲娱乐的好去处，让全县河湖沟道戴上幸福之帽。2019年，“旱塬杯”全国钓鱼大赛在宁夏同心县扬竿开赛。来自宁夏、内蒙古、山西、陕西、四川等省（自治区）的176名垂钓爱好者在同心县豫海湖畔展开了一场人与鱼的耐心大博弈。本次钓鱼大赛不仅填补了同心县本项赛事的空白，更是对我县水生态环境的一次有效检验。县城公共服务水平明显提升，人居环境显著改善。

旱塬之上靓风景——豫海湖

（二）深化“三个机制”推进措施

同心县在健全完善河湖长制工作制度的基础上，探索出了“三项工作机制”，取得良好成效。

一是河长亮相承诺机制。县电视台开通“河长之窗”栏目，县、乡（镇）两级河长、各责任单位负责人年初在电视上公开亮相，承诺办理事项。通过这个窗口，公开了全县河湖长制年度工作安排，主动接受全县人民和社会各界监督，河长制办公室、电视台跟踪督办报道，使各级河长化压力为动力，主动担当作为，营造浓厚的治河护河氛围。

二是河长全程巡河机制。全县各级河长认真落实全程巡河责任，县级河长每年至少全程巡河一次，乡镇级河长每季度至少全程巡河一次，村级河长至少每月全程巡河一次，河道保洁督查员每日全程巡河一次。近年来累计巡河达 7 万多次。2019 年，县河长制办公室牵头，组织相关部门负责人，对清水河同心段 122km 进行了全程徒步调研巡查，搜集了大量第一手资料，组织各级河长开展“护河”“治河”活动，实现保洁督查员“手拉手”接力巡河，同时对发现的问题及时督办整改落实。

三是“三长”联动办公机制。建立“河长＋检察长＋警长”工作模式，针对发现的问题，河道保洁督查员尽力解决，无力解决的立即“吹哨”，由河长办调度，乡村和部门联动，简单问题现场办公解决，复杂问题由“三长”会商解决。2019 年以来，县检察院河道治理公益诉讼线索 35 件，立案 31 件，向行政机关发出诉前检察建议 31 份，现已全部整改落实。

巡河保洁小助手——保洁车

（三）开展“三项行动”集中整治

坚持清淤、控污、增湿、绿岸、调水“五策并举”，扎实开展“飓风行动”“携手清四乱 保护母亲河”、排污口专项整治等专项行动。2019 年以来，梳理并销号清“四乱”问题 159 个，整改销号难点问题 4 处，落实上级转办案件 21 件，行业治乱案件 94 件，清理垃圾 100 余吨。特别是对清水河同心段 4 处养殖场、1 处砖厂、1 处玉米厂进行拆除；对河湖沟道 16 处排污口进行了封堵查处。2021 年再投资 1.834 亿元对清水河民（县城段）周边等地进行绿化治理，实现污水排放、入黄水质、调蓄水面水质稳定达标，“褪色”多年的清水河重现碧波荡漾的景象。目前，以清水河为中心的生态圈、经济圈、旅游圈、文化圈和生活圈正在形成，示范河湖已成为人民群众共享共治的绿色空间。河湖长制工作逐步实现了从“无人管”到“有人管”、从“见河长”到“见成效”、从“有名”向“有实”“有能”的重大转变。

三、经验启示与展望未来

（一）大力治理，全面发力

全面贯彻习近平总书记提出建设黄河流域生态保护和高质量发展先行区的指示精神，落实区、市总河长会议部署，围绕“安全”“美丽”“幸福”河湖治理推进工作。统筹封山禁牧、乡村振兴建设等工作，先后对全县23条重点河湖沟道，通过小流域、防洪、绿化等项目措施进行治理。张家塬乡、马高庄乡、预旺镇等辖区内“云海翻腾、水汽弥漫”的景象已显现，湿润山地气候逐渐形成。下一步，统筹山水林田湖草沙一盘棋，综合实施流域治理，把水土流失、山林绿化、城市绿化、水资源高效利用等综合规划，各大部门通过整合资源和统筹项目，并提升乡镇单位参与度，结合乡村振兴战略实施，“四面出击”全方位治理城乡环境、河湖生态环境。

（二）压责问责向纵深推进

基于现已建成的“河长之窗”栏目，让县级河湖长与乡镇级河湖长、责任单位就年度工作进行公开承诺，压实河长主体承担责任。2021年建立“三长机制”，让河长、检察长、警长联合联动，有利于清除河道顽障，对于落实不力乡镇级河长下达检查建议整改书，一责到位、一责到底。优化村级河湖长考核办法，落实巡河频次达标基本条件，综合县河长制办公室组织人员不定期、不定点开展下乡巡河巡查发现问题类型与频次，逐步完善“暗访督查、紧随销号、总结补漏”流程。对于重大涉河湖“四乱”问题，不予讲情、留面，召开县委常委会研究部署，副总河长牵头督办，处理结果直接挂钩年终干部效能考核。

（三）智慧河湖建设初具成效

围绕全县“示范河湖、美丽河湖”建设需求，引入信息化河湖管理模式。以清水河（县城段）为核心，辐射全县23条重点河湖沟道入清水河口，在重点区域架设64处室外监控设施，对水质、水量、“四乱”问题进行全面监控。室外监控设施的架设，能够弥补人力巡河短板，可以做到及时预防问题、反馈问题、整治问题。下一步，将探索组网，整合水务、自然资源、农业农村、生态环保等部门平台资源，信息互通，增加协同能力，同时对接区、市信息平台，形成互通。拓宽接口，逐步构建多方接口、多功能的综合平台。

（四）明确标识生态保护岸线

截至2021年10月，同心县完成了全国水利普查名录内涉及的所有河湖沟道保护岸线的划界复核和界桩竖立工作。界桩竖立过程中，在重点地段界桩上增设了二维码，通过视频、文字和图片等形式向广大群众介绍河湖沟道概况和生态保护的重大意义，让界桩变成河湖沟道的“身份证”和生态保护宣传名片，起到很好的警示与宣传作用。河湖保护大格局的逐步形成，有效提升了同心县居民的爱河、护河、治河意识和全县旅游形象。下一步，同心县将继续探索河湖沟道生态保护红线底线意识的宣传和强化，并充分发挥“河长＋检察长＋警长”的三长机制，逐步推动河湖沟道生态治理和管护走上规范化和成效化的良性发展轨道，助力黄河流域生态保护和高质量发展先行区示范县建设取得硕果。

（执笔人：殷志全）